苹果表情（详见第二课）

乌鸦（详见第一课）

洗发水广告（详见第四课）

奖杯（详见第四课）

简易播放器（详见第四课）

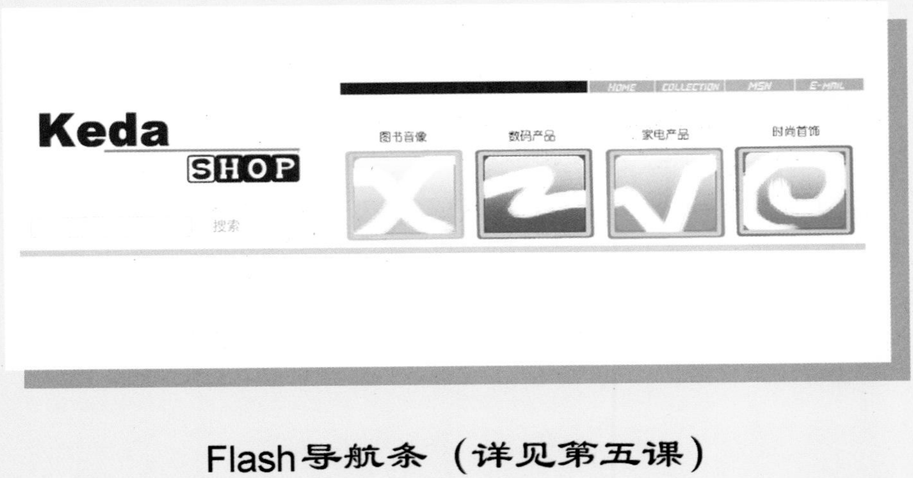

Flash导航条（详见第五课）

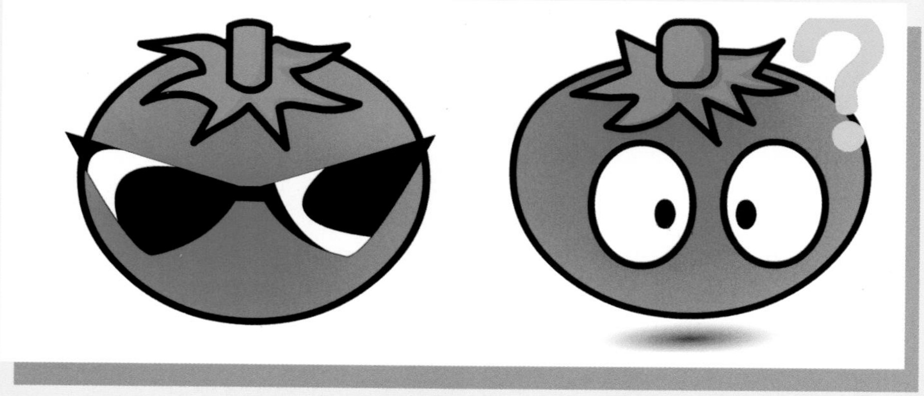

表情动画（详见第五课）

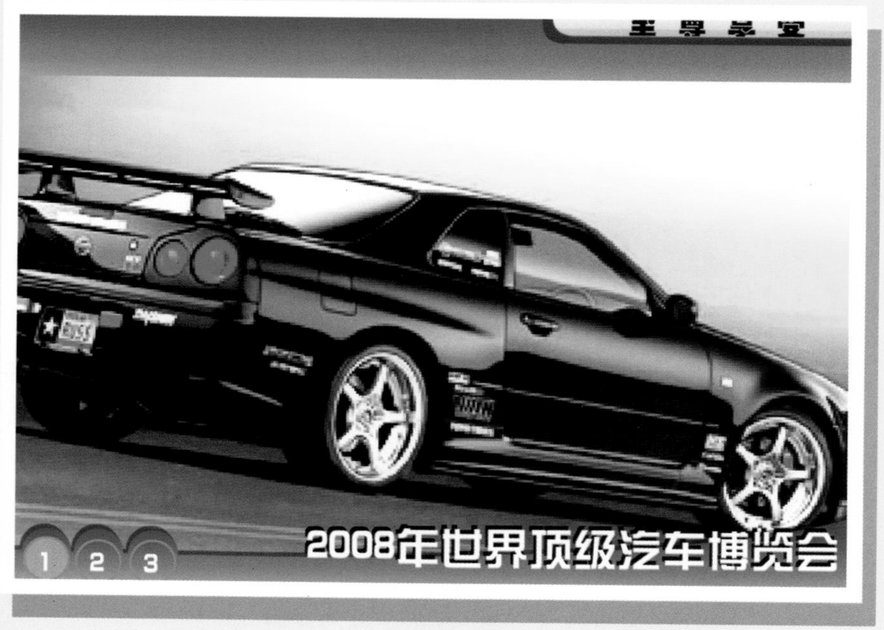

广告条（详见第五课）

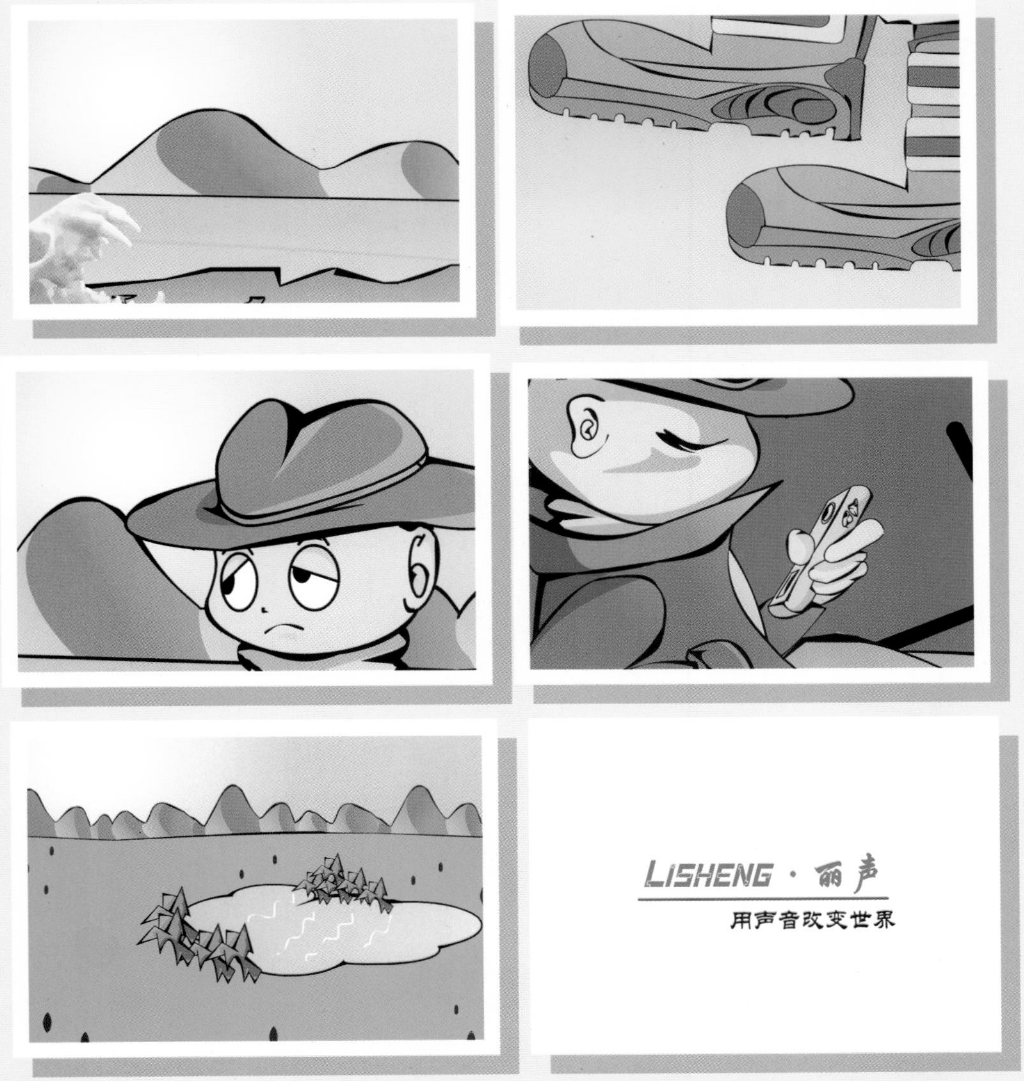

丽声广告（详见第六课）

Flash背景画（详见第三课）

Flash背景画（详见第三课）

Photoshop 经典作品欣赏

Painter 经典作品欣赏

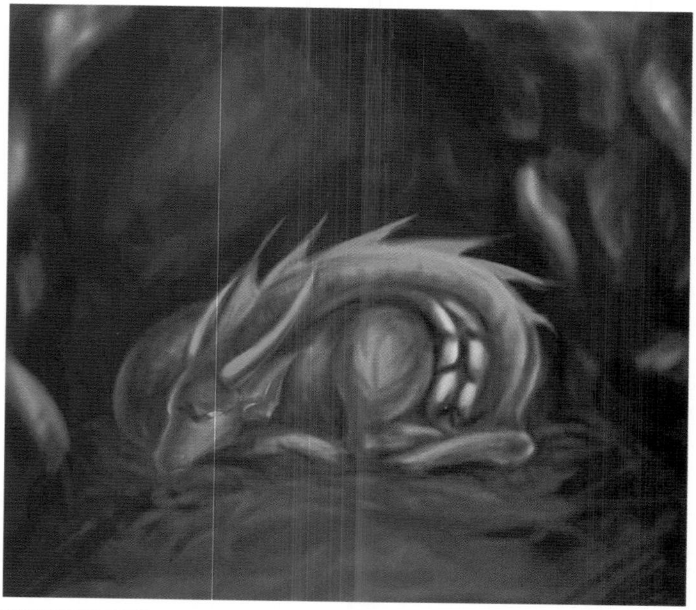

Painter 经典作品欣赏

平面设计师岗位培训丛书

Flash & Painter & Photoshop

商用动画设计

主　编　胡晓旭

副主编　黄　诚　聂丰英　夏永恒

科大工作室　周　伟　张身耀　等编著

中国水利水电出版社
www.waterpub.com.cn

内 容 提 要

Flash 的应用领域越来越多，而 Flash 影片的特点也注定它将会有越来越高的商业价值。Flash 用于做宣传与传统的宣传方式相比效果相当，可是成本要低很多，所以被越来越多的商家所看好。

本书就是在这种情况下编写的，本书通过多个有代表性的实例，来讲解如何制作一个用于商业用途的 Flash 作品，并通过其他的辅助软件对 Flash 影片进行进一步的优化，使 Flash 影片的内容更丰富，效果更绚丽。

本书还是主要以抛砖引玉为目的，通过这些有代表性的实例，不仅可以引领那些对商业 Flash 影片有着浓厚兴趣，而又不知如何下手的读者了解 Flash 商业动画，也可以帮助专业 Flash 制作人士开拓思路，做出更加尽善尽美的作品。

图书在版编目（CIP）数据

Flash & Painter & Photoshop 商用动画设计 / 胡晓旭主编.
北京：中国水利水电出版社，2009
（平面设计师岗位培训丛书）
ISBN 978-7-5084-6128-1

Ⅰ. F… Ⅱ. 胡… Ⅲ. 动画—设计—图形软件，Flash、Painter、Photoshop Ⅳ. TP391.41

中国版本图书馆 CIP 数据核字（2008）第 193580 号

书　　名	平面设计师岗位培训丛书 Flash & Painter & Photoshop 商用动画设计
作　　者	主　编　胡晓旭 副主编　黄　诚　聂丰英　夏永恒 科大工作室　周　伟　张身耀　等编著
出版　发行	中国水利水电出版社（北京市三里河路 6 号　100044） 网址：www.waterpub.com.cn E-mail：mchannel@263.net（万水） sales@waterpub.com.cn 电话：（010）63202266（总机）、68367658（营销中心）、82562819（万水）
经　　售	全国各地新华书店和相关出版物销售网点
排　　版	北京万水电子信息有限公司
印　　刷	北京蓝空印刷厂
规　　格	184mm×260mm　16 开本　14.5 印张　330 千字　4 彩插
版　　次	2009 年 1 月第 1 版　2009 年 1 月第 1 次印刷
印　　数	0001—4000 册
定　　价	28.00 元（赠 1CD）

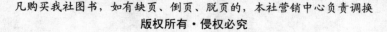

科大工作室

主编：高志清

编委：张爱城　林　英　贾惠良　王爱婷

刘　霞　张传记　夏小寒　许海声

周　伟　张　伟　涂　芳　姜华华

车　宇　张身耀　孟凡宏　徐佳龙

胡爱玉　周　伟　王海燕　赵国强

胡晓旭　黄　诚　聂丰英　夏永恒

当今社会，随着商业活动多样化和技术水平的不断提高，与之密切相关的平面设计也在向着更高的发展目标前进。理所当然，这对平面设计师也提出了更高的要求。如何培养优秀且适应时代潮流的平面设计师是许多大中专院校和职业技术学校面临的重要课题。

另外，对于刚刚走出校门的大学毕业生来说，找到一份适合自己的工作，是一件梦寐以求的事情。但大多数大专院校毕业生缺乏实际工作经验，这一点已成为择业，择一份好职业的重大障碍。这种现象导致了许多企业招聘不到合格员工，而大量的大专院校毕业生找不到自己满意的工作。

为了使刚刚走出大学校园的毕业生在正式参加工作之前，熟练掌握平面设计专业的一技之长，在应聘竞争中占据先机，我们设计并策划了本套岗位培训系列丛书。本套丛书从商用的角度入手，着重讲述不同平面设计岗位的实际工作经验和实用技巧，学完就可以立即上岗，涉及的软件包括 Photoshop、Illustrator、Pagemaker、Flash、CorelDRAW 及 Dreamweaver 等平面设计常用软件，具有很高的实用价值。本套丛书共分为 10 本，分别是：

（1）《Photoshop & CorelDRAW 现代包装设计》

（2）《Photoshop & Pagemaker 美术排版设计》

（3）《Photoshop &Illustrator 企业形象设计》

（4）《Photoshop & Illustrator 插画设计》

（5）《Photoshop & Dreamweaver 网页设计》

（6）《Flash & Painter & Photoshop 商用动画设计》

（7）《Dreamweaver & Photoshop & Flash 商用网站设计》

（8）《Photoshop 效果图后期处理培训手册》

（9）《Illustrator 经典实例制作培训手册》

（10）《Flash 实用教学课件制作培训手册》

与其它同类电脑图书相比，本套丛书具有以下几个特点：

（1）读者定位准确：本套丛书专门针对正在择业或刚参加工作的大学生及中专类学生而量身定做。这类读者设计方面的专业知识应该没有太大问题，软件的操作及熟练程度也不在话下，最重要的是缺少实际的工作经验。

（2）案例典型实用：书中提供的案例都是极具典型特征的商用实例，并且会根据实际工作流程进行剖析讲解，在讲解过程中，会穿插作者的实际工作经验。

（3）讲解通俗易懂：本套丛书属于中级类图书，所以在解析实例时使用了简洁明快的语言，并以流程图的形式展现案例的创作过程，让读者清楚地了解案例的设计思路，让读者的创意思路更加宽泛。

（4）达到即学即用：即学即用是本套丛书的另一大特色，从书本中学到的知识能够切实地应用到实际工作中，读者学完相关内容后能立刻胜任想要从事

的工作（如平面广告设计和网站设计等），不再会因为“没有实际工作经验”而拒之“门”外，你可以很有信心地对招聘单位说“我可以胜任这份工作”，因为我参加过岗位培训。

（5）本套丛书可以作为大中专院校平面设计课程教材使用。

为了便于读者学习，我们还在本书中设计了三个小图标，它们分别是：

知识讲解：讲解设计制作过程中用到的知识点、操作命令和工具按钮。

技巧宝典：用于介绍实际工作中的小技巧。

提醒注意：用于提醒读者应该注意的问题。

在此，我们要衷心感谢向本套丛书提出改进意见的同行和学员，感谢为本套丛书编辑的出版社的老师们，由于他们的认真负责，使本套丛书避免了许多错误，内容更加充实。另外，还特别感谢您选择了本套丛书，如果您对本书有什么意见和建议，请直接告诉我们。

E-mail：kd-1000@163.com

科大艺术交流群号：3670212

科大工作室

2008 年 5 月

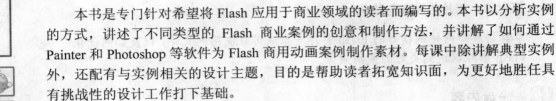

本书是专门针对希望将 Flash 应用于商业领域的读者而编写的。本书以分析实例的方式，讲述了不同类型的 Flash 商业案例的创意和制作方法，并讲解了如何通过 Painter 和 Photoshop 等软件为 Flash 商用动画案例制作素材。每课中除讲解典型实例外，还配有与实例相关的设计主题，目的是帮助读者拓宽知识面，为更好地胜任具有挑战性的设计工作打下基础。

本书内容

本书通过多个有代表性的 Flash 商业动画案例，讲解 Flash 在商业领域中动画案例制作的基本思路和制作方法。书中的目录结构清晰、实例精彩实用、讲解方式图文并茂，语言叙述通俗易懂，是平面设计师最得力的助手。本书共分七课，每课讲解的主要内容介绍如下：

- **第一课：Flash 商用动画总体概述**

  本课以宏观的角度介绍了 Flash 在商业领域中的用途，并介绍了用于辅助 Flash 影片制作的软件以及使用 Flash 制作简单好看的图形。

- **第二课：商业动画设计之前奏**

  本课是正式制作商用动画之前的热身，通过制作简单的 Flash 动画，熟悉 Flash 动画的一般制作流程，并进一步掌握 Flash 软件中的常用技巧。

- **第三课：Flash 背景制作**

  本课中讲解的是如何使用 Photoshop 和 Painter 软件为 Flash 动画制作背景元素。以详细的步骤来介绍 Photoshop 及 Painter 的基本使用方法和绘制技巧。

- **第四课：商用动画设计之声效篇**

  本课讲解如何在 Flash 影片中加入声音，以及如何在 Flash 中对加入的声音进行调节和修正。

- **第五课：商用动画设计之应用篇**

  本课的内容是利用前边几课学到的内容制作几个比较常用的Flash动画影片实例，进一步巩固学到的内容。

- **第六课：商用动画设计之完结篇**

  本课是以一个大的商用动画实例的制作全过程为主要内容，是对本书中学到的内容进行一个总结性的应用，将学到的内容全部应用到其中，制作一个完整的商业用途的 Flash 影片。

● **第七课：影片的发布与优化**

本课讲解如何将制作好的 Flash 影片发布成可以使用的文件，以及如何优化 Flash 影片以达到更好的使用效果。

光盘内容

本书附赠光盘中主要包含的内容：本书实例以及书中实例的调用素材。具体内容列举如下：

（1）"实例"文件夹：保存本书所有实例的最终效果。

（2）"调用文件"文件夹：保存本书实例所调用的素材图片。

声明：本书中所提及的公司名称和标志均为作者虚拟的品牌，若与实际产品雷同，纯属巧合。

本书由胡晓旭主编，黄诚、聂丰英、夏永恒任副主编，周伟、张身耀等执笔完成。除编者外，科大工作室的全体工作人员都为本书的成稿做了大量的工作，在此一并表示感谢。另外，您在阅读本书时，若有什么意见或建议，欢迎与我们科大工作室联系，联系方式如下：

E-mail：kd-1000@163.com

科大艺术交流群号：3670212

作 者

2008 年 12 月

目 录

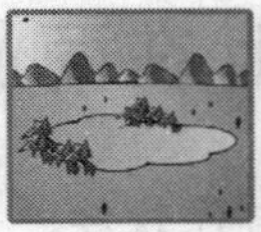

第一课

Flash 商用动画总体概述

主要内容

- Flash 在商业中的应用
- 辅助软件在 Flash 中的应用
- 绘制简单的卡通道具
- Q 版卡通
- 本课小结

1.1 Flash 在商业中的应用

Flash 是一个功能非常强大的矢量制作软件，在各个方面能有所应用。Flash 的商业用途按照动态、静止和功能划分主要有三个方面，即 Flash 短片、网站应用和商业插画。

1.1.1 Flash 短片

Flash 短片的应用非常广泛，主要用于网络广告、电视广告、手机彩信、公车广告等，如图 1-1 所示。

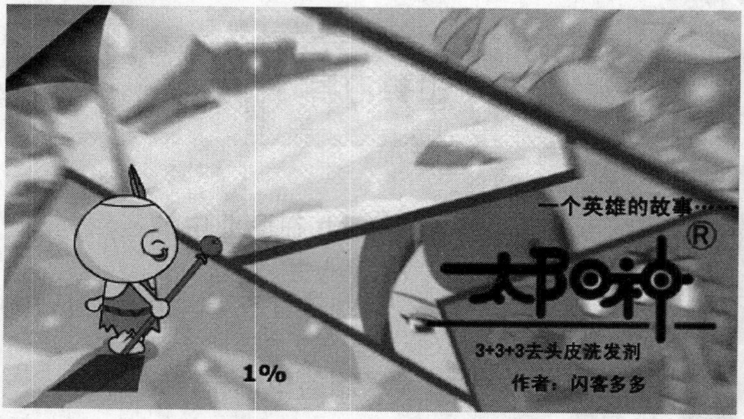

图 1-1 网络广告

1.1.2 网站应用

Flash 在网页中也越来越重要，比如 banner、按钮、导航、展示页、动态广告、连接等，如图 1-2 所示。

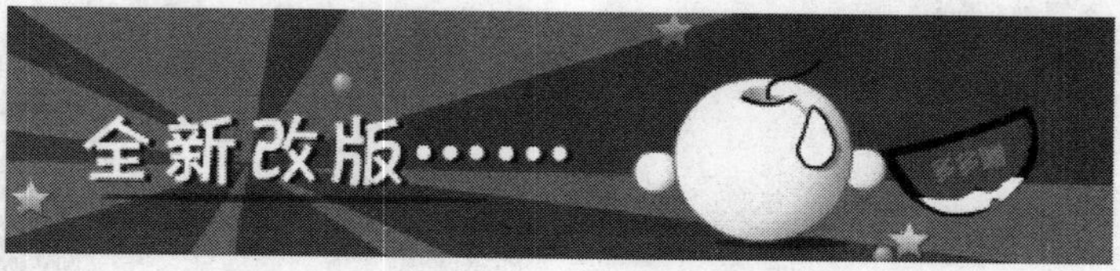

图 1-2 banner

1.1.3 商业插画

广告的招贴、CD 封面、各种卡通形象等，如图 1-3 所示。

图 1-3　卡通形象

1.2　辅助软件在 Flash 中的应用

Flash 虽然功能强大，但是为了让作品的制作更加快捷和精彩，还是需要别的软件进行辅助。

目前最大众的两款辅助 Flash 的软件就是 Photoshop 和 Painter。Photoshop 主要是对图片进行处理，Painter 则主要是绘制原图和插画还有背景，其界面分别如图 1-4 所示和图 1-5 所示。

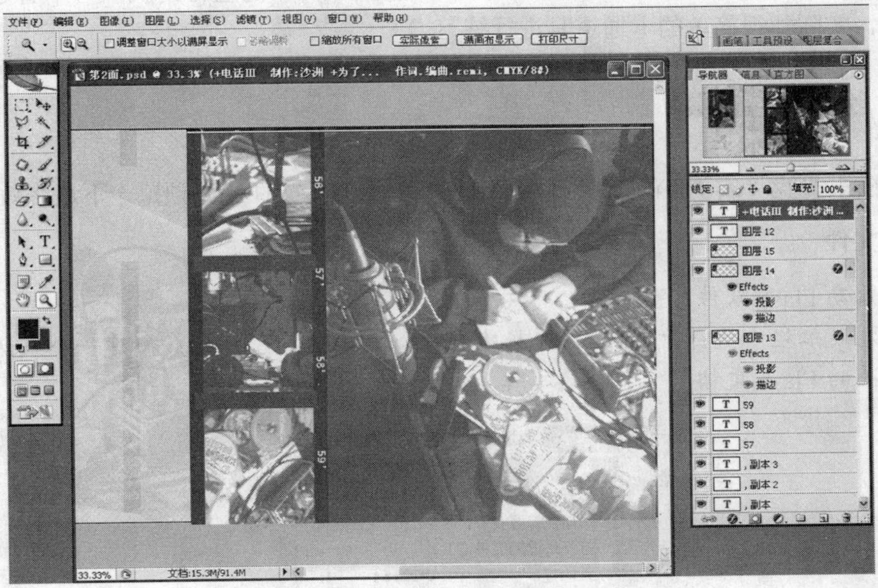

图 1-4　Photoshop 界面

这里以本课第三节和第四节的两个实例，结合 Photoshop 和 Painter，详细解释导入和输出时的注意事项和小经验，让读者可以从多方面入手，用 Flash 制作更加得心应手。

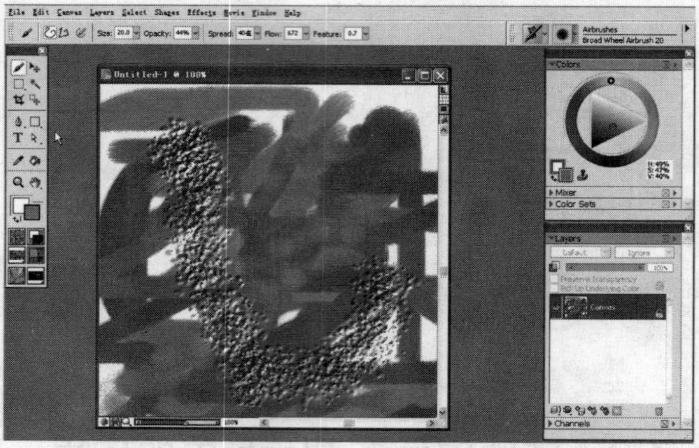

图 1-5　Painter 界面

1.3　绘制简单的卡通道具

本例主要是对简单的卡通道具用 Flash 进行临摹。因为大部分读者并没有系统地学过太高的电脑徒手绘画和软件的培训，因此，本例重点是了解怎么对卡通物体进行绘制，如果稍微有一点 Flash 的造型基础，完全可以跳过这一节。（这里特别找了一个看起来好像造型复杂，实际却很简单的卡通道具进行练习。）

操作指南　绘制卡通道具

打开随书光盘“实例/第一课”目录下的“贝司.fla”文件，先预览一下最终效果。

- **新建文件**

1. 启动 Flash 软件。
2. 在菜单栏中执行“文件”/“新建”命令，如图 1-6 所示。新建一个默认大小的 Flash 文档。

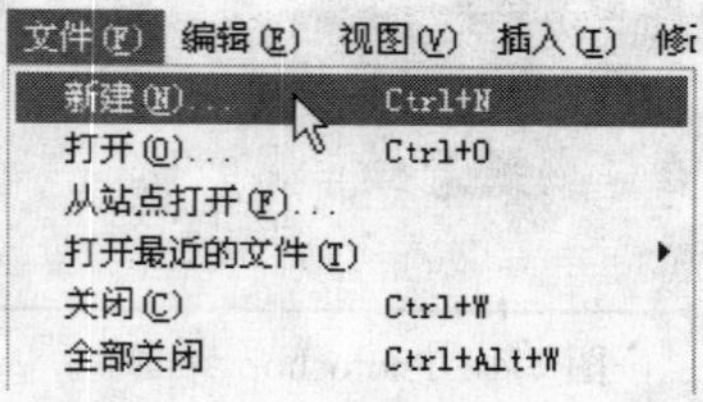

图 1-6　选择新建 Flash 文档

- **导入图片**

3. 在菜单栏中执行“文件”/“导入”/“导入到舞台”命令，如图 1-7 所示。

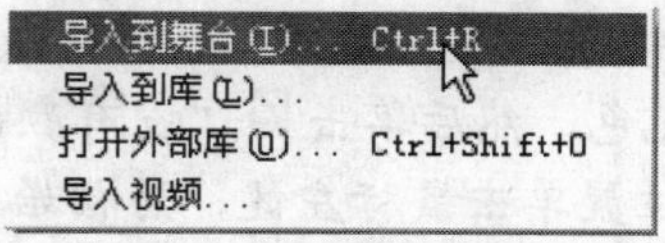

图 1-7 选择"导入到舞台"命令

4. 选择随书光盘"调用文件/第一课"目录下的"贝司.jpg"文件，将其导入到舞台中，如图 1-8 所示。

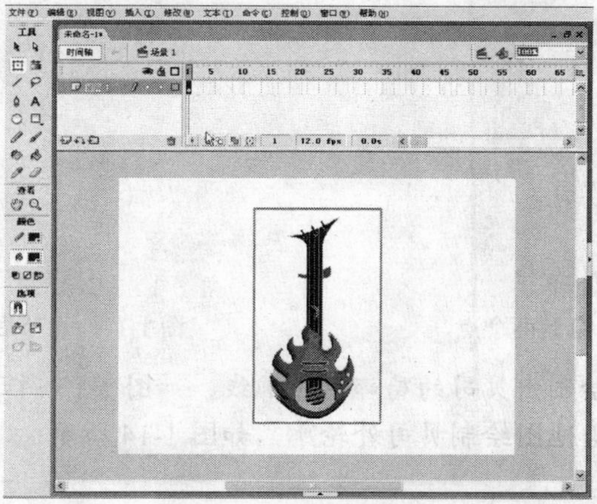

图 1-8 导入图像

- **建立图层**

5. 单击时间轴上的"插入图层"按钮，如图 1-9 所示，新建图层 2。
6. 选中图层 1，单击"锁定"按钮，锁定图层，如图 1-10 所示。

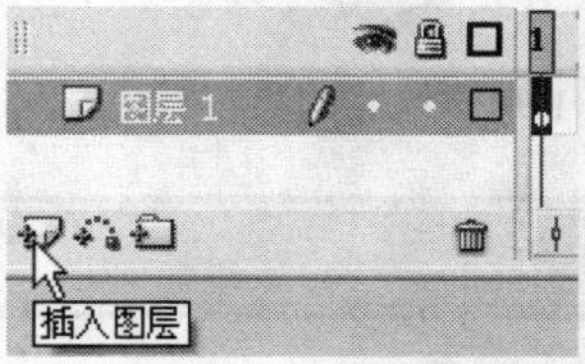

图 1-9 插入图层

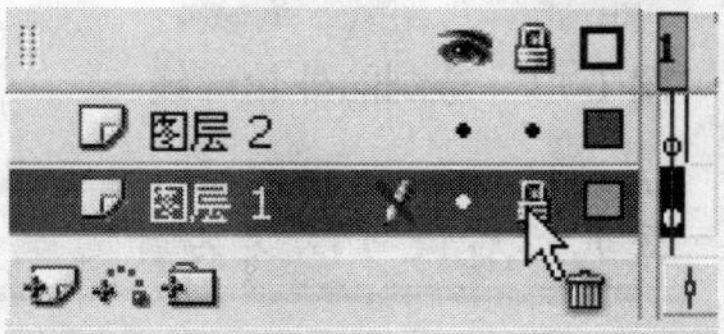

图 1-10 锁定图层

注意 在图层的名字后面都有 3 个图标，是隐藏图层，(仅仅是隐藏，便于制作，在发布中还是可以看到的)，是显示方式(显示全部或者只显示边框)，表示当前选中而且可以编辑的图层。

临摹前可以先通过"缩放工具"对图片进行放大，调整到自己舒服的大小，然后对图片开始临摹。

- **描绘外轮廓**

选择"钢笔工具"来完成对"贝司"外轮廓的绘制。

7. 在工具箱中单击“钢笔工具”按钮，鼠标变成钢笔头的形状。在左侧工具箱的下方选择填充色，然后单击“没有颜色”按钮，关闭填充色。

8. 根据底图在绘制图的位置单击鼠标左健，为初始点，单击第 2 落点，不松手，拖拽到满意的弧度，如果再要调节需要单击工具箱中的“部分选取工具”按钮，使用调节杆进行调整，如图 1-11 所示。

9. 继续绘制第 3 点，并用鼠标调节弧度，如图 1-12 所示。

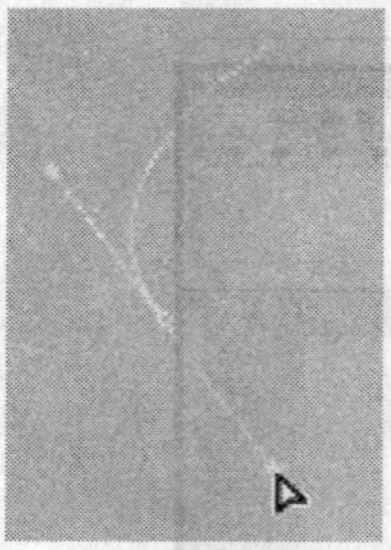

图 1-11 绘制两个点

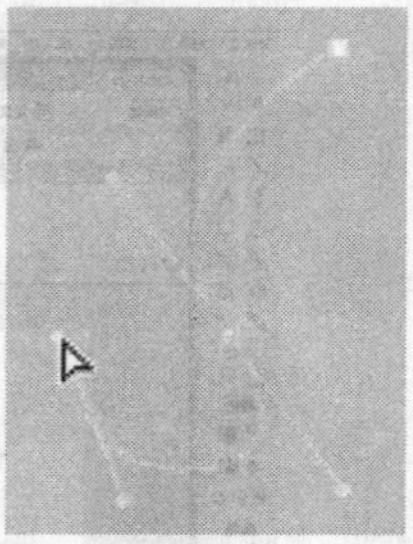

图 1-12 调节后的弧度

10. 运用这种方法绘制出贝司的局部外轮廓线，如图 1-13 所示。

11. 使用此类方法沿地图绘制贝司外轮廓，如图 1-14 所示。

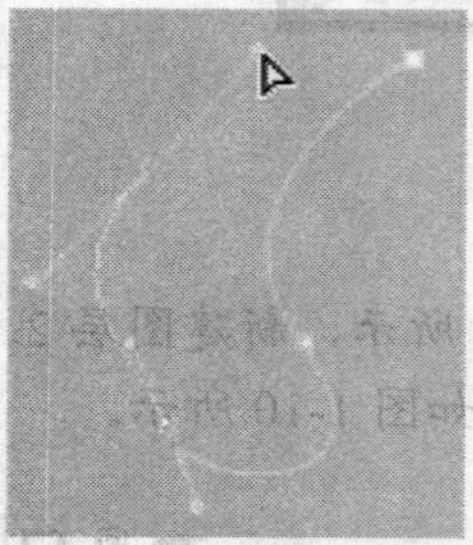

图 1-13 绘制的外轮廓线

图 1-14 绘制的贝司外轮廓

注意 点鼠标右键可以变为普通线条，如图 1-14 所示。

12. 单击“椭圆工具”按钮，在贝司轮廓里绘制一个圆圈，如图 1-15 所示。

图 1-15 绘制圆

13. 打开“混色器”面板，选择“填充色”，将“类型”设置为“纯色”，在窗口右侧的“调色板”面板中选取红色，如图 1-16 所示。

14. 单击工具箱中的“颜色桶工具”按钮，填充效果如图 1-17 所示。

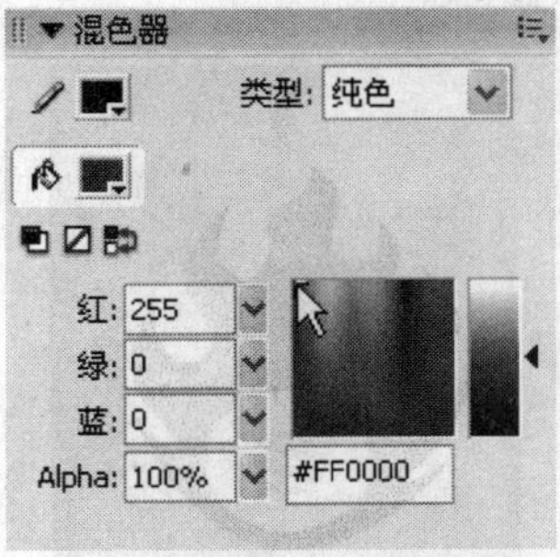

图 1-16　选取颜色

图 1-17　填充后的效果

15. 单击工具箱中的“选择工具”按钮，选取外框，按 Delete 键删除，如图 1-18 所示。

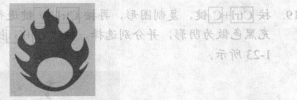

图 1-18　删除外框

注意

为避免绘制的图形遮住后面需要绘制的图形，可以在不同的图层上面绘制完成后，再将其拷贝到同一图层中，删除多余的图层即可。

选中全部图形，按 Ctrl+G 群组（如图 1-19 所示），反之，解散群组的键盘快捷键为 Ctrl+B。

16. 使用钢笔工具，依据底图机械绘制贝司上部高光区域的颜色，打开“混色器”面板，设置填充色为“橘红色”（#FD4602），完成后删除外轮廓线，如图 1-20 所示。

图 1-19　群组图像

图 1-20　绘制的图像

17. 再根据底图，绘制出亮部的颜色，设置填充色为“橙色”（#F75E02），完成后删除外轮廓线，如图 1-21 所示。

18. 使用同样的方法，依据底图绘制图形，并设置填充色为“橙色”（#F75E02），完成后的效果如图 1-22 所示。

图 1-21　绘制出亮部的颜色

图 1-22　完成后的效果

- **复制图片**

19. 按 Ctrl+C 键，复制图形，再按 Ctrl+V 键进行粘贴，然后将复制后的图形填充黑色做为阴影，并分别选择，按 Ctrl+G 键，将图形群组，调整效果如图 1-23 所示。

图 1-23　复制并调整后的效果

20. 再次运用“椭圆工具”，绘制出“贝司”的按钮，设置笔触高度为 1，颜色为黑色，填充色为“黄色”（#FFFF00），依据底图绘制圆形，完成后按 Ctrl+G 键，将图形群组，然后按 Alt 键复制图形，效果如图 1-24 所示。

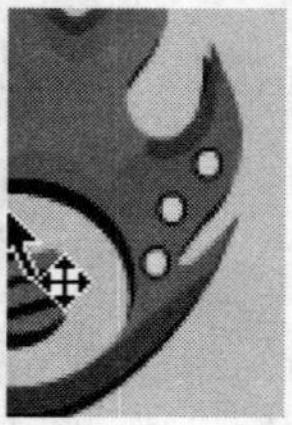

图 1-24　绘制按钮

21. 将完成的图形移到图像的一边，然后按照上述方法，逐步完成每一个零件的绘制，并把每一个零件都“群组”起来，零部件效果如图 1-25 所示。

图 1-25　完成后的零部件效果

22. 移动各个零件的位置，组合成一个完整的图形，效果如图 1-26 所示。

图 1-26　组合后的效果

注意　“贝司”的 Flash 源文件放在配套光盘“实例/第一课”目录下。

注意　在移动中，“任意变形工具”可以放大和缩小图形，并且可以变换图形的角度，快捷键是 Q。按着 Shift 键调整，是按照比例变换；按 Alt 键是按中心变换；按 Ctrl 键是局部变换（群组时没用）。

1.4　Q 版卡通

通过上一个实例，我们已经对 Flash 绘画有了基本的了解，接下来我们再来完成一个 Q 版的卡通形象加以熟练，并学习元件、时间轴等工具的综合应用。

操作指南　Q 版卡通形象的绘制

打开随书光盘“实例/第一课”目录下的“乌鸦.fla”文件，先看一下最终的效果。

● **新建文件**

1. 执行“文件”/“新建”命令，新建一个 Flash 文档。

● **导入图片**

2. 执行“文件”/“导入”/“导入到舞台”命令，选择随书光盘“调用文件/第一课”目录下的“乌鸦.jpg”文件，如图 1-27 所示。

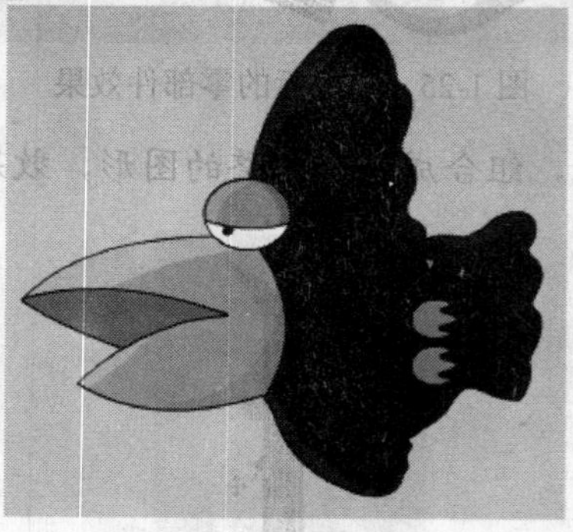

图 1-27　选择的图片文件

● **建立图层 2**

3. 选择图层 1，单击时间轴上的“锁定/解除锁定所有图层”按钮，单击“插入图层”按钮，新建图层 2。

● **绘制乌鸦的嘴**

我们先从乌鸦的嘴开始画。

4. 在图层 2 中，设置填充色为无色，笔触色为黑色，使用“钢笔工具”绘制乌鸦嘴的轮廓线，如图 1-28 所示。

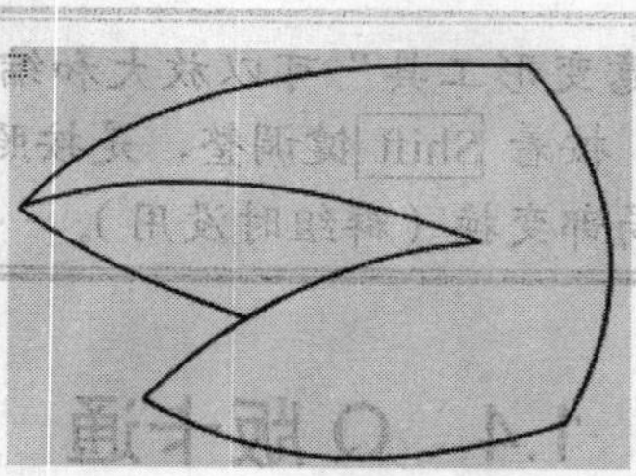

图 1-28　绘制的乌鸦嘴

● **填充颜色**

5. 参照图层 1 中乌鸦嘴的颜色，依次填充“土黄色”(#DCAA01)和“暗黄色”(#9E7A01)，按刚才画的乌鸦嘴的外轮廓依次进行填色，效果如图 1-29 所示。

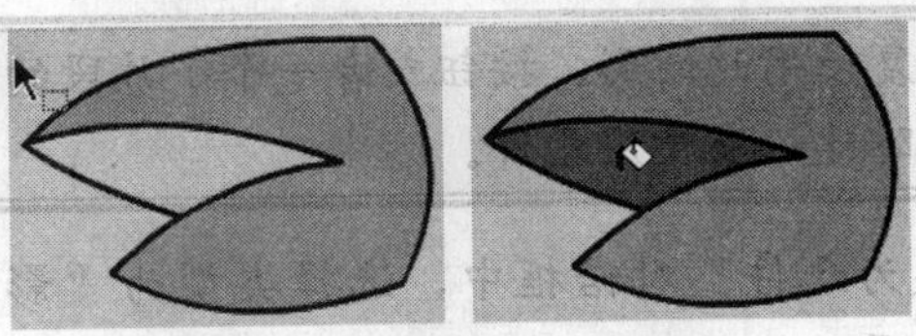

图 1-29　依次进行填色

- **画乌鸦嘴的亮部和暗部**

仔细观察图层 1 里面图片，乌鸦的嘴是用有明暗关系的“块面”来进行表现的。

6. 单击工具箱中的“线条工具”按钮，在嘴的“明暗交接线”的位置绘制辅助线，拖拽到合适的弧度，如图 1-30 所示，然后用填充工具填充“亮黄色”（#FEC238）和“暗黄色”（#D39401），如图 1-31 所示。

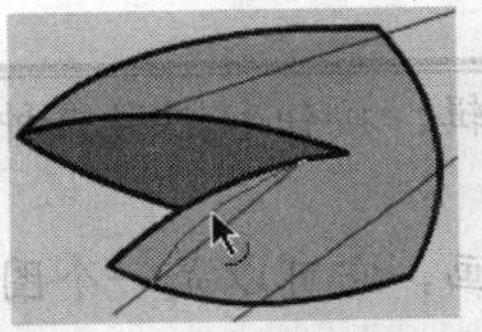

图 1-30　绘制线形

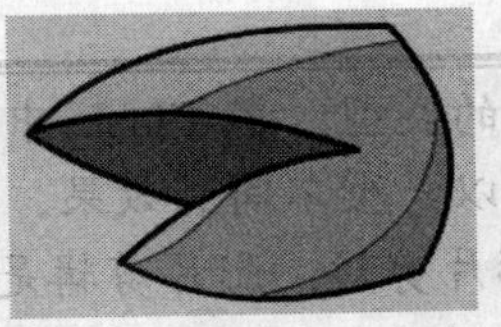

图 1-31　填充颜色

注意　明暗交接线：物体都有亮面和暗面，在亮与暗，暗与更暗，亮和更亮的地方，看到的交接处，指的就是明暗交接线。“线条工具”在绘制“明暗交接线”的时候，最好是通过“属性”把线的颜色和物体的外轮廓线的粗细区分开来，这样便于删除，如图 1-32 所示。

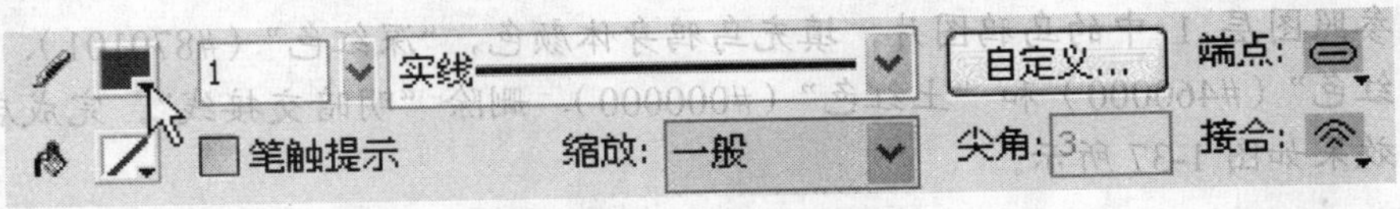

图 1-32　直线工具

7. 颜色填充后，需要将所有的“明暗交接线”删除。这样乌鸦的嘴就绘制完成了，效果如图 1-33 所示。

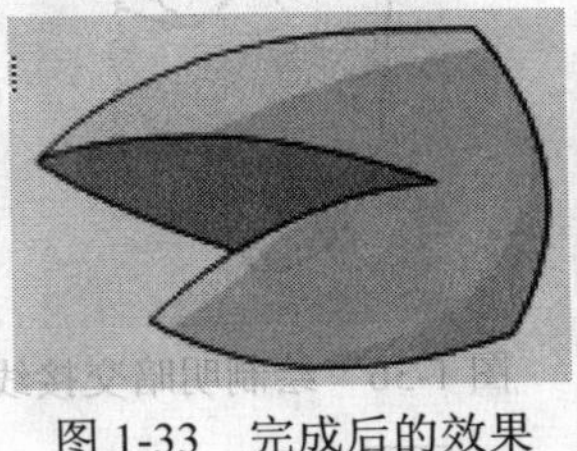

图 1-33　完成后的效果

8. 将乌鸦嘴的图形全部选择，单击鼠标右键，选择“转换为元件”命令，也可以直接按 F8 键，转换为元件。

注意 元件是可以反复使用的图形、按钮或者一个小片段的动画，用元件占用的空间很小，在制作时建议多使用元件。

9. 在弹出的“转换为元件”对话框中，选择类型为“影片剪辑”，并进行命名，如图 1-34 所示。

图 1-34　选择类型并命名

注意 元件的类型：在 Flash 中元件分为影片剪辑、按钮和图形三种。不同的元件类型可以产生不同的效果。

- 影片剪辑：影片剪辑是一段 Flash 的动画，它可以是一个图形，也可以是一段动画，可以独立地播放。
- 按钮：按钮是指鼠标影响的事件（单击或鼠标经过等）。
- 图形：图形就是指可以反复无数次使用的图形，可以是一帧的静止图片。

- **乌鸦的身体部分**

10. 用“钢笔工具”绘制出乌鸦身体的外轮廓，如图 1-35 所示。
11. 单击工具箱中的“钢笔工具”按钮，绘制出“明暗交接线”，如图 1-36 所示。
12. 参照图层 1 中的乌鸦图片，填充乌鸦身体颜色，“深红色”（#870101）、“暗红色”（#460000）和“土红色”（#000000），删除“明暗交接线”。完成后的效果如图 1-37 所示。

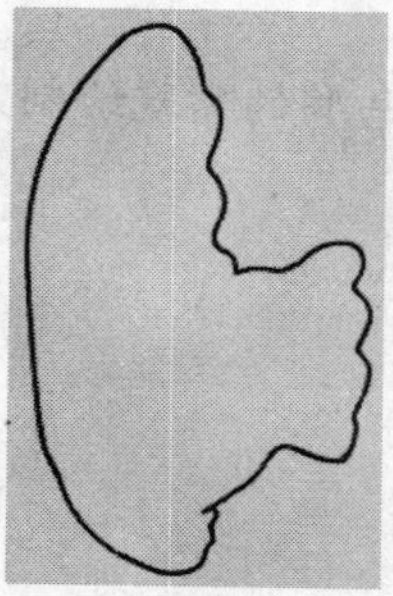

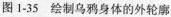

图 1-35　绘制乌鸦身体的外轮廓

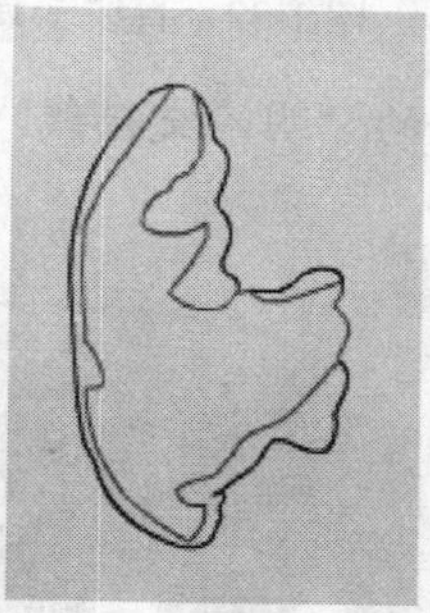

图 1-36　绘制明暗交接线

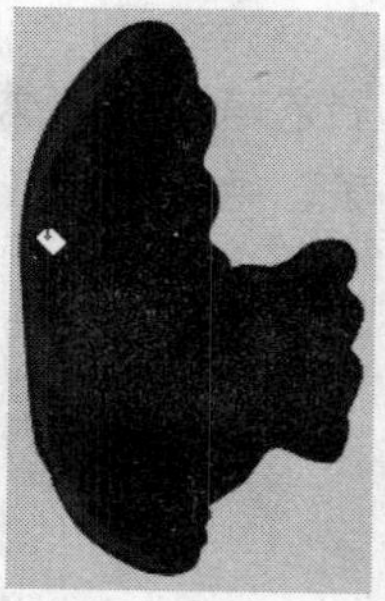

图 1-37　填充颜色

13. 把乌鸦的身体全部选中，按 F8 键，打开“转换为元件”对话框。因为身体部分不需要动，所以在该对话框中选择“图形”选项即可，如图 1-38 所示。

图 1-38 转换为元件

● **乌鸦的眼睛**

14. 单击○“椭圆工具”按钮，关闭填充色，绘制乌鸦眼睛的外轮廓。运用／“直线工具”绘制中间的眼皮，并拖拽到合适的弧度，如图 1-39 所示。

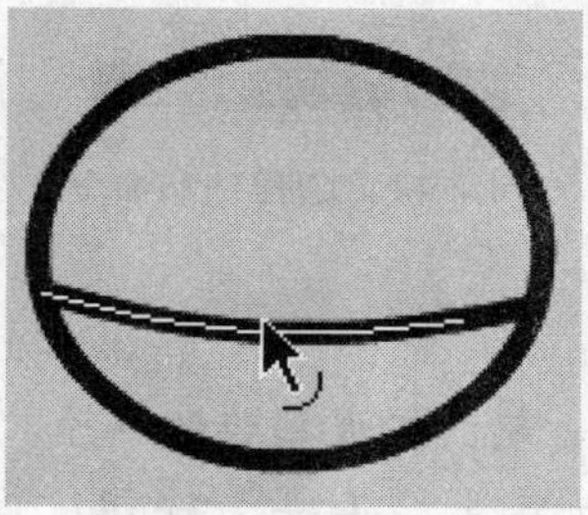

图 1-39 绘制线形

15. 绘制“明暗交接线”，参照图层 1 乌鸦眼珠填充颜色，“橘黄色”（#FD9C26）、暗黄色（#E38902）和土黄色（#CC7102），然后删除“明暗交接线”，眼白位置填充白色，效果如图 1-40 所示。
16. 单击工具箱中的○“椭圆工具”按钮，设置笔触为无色，绘制乌鸦的黑色眼珠，并将其转换为“图形元件”。
17. 把眼珠拖到眼睛合适的位置，然后选择眼睛的所有图形，按 F8 键，将其转换为图形元件。转换为元件后的效果如图 1-41 所示。

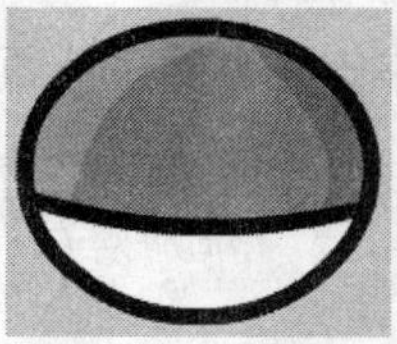

图 1-40 填充后的效果

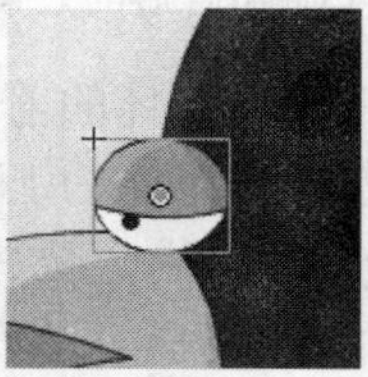

图 1-41 转换为图形元件

● **乌鸦的爪子**

18. 单击工具箱中的“钢笔工具”按钮，设置填充色为无色，绘制出乌鸦爪子的外轮廓，如图 1-42 所示。
19. 填充“咖啡色”（#BA8965），填充后的效果如图 1-43 所示。

图 1-42　绘制外轮廓

图 1-43　填充颜色后的效果

20. 选择乌鸦的爪子部分图形，按 F8 键，将其转换为图形元件。按住 Ctrl 键，再复制一个乌鸦的爪子。

注意：如果想把图形复制到和原来一样的位置，可以在复制好图形以后，单击鼠标右键，在弹出的快捷菜单中选择“粘贴到当前位置”命令，如图 1-44 所示。

图 1-44　选择粘贴命令

- **组合**

21. 将所有的元件都移动到一起，组成乌鸦的样子，如图 1-45 所示。
22. 单击工具箱中的“任意变形工具”按钮，调整“元件”的大小（按住 Shift 键是按比例缩放），如图 1-46 所示。

图 1-45　组合后的效果

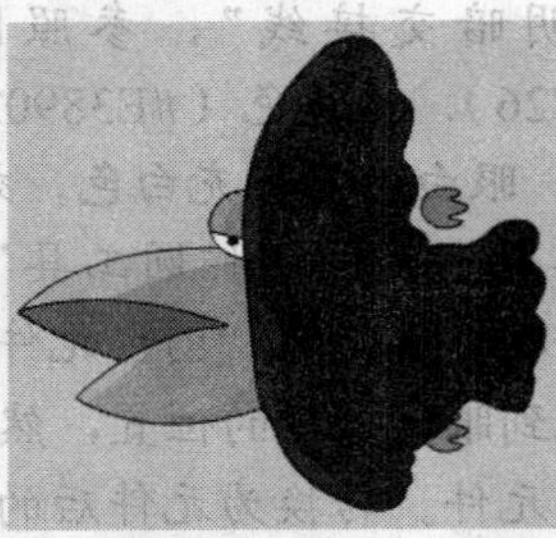

图 1-46　调整大小后的效果

此时，乌鸦的爪子和身体的前后位置都不对，嘴应该在身体的上面，爪子应该在身体的上面，下面来调整一下元件的上下位置。

23. 选中要调整的元件，执行菜单栏中的“修改”/“排列”/“上移一层”命令，如图 1-47 所示。

注意：移动位置分为“移至顶层”、“上移一层”、“下移一层”、“移至底层”，读者可以都试一下，最好记住快捷键并能灵活地应用，因为在以后的学习中会经常用到。

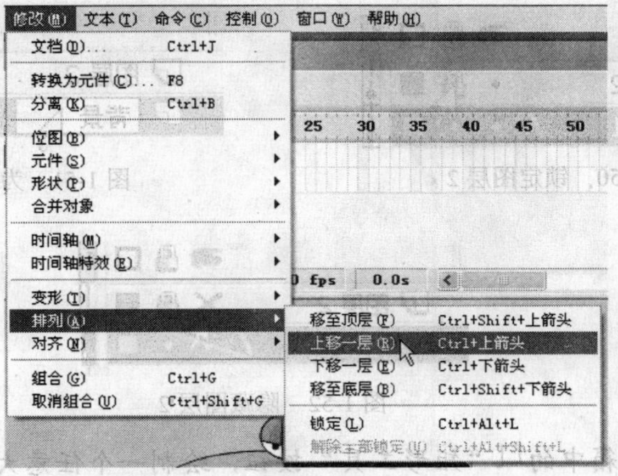

图 1-47　调整元件排列顺序

24. 调整完毕后，将乌鸦全部选中，然后转换为一个影片剪辑元件，完成后的乌鸦效果如图 1-48 所示。

图 1-48　完成后的效果

- **添加天空背景**

25. 单击图层 1 右侧的“锁定/解除锁定所有图层”按钮，将图层 1 解锁，如图 1-49 所示。

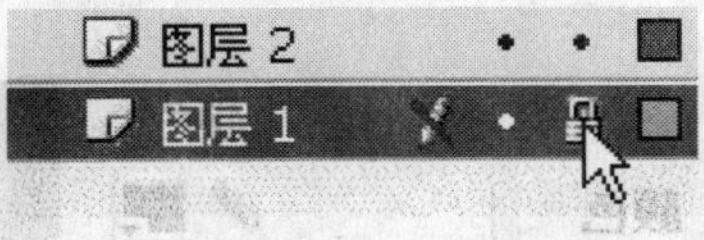

图 1-49　将图层解锁

26. 选择导入的乌鸦图像，按 Delete 键，删除“乌鸦.jpg”图像。

此时，图层 1 中已经没有任何图形。锁定图层 2，如图 1-50 所示。

27. 双击图层 1，重新命名为“背景”，如图 1-51 所示。

28. 为了方便绘制背景，避免“乌鸦”图形被遮住，我们将图层 2 隐藏，如图 1-52 所示。

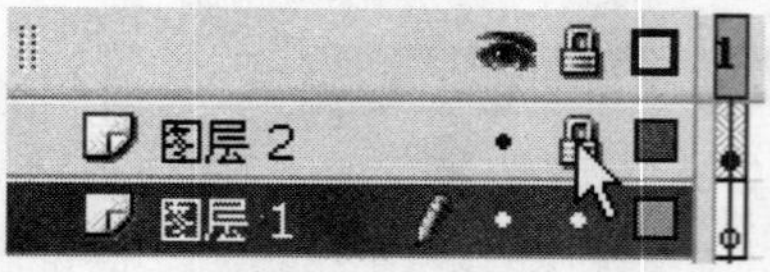

图 1-50　锁定图层 2

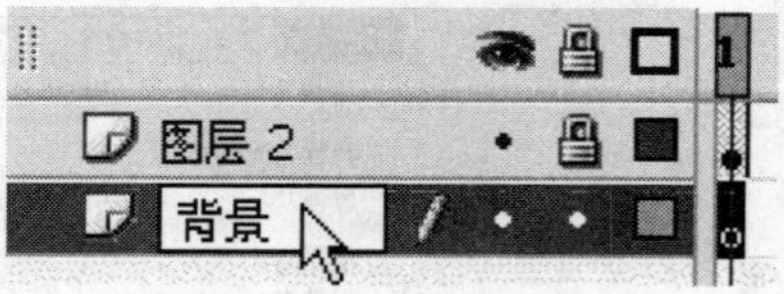

图 1-51　为图层命名

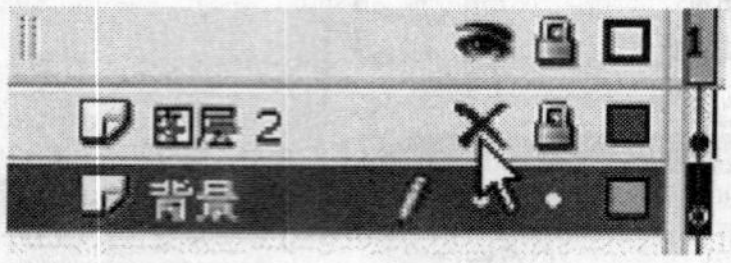

图 1-52　隐藏图层 2

29. 单击工具箱中的□“矩形工具”按钮，绘制一个任意大小的矩形框，如图 1-53 所示。

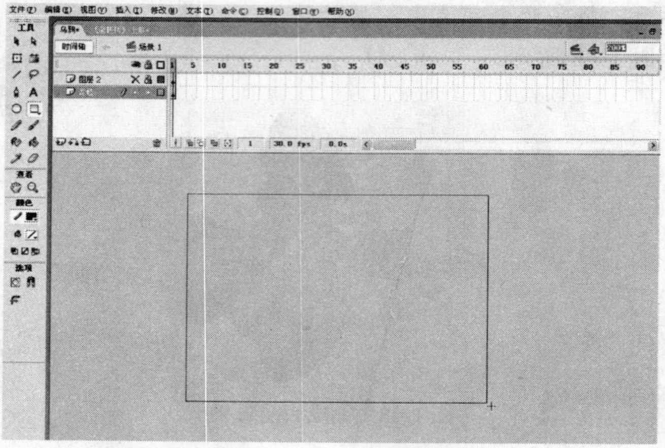

图 1-53　绘制矩形框

注意　在画矩形边框时，先选中“填充色”，再点击下面的“没有颜色”，就可以直接绘制出空心没有颜色的矩形，如图 1-54 所示。椭圆等工具也是如此。

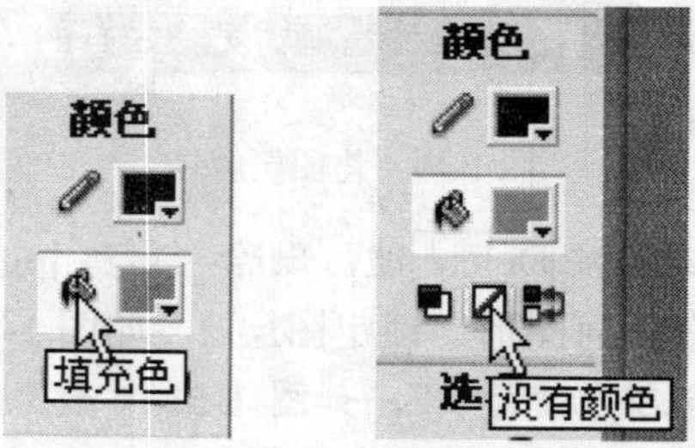

图 1-54　选择填充色

30. 打开“混色器”面板，选择类型为“线性”，如图 1-55 所示。

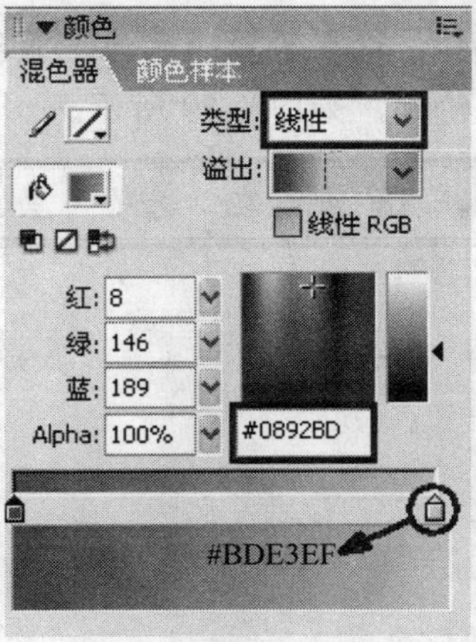

图 1-55　选择类型与颜色

31. 设置好颜色后，单击工具箱中的“颜料桶工具”按钮，在绘制的矩形框中按住鼠标左键向下拖拽，填充颜色后的效果如图 1-56 所示。

图 1-56　填充后的效果

- **绘制背景云**

32. 新建图层 3，命名为“云”，如图 1-57 所示。
33. 将“背景”层锁定，如图 1-58 所示。

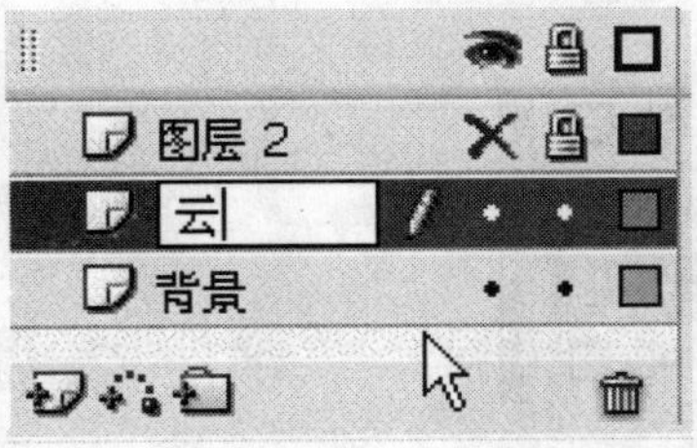

图 1-57　新建“云”图层

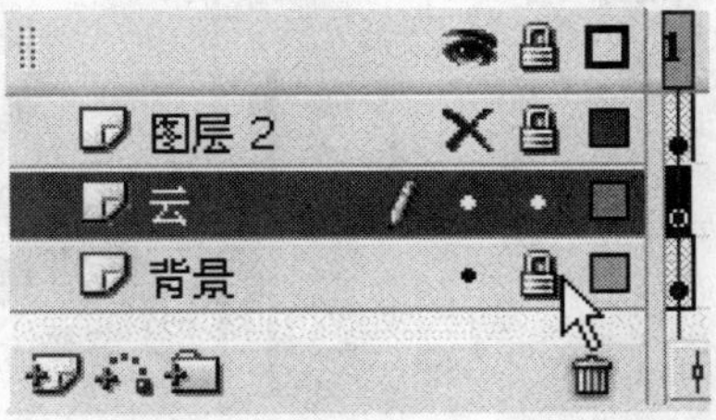

图 1-58　锁定背景

注意　一般情况下，一个 Flash 作品的图层都会很多，为了避免乱，我们把图层都起上名字，而且除了需要编辑的图层保留外，其他图层都锁上。

34. 单击“铅笔工具”按钮，设置笔触颜色为“蓝色”（#66CCFF），填充色为无色，绘制一个云的外轮廓，如图 1-59 所示。

注意 在“铅笔工具”里，我们可以在“选项”里选“平滑”，如图 1-60 所示。

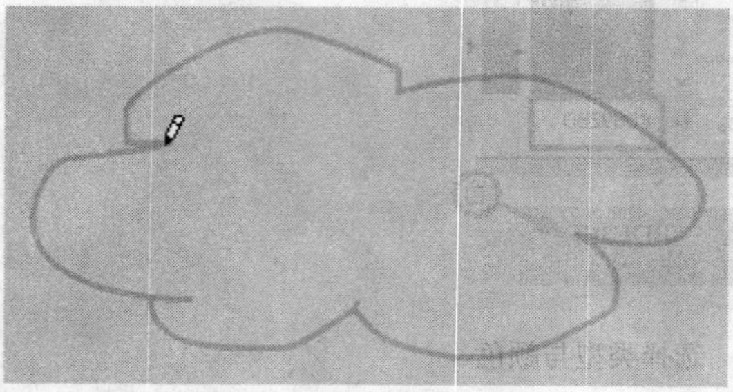

图 1-59　绘制外轮廓

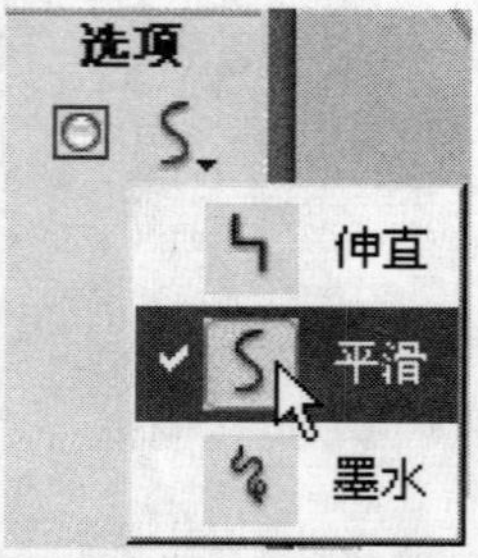

图 1-60　选择铅笔的绘图方式

35. 同样也给云绘制上“明暗交接线”，然后填充颜色，“粉蓝色”（#D5F2FF）、“湖蓝色”（#BCEBFE）、“蓝色”（#9BE0FD），完成后删除“明暗交接线”，其效果如图 1-61 所示。

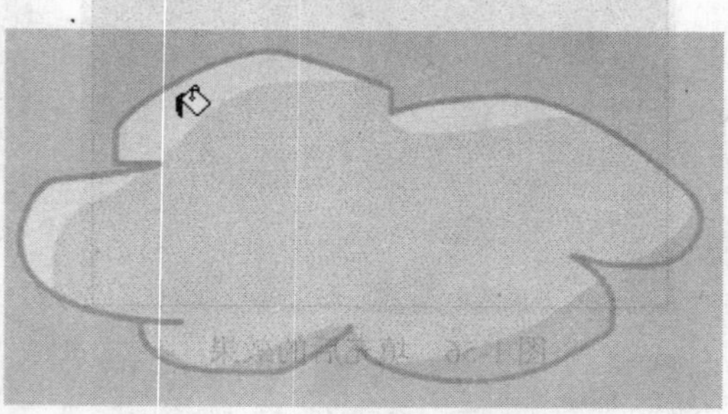

图 1-61　完成后云的效果

36. 选择云的所有图形，按 F8 键，将其转换为图形元件。
37. 现在所有的图形都已经绘制完毕，将所有的图层解锁并取消隐藏。如图 1-62 所示。

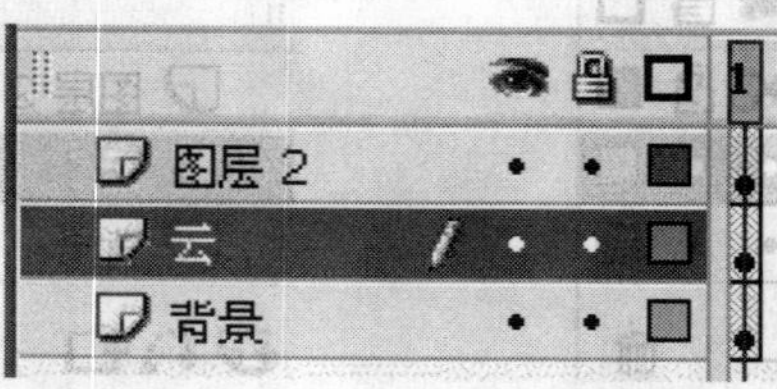

图 1-62 取消图层隐藏并解锁

38. 选择全部“元件”，用“任意变形工具”，把乌鸦、云、天空按比例缩放到合适的大小，如图 1-63 所示。

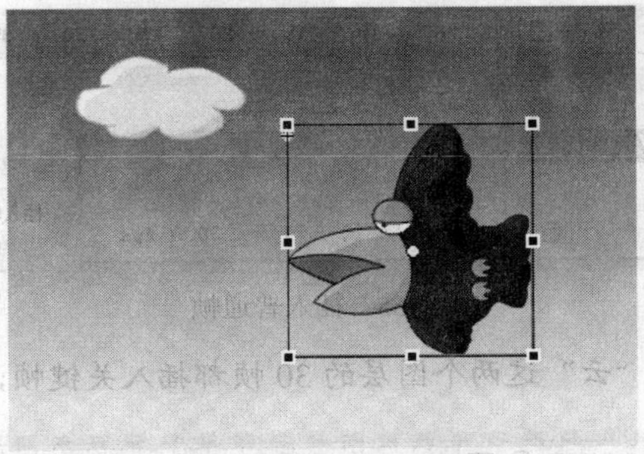

图 1-63　调整图像的大小

注意

之所以这里不需要使用“修改”/“排列”/“移至顶层”命令，是因为这些元件全都不在一个图层。有时候，一个图像，一个影片剪辑的元件都需要由许多层和许多小元件组合而成。

- **飞行的乌鸦**

在这里，首先需要了解一下“时间轴”和“帧”。

注意

在动画中，添加一些普通帧，可以让动画动起来。时间轴中的每一个小格子都代表了在动画中的一个帧。

关键帧：是指在动画播放的过程中，最关键性的动作或者变化时候的帧。在时间轴里是用实心的圆圈来表示。

空白关键帧：是指这个关键帧里没有任何内容。在时间轴里用空心的圆圈来表示，如图 1-64 所示。

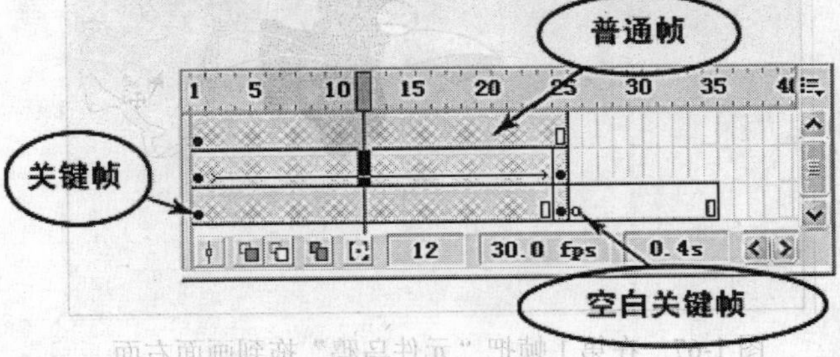

图 1-64　帧的介绍

39. 在“背景”图层的第 30 帧，插入普通帧，如图 1-65 所示。

注意

因为背景层不需要做动画，仅仅是个不动的背景，所以只插入普通帧即可。

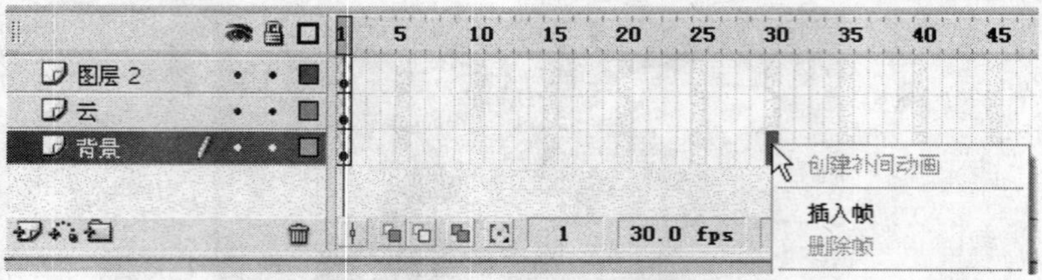

图 1-65　插入普通帧

40. 在“图层 2”和“云”这两个图层的 30 帧都插入关键帧，如图 1-66 所示。

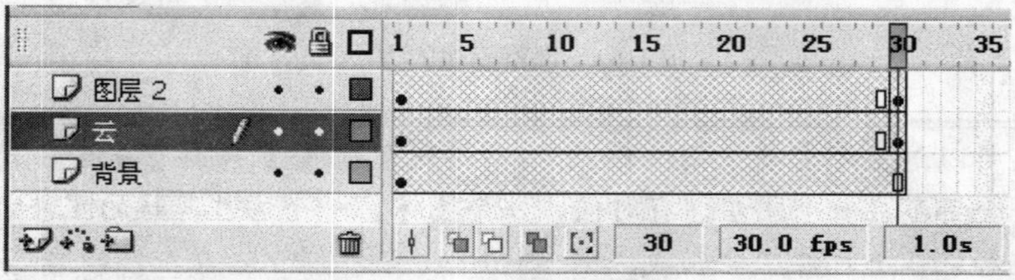

图 1-66　插入关键帧

现在开始来让乌鸦动起来。第 1 帧是开始的位置，第 30 帧是结束时候的位置。

41. 选择图层 2 的第 1 帧，把元件“乌鸦”拖到屏幕的右面，如图 1-67 所示。

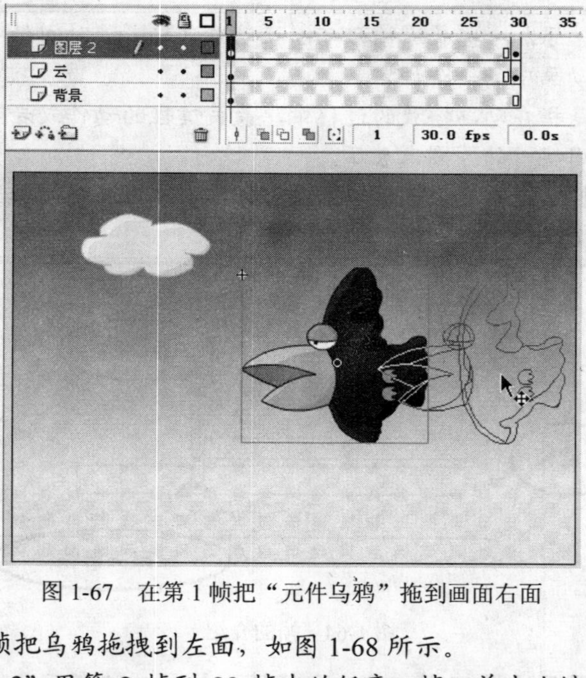

图 1-67　在第 1 帧把“元件乌鸦”拖到画面右面

42. 再到第 30 帧把乌鸦拖拽到左面，如图 1-68 所示。

43. 选择“图层 2”里第 2 帧到 29 帧中的任意一帧，单击右键，选择“创建补间动画”，如图 1-69 所示。

44. 在“属性”面版里选择“动画”，如图 1-70 所示。

图 1-68　在 30 帧拖拽“元件乌鸦”

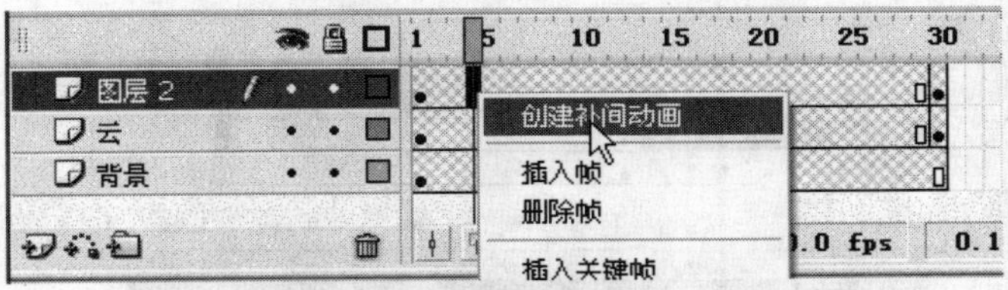

图 1-69　创建补间动画

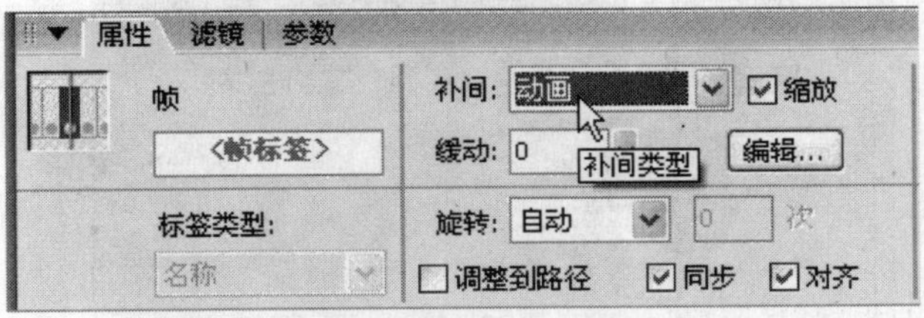

图 1-70　补间的属性

注意

补间属性分“动画”和“形状”两种，当选择“动画”时，前后两面的关键帧里一定要是同一个元件（大小可以不同）。

如果出现创建错误，先查看一下两面的关键帧用的是不是“元件”。

如果选择“动画”选项，创建的动画轨迹一定是运动或大小的变化。

如果选择“形状”选项，创建的动画是图形之间的形状变化，比如一个圆变成一个矩形，一条直线变成一条弧线等。

45. 选择“云”图层的第 1 帧，把云移动到左面，如图 1-71 所示。
46. 选择第 30 帧，将元件“云”移动到右面，如图 1-72 所示。
47. 在“云”这个图层的第 2 帧到第 29 帧之间，任意选择 1 帧，单击右键，创建补间动画，如图 1-73 所示。

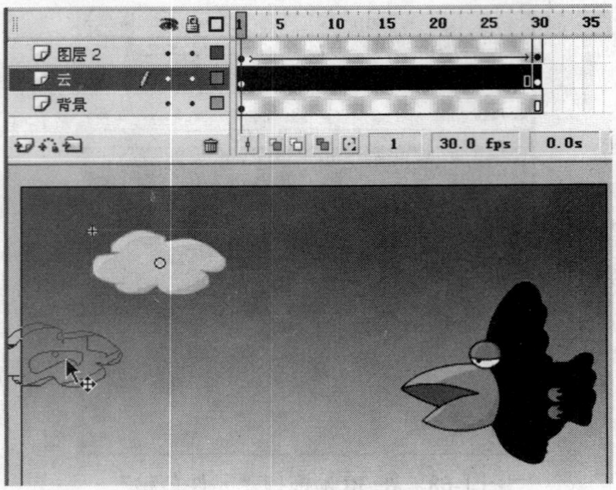

图 1-71　第 1 帧的云的位置

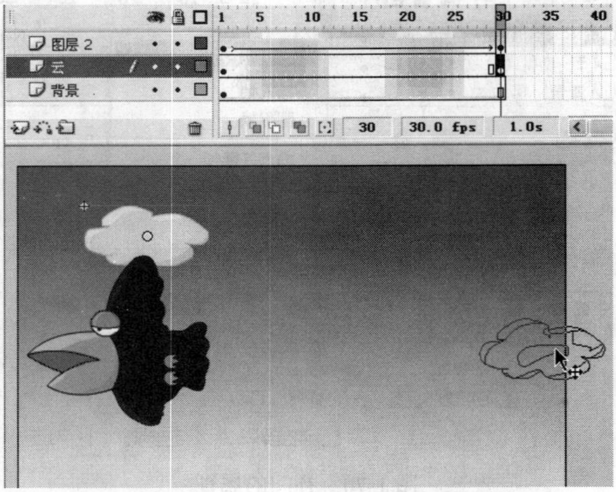

图 1-72　第 30 帧云的位置

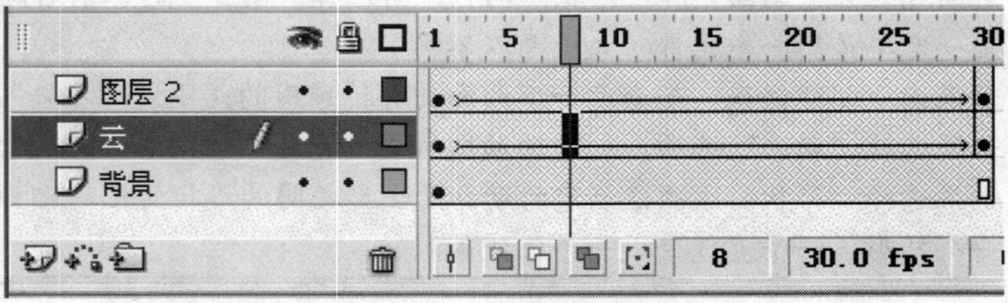

图 1-73 创建云的补间动画

48. 现在飞行的乌鸦就制作完成了。

注意

"乌鸦"的 Flash 源文件保存在随书光盘"实例/第一课"目录下。按 Ctrl+Enter 键，可以测试影片。

1.5　本课小结

本课介绍了 Flash 作品在商业实战中应用的三种方式：短片、网站及插画。这只能笼统地说明 Flash 作品的商业用途，还有很多领域中都会用到 Flash 动画影片。

本课还介绍了两种用于辅助 Flash 动画制作的软件，即 Photoshop 和 Painter。Photoshop 是如今很流行的一种图形处理软件，而 Painter 则是一款图形绘制软件，可以模仿各种艺术画笔来进行图形的绘制，但使用 Painter 需要设计者具备一定的美术功底。

读 书 笔 记

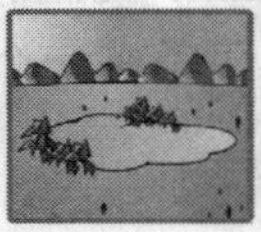

第二课

商业动画设计之前奏

主要内容

- 苹果表情的制作
- 跑动和行走
- 逐帧动画
- 本课小结

通过本课的学习，读者可以对 Flash 动画有很强的把握能力，并最终完成一个短篇的小动画场景。实例制作由浅入深，让读者在一个个实例的学习中学会 Flash 动画制作的各种功能。

2.1　苹果表情的制作

表情现在在网络中应用得非常广泛，QQ、MSN、泡泡等即时通讯软件中都有很多动态的表情，这一课，通过表情的制作，学会简单的 Flash 制作动画规律，并完成 GIF 的导出，这个功能非常实用。苹果表情的制作效果如图 2-1 所示。

图 2-1　苹果表情

操作指南　表情的制作过程

打开随书光盘“实例/第二课”目录下的“苹果表情 01.fla”文件。先看一下最后的效果。

- **新建文件**

1. 新建 Flash 文件。
2. 执行“文件”/“新建”命令，新建一个 Flash 文档。
3. 双击图层 1，将图层重命名为“脸”。

- **绘制苹果的脸**

4. 单击工具箱中的“椭圆工具”按钮，设置笔触颜色为“绿色”（#588B01），笔触高度为 1.5，填充色为无色，绘制苹果的脸（这个脸也就是苹果的身体），如图 2-2 所示。
5. 打开“属性”面板，设置苹果脸的宽为 82.3，高为 72.5，如图 2-3 所示。
6. 打开“混色器”面板，设置填充类型为“放射状”，渐变是由“黄色”（#FCFCC5）到“黄绿色”（#CDFB15）再到“绿色”（#85B407）的渐变，如图 2-4 所示。

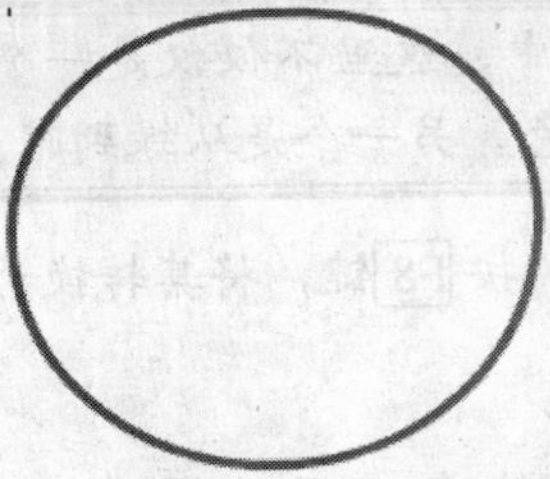

图 2-2　苹果身体的外轮廓

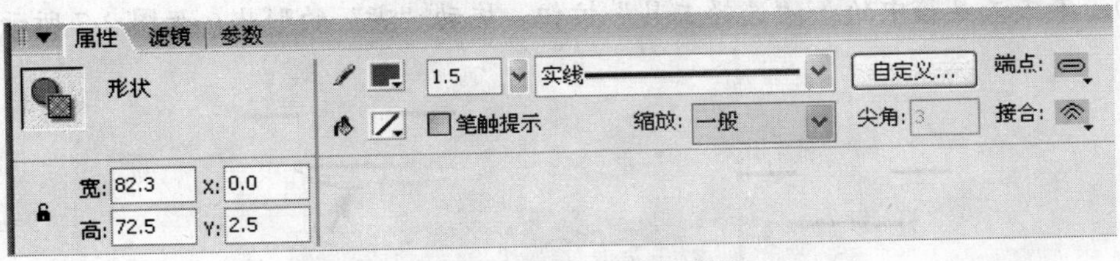

图 2-3　调整外轮廓线的属性

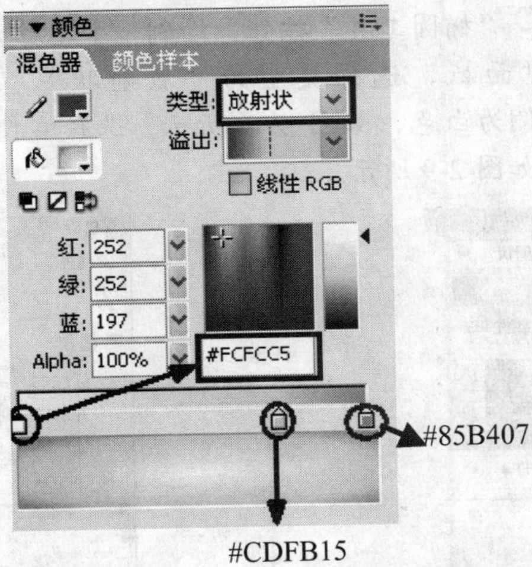

图 2-4　设置各项参数

7.　单击工具箱中的“颜料桶工具”按钮，填充圆脸，效果如图 2-5 所示。

图 2-5　填充后的效果

注意 在“放射状”的选择中，这里不仅仅是一个渐变，而是一个图里含有两个渐变，一个是从亮到绿色，另一个是从绿到暗。

8. 选择“脸”的全部图形，按 F8 键，将其转换为图形元件。

- **绘制苹果的五官**

9. 单击工具箱中的“线条工具”按钮，设置笔触颜色为“褐色”（#4A0000），绘制出苹果的“眼睛”和“嘴”，如图 2-6 所示。
10. 单击工具箱中的“选择工具”按钮，拖动“嘴”的形状，如图 2-7 所示。

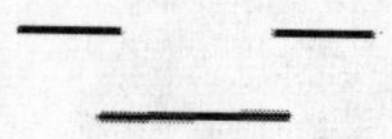

图 2-6　画苹果的眼睛和嘴

图 2-7　把嘴变成微笑状态

11. 单击工具箱中的“椭圆工具”按钮，绘制一个笔触为无色的小圆。
12. 打开“混色器”面板，选择类型为“放射状”，左侧颜色为“红色”（#FF0000），右侧为白色，如图 2-8 所示。选择右侧白色的颜色块，修改 Alpha 值为 0%，如图 2-9 所示。

图 2-8　选择颜色

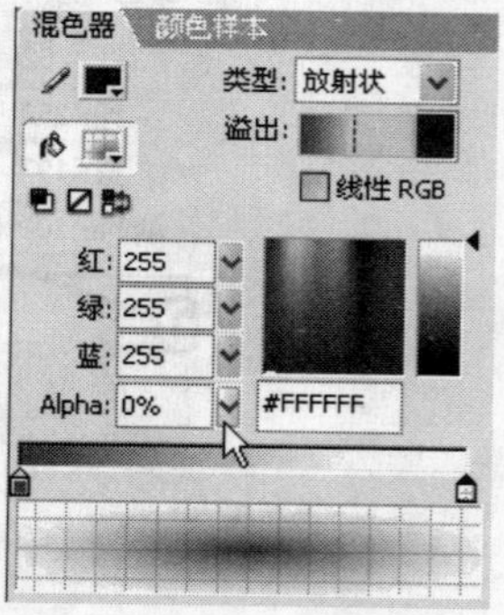

图 2-9　把白色的一边透明化

这样我们就可以绘制出一个透明的腮红。

13. 选择腮红图形，按 F8 键，将其转换为图形元件，并按住 Ctrl 键，将其复制一个，效果如图 2-10 所示。

图 2-10　绘制的腮红

14. 选择“眼睛”、“嘴”、“腮红”，按 F8 键，将其转换为名称为“五官”的图形元件。
15. 将苹果的“脸”和“五官”放在一起，调整大小，效果如图 2-11 所示。如果“五官”在“脸”的下方，可以执行“修改”/“排列”/“移至顶层”命令进行调整。

图 2-11　调整后的效果

● **绘制苹果的头发（苹果把）**

16. 单击工具箱中的“线条工具”按钮，绘制一条“褐色”（#4A0000）的线条，作为苹果的头发，调整其形状如图 2-12 的所示。

图 2-12　拖拽“头发”

17. 选择“头发”图形，按 F8 键，将其转换为影片剪辑元件，并命名为“头发”，如图 2-13 所示。

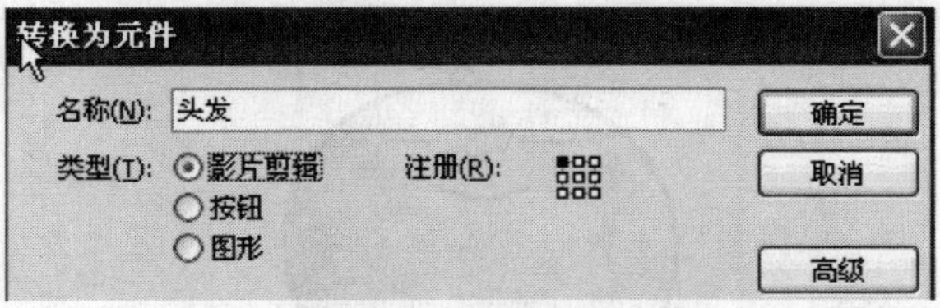

图 2-13　转换为元件

这里我们要做的是一个运动中的苹果，“头发”需要根据动作的运动而飘动，所以这里需要建立“影片剪辑”元件。

下面我们来制作飘动的头发。

18. 双击“头发”元件，在第 17 帧插入关键帧，然后选择其中任意一帧，创建补间动画，如图 2-14 所示。

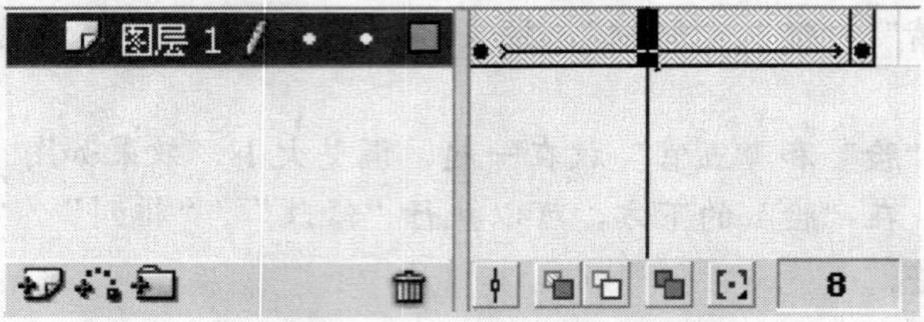

图 2-14　创建补间动画

19. 打开“属性”面板，修改“补间”类型为“形状”，如图 2-15 所示。

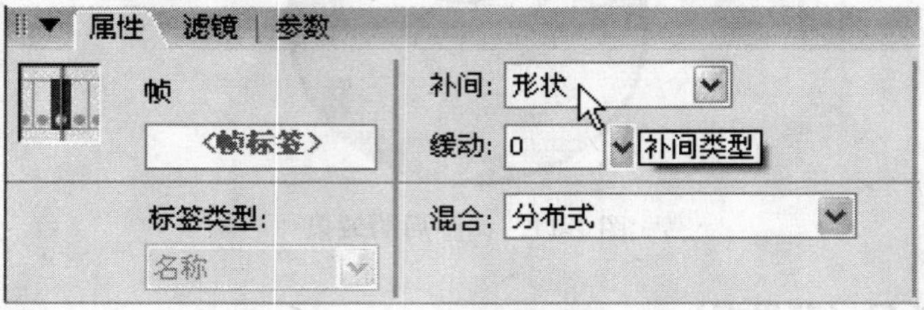

图 2-15　选择补间类型

20. 在第 9 帧插入关键帧，并将第 9 帧的头发绘制成如图 2-16 所示的效果。
21. 完成制作以后，返回场景 1，如图 2-17 所示。

图 2-16　绘制关键图形

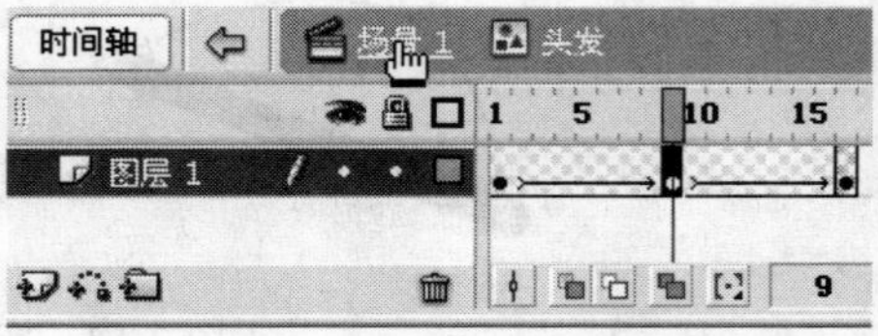

图 2-17　返回场景 1

22. 将“头发”与“脸”、“五官”调整到一起，并调整头发的位置在最底层，如图 2-18 所示。

图 2-18　调整头发到最底层后的效果

● 绘制苹果的发卡

23. 单击工具箱中的“钢笔工具”按钮，设置填充色为无色，绘制发卡的形状，如图 2-19 所示，

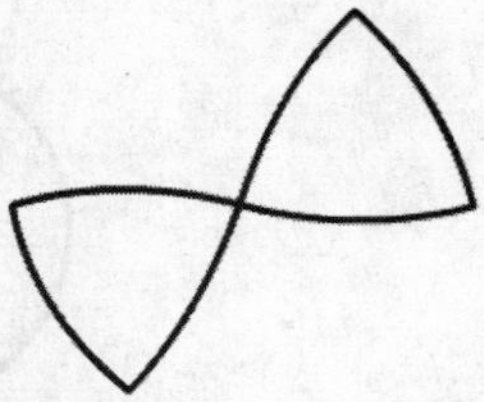

图 2-19 发卡的外轮廓

24. 打开“属性”面板，设置轮廓线的颜色为“土红色”（#960101），调整轮廓线笔触的高度，如图 2-20 所示。

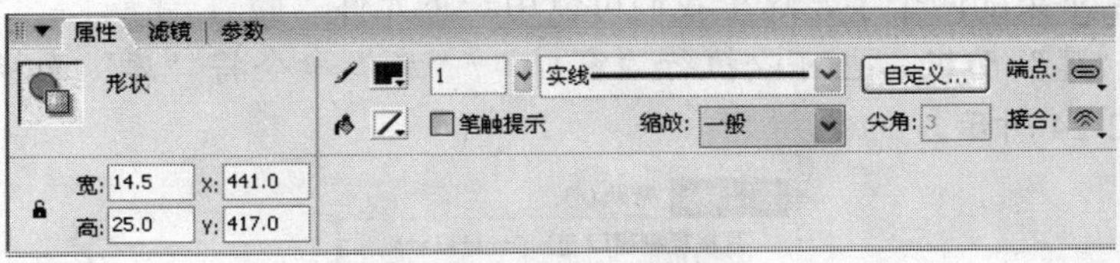

图 2-20 调整属性

25. 打开“混色器”面板，选择填充色的类型为“放射状”，并调整好颜色，如图 2-21 所示。

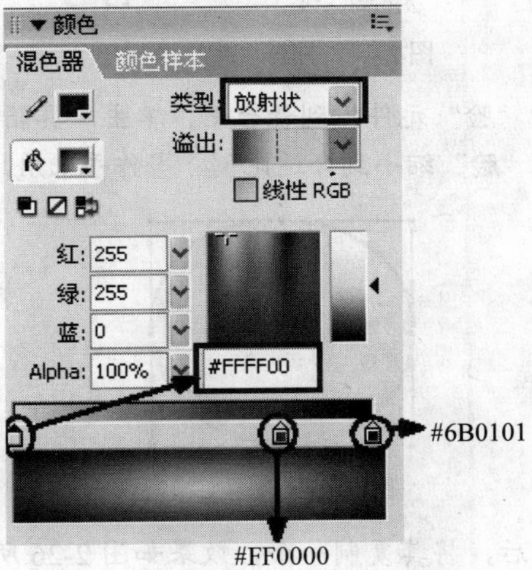

图 2-21 选择发卡颜色

26. 单击工具箱中的“颜料桶工具”按钮，填充发卡的颜色，如图 2-22 所示。

需要注意的是填充时光源的来光方向。这里，我们假定光是在左上方。

27. 选择“发卡”的所有图形，按 F8 键，将其转换为图形元件，执行“修改”/“排列”/“移至最底层”命令，把“发卡”移动到“脸”的下方，效果如图 2-23 所示。

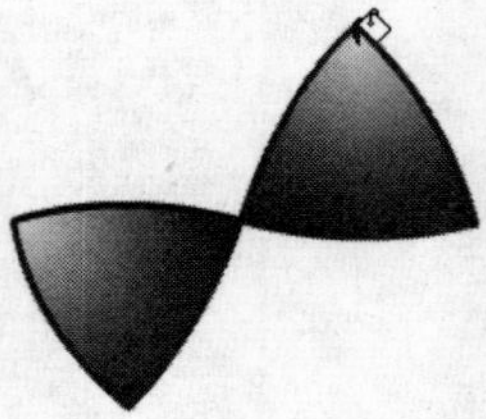

图 2-22　填充颜色

图 2-23　移至最底层后的效果

- **绘制苹果的手**

现在来绘制苹果的两个手。这里我们可以用一下元件“脸”。

28. 打开“库”面板，也可以执行“窗口”/“库”命令将“库”面板调出来，如图 2-24 所示。

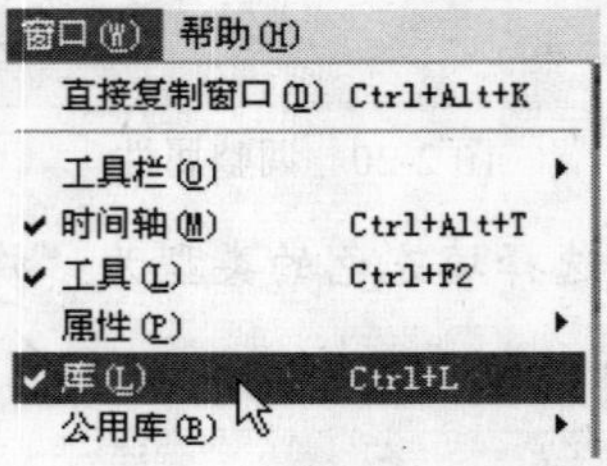

图 2-24　打开“库”面板

29. 将“库”面板中的“脸”元件拖到舞台上。单击工具箱中的“任意变形工具”按钮，把元件“脸”缩小到合适比例，当作手来用，如图 2-25 所示。

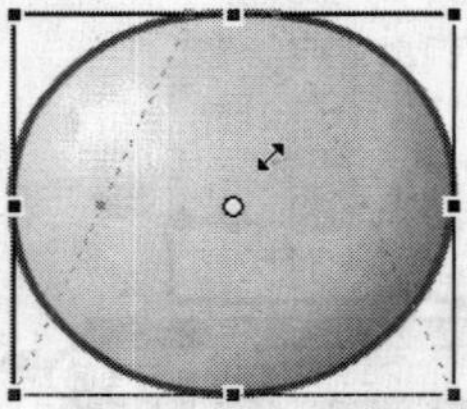

图 2-25　自由变换

30. 调整到合适的大小后，将其复制一个，效果如图 2-26 所示。

图 2-26　复制元件

- **绘制钱币**

现在我们开始绘制钱币了。

31. 单击工具箱中的○“椭圆工具”按钮和□“矩形工具”按钮，设置填充色为无色，绘制钱币的外轮廓线，效果如图 2-27 所示。

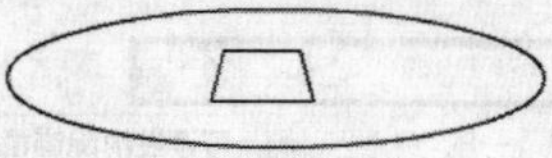

图 2-27　绘制的钱币外轮廓线

32. 打开“混色器”面板，设置类型为“放射状”，颜色为“金黄色”（#FFFF00）到“土黄色”（#CC9900）的渐变，如图 2-28 所示。

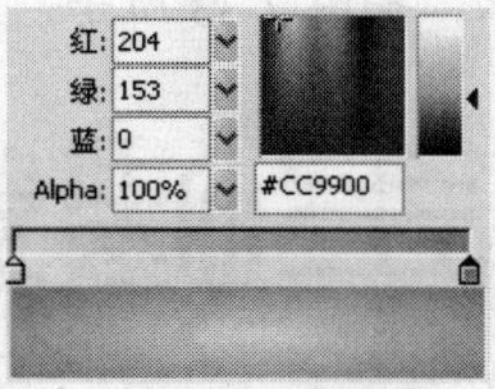

图 2-28　放射线两端的颜色

33. 单击工具箱中的“颜料桶工具”按钮，填充外币轮廓（填充的时候注意光源），完成后将外轮廓线删除，如图 2-29 所示。

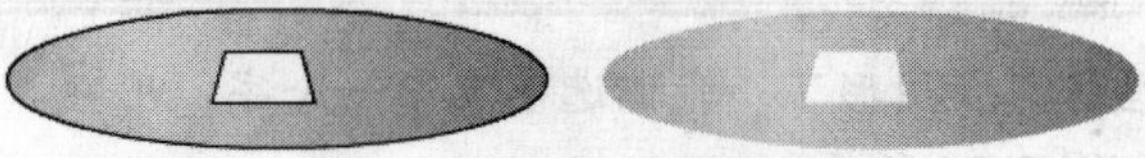

图 2-29　填充钱币颜色

观察完成后的钱币效果，形状已经制作出来，但是显得太过单薄。

34. 选择钱币图形，按 Ctrl+C 键，再按 Ctrl+V 键粘贴一个，为其填充“土黄色”（#B68001），如图 2-30 所示。

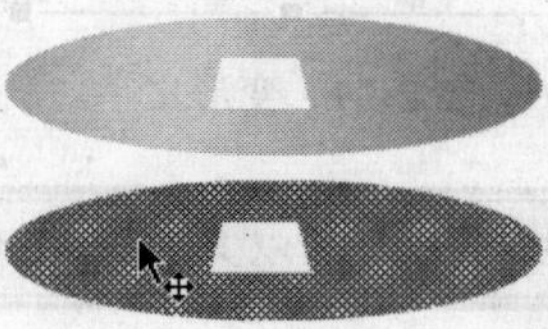

图 2-30　复制钱币

35. 把钱币的上面部分“群组”，调整其位置如图 2-31 所示。

图 2-31　移动

接下来，我们开始为钱币刻上“新年快乐”四个字。

36. 在舞台中输入“新年快乐”，通过“属性”面板对这四个字进行调整。选择

“字体”和“文本颜色（#B68001）”进行编辑，如图 2-32 所示。（如果没有实例中的字体，可以随便选择一种字体。）

图 2-32　编辑字的属性

37. 按两次 Ctrl+B 键打散字体，如图 2-33 所示。

图 2-33　打散字体

注意　这里我们要按两次 Ctrl+B 键，因为第一次是把字体打散成一个一个字，第二次是把字体打散成图形。

38. 现在文字已经转变成图形了，我们选中其中一个字，用“任意变形工具”把字变形，如图 2-34 所示。

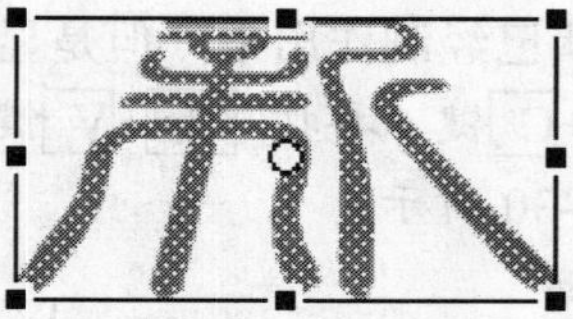

图 2-34　变形文字

注意　在“自由变形”中按住 Ctrl 键可以只拖动一个角进行编辑。

39. 把其他的字也都用步骤 38 中的方法，把“新年快乐”四个字全部编辑，如图 2-35 所示。每一个字都“群组”起来，把四个字全部框选，转换为图形元件。

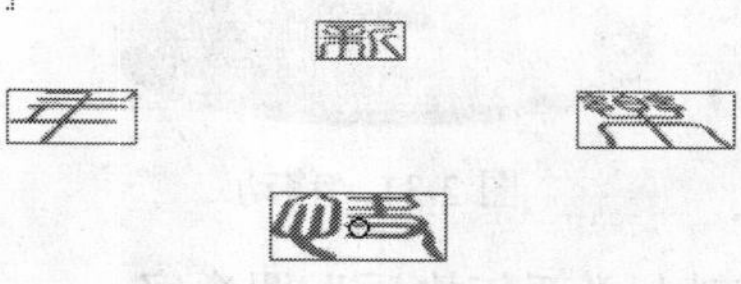

图 2-35　编辑文字

40. 将元件“新年快乐”调整到“钱币”元件上，效果如图 2-36 所示。

现在钱币绘制完成，因为是手抱着这个方孔钱币，所以需要将“手”移动到钱币的两端。

41. 移动元件“手”到钱币的两端，效果如图 2-37 所示。然后选择“手”和“钱币”图形元件，按F8键，将其转换为一个新的元件。

图 2-36　组合钱币

图 2-37　组合新的元件

42. 调整各元件图形的位置，如图 2-38 所示。

图 2-38　调整元件图形的位置

- **让苹果跳起来**

43. 现在各个“元件”都已经绘制完成，将其全都框选，按F8键，将其转换为影片剪辑元件。如图 2-39 所示。

图 2-39　新的影片剪辑元件

44. 选择“脸”这个图层，在第 17 帧插入关键帧。

45. 在第 2 帧到第 16 帧中的任意一帧，点右键，选择“创建补间动画”，如图 2-40 所示，并在“属性”面版里选择“动画”，如图 2-41 所示。

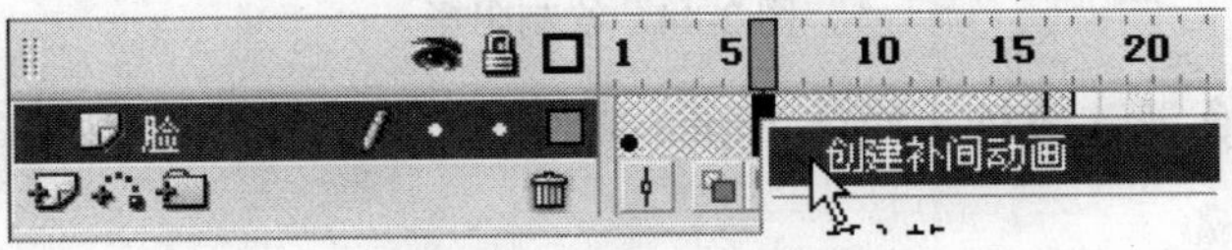

图 2-40　创建补间动画

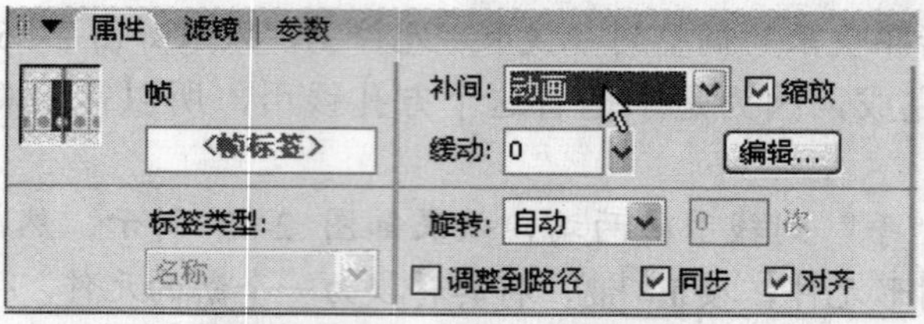

图 2-41 选择“补间”为“动画”

46. 在第 9 帧插入关键帧，然后选中第 9 帧，把“元件”向上移动一下，如图 2-42 所示。

图 2-42 移动第 9 帧的元件

● **绘制阴影**

47. 在“时间轴”面板中新建一个图层，命名为“阴影”层，然后将图层拖动到“脸”图层的下方，如图 2-43 所示。

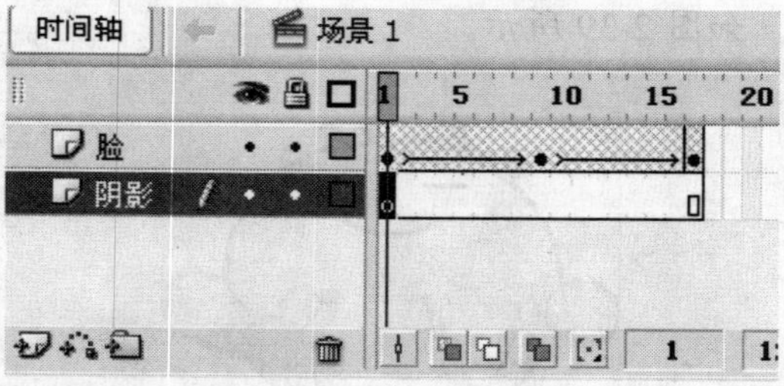

图 2-43 建立新图层

48. 单击工具箱中的○“椭圆工具”按钮，设置笔触为无色，填充色为黑色的圆，来制作苹果的影子，如图 2-44 所示。

图 2-44 绘制阴影

49. 打开“混色器”面板，修改 Alpha 值为 30%，如图 2-45 所示。

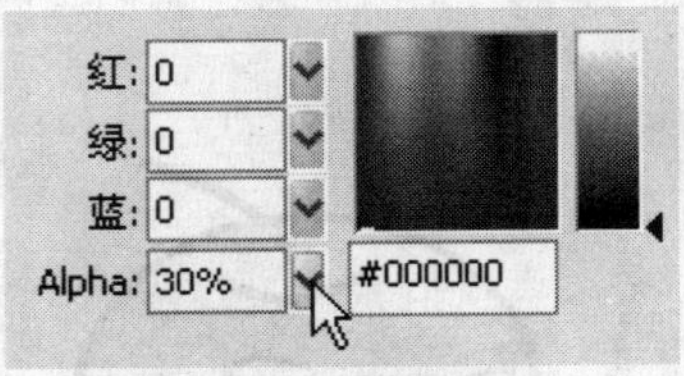

图 2-45　调整透明度

50. 选择第 17 帧，插入关键帧，并为其创建补间动画，修改“补间”类型为“形状”，如图 2-46 所示。

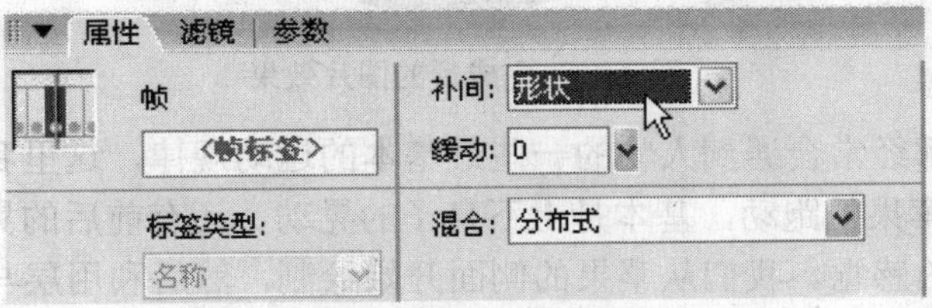

图 2-46　选择补间类型

注意 创建补间时，如果第 1 帧和第 17 帧的两个阴影的图形已经被群组，可以用 Ctrl+B 键打散，这样就可以正常地选择补间了。

51. 在第 9 帧插入关键帧，然后用“任意变形工具”对第 9 帧的阴影图形进行变换。因为苹果是一上一下地跳动，所以阴影也是跟着一大一小地变化。

- **完成**

现在发布一下看看，可以得到一个跳动的苹果。

注意 “苹果表情 01”的 Flash 源文件保存在配套光盘“实例/第二课”目录下。

2.2　跑动和行走

每一部动画中都经常会遇到一些最基本的运动规律。例如走路、跑步、坐下、起立，虽然角色的性格、状态等不同，人物的这些动作稍有出入，但是人身体的肌肉、骨骼、关节等关系、运动的规律基本是一样的。

走路：左右两脚交替向前，带动人的上身向前方运动，为了身体的平衡，配合双脚的屈伸、跨步、双臂前后的摆动。由于走路的每一张分解的动作不同，因此形成不同的走路的高度。

操作指南　苹果表情的跑动

打开随书光盘“实例/第二课”目录下的“苹果表情 02.swf”文件。先看一下完成后的图片效果，如图 2-47 所示。

图 2-47　完成后的图片效果

每一部动画中都经常会遇到人物的一些最基本的运动规律，这里我们了解一下制作的原理和步骤，Q 版苹果的跑动，基本是上下身子的晃动，还有前后的晃动，再加上手的摆动，给人一种跑动的感觉。我们从苹果的侧面开始绘制，然后利用层与元件，完成一个可爱的 Q 版小苹果的跑动。

● **绘制苹果的身体**

1. 执行“文件”/“新建”命令，新建一个 Flash 文档，帧频选择 12，其他参数设置如图 2-48 所示。

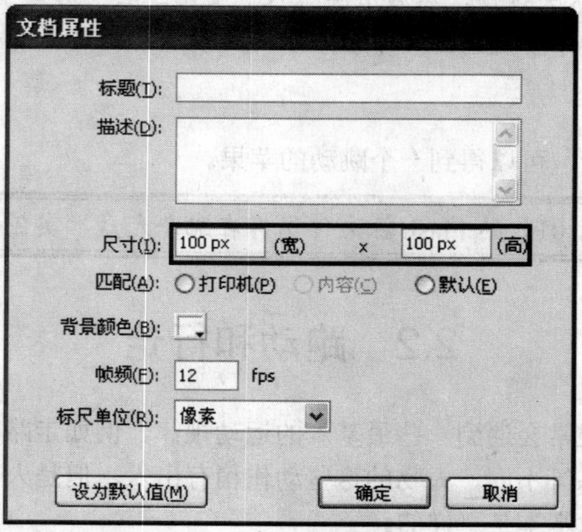

图 2-48　选择帧频

2. 单击工具箱中的“椭圆工具”按钮，设置笔触颜色为绿色（#326101），填充色为无色，绘制一个宽为 41、高为 38 的椭圆形，作为苹果身体的外轮廓线，如图 2-49 所示。
3. 打开“混色器”面板，选择填充色，设置填充类型为“放射状”，并设置过渡的颜色，如图 2-50 所示。

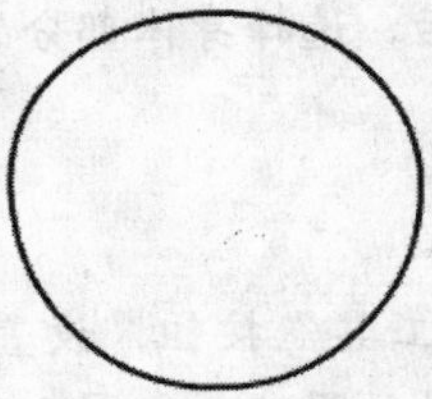

图 2-49　苹果身体的外轮廓线

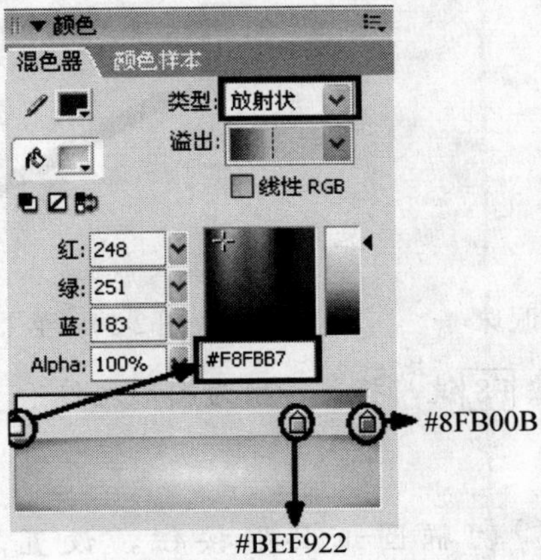

图 2-50　挑选颜色

4. 单击工具箱中的“颜料桶工具”按钮填充，效果如图 2-51 所示。

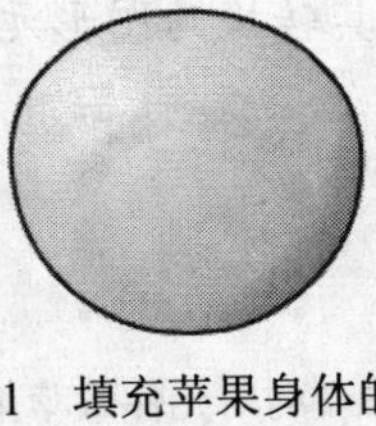

图 2-51　填充苹果身体的颜色

5. 单击工具箱中的“矩形工具”按钮，设置笔触为无色，填充色为白色，切换为对象绘制，绘制出最亮部分的高光，然后用鼠标把边角调整好，如图 2-52 所示。

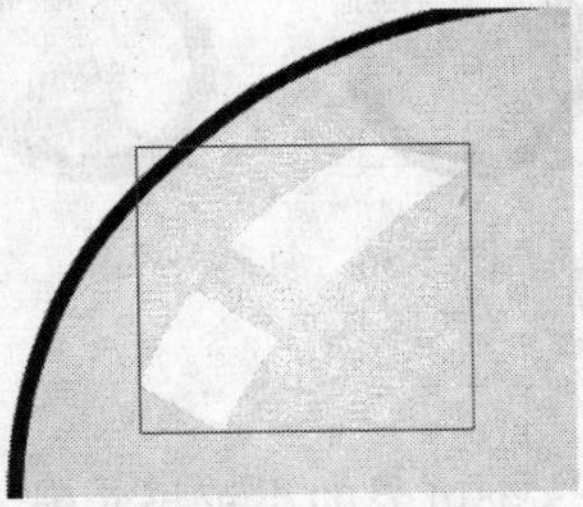

图 2-52　绘制高光

6. 身体部分的图形绘制完成后，选择身体部分的所有图形，按 F8 键，将其转换成图形元件。

- **绘制苹果的眼睛**

7. 单击工具箱中的○“椭圆工具”按钮，设置笔触为无色，填充色为黑色，绘制一个椭圆形，作为苹果的眼珠，如图 2-53 所示。
8. 单击工具箱中的／“线条工具”按钮，设置笔触为黑色，绘制出苹果的眼睛，如图 2-54 所示。

图 2-53　苹果的眼珠

图 2-54　苹果的眼睛

9. 把眼睛部分框选，按 F8 键，将其转换为图形元件。

- **绘制苹果的手**

10. 单击工具箱中的○“椭圆工具”按钮，设置笔触颜色为“绿色”(#326101)，笔触高度为 1.5，绘制一个椭圆形。
11. 打开“混色器”面板，设置填充类型为“放射状”，并设置过渡的颜色，从左往右依次为“黄绿色”(#F8FBB7)、“浅绿色”(#BEF922)、“绿色”(#8FB00B)。按 F8 键，将其转换为图形元件，效果如图 2-55 所示。

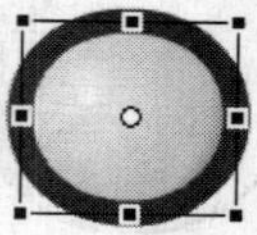

图 2-55　利用元件做苹果的手

12. 选中元件“手”，按 Ctrl+C 键复制，再按 Ctrl+V 键粘贴另一只手，如图 2-56 所示。

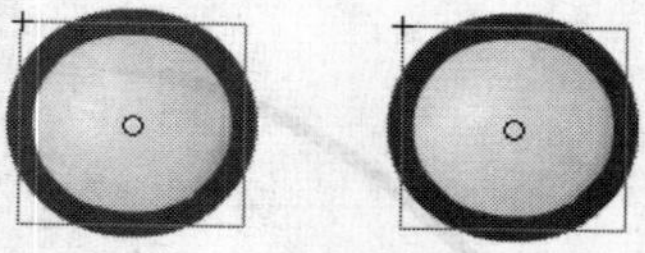

图 2-56　复制一个手

- **绘制苹果的头发（把）**

因为苹果是在运动的，所以这个可爱的小苹果头发（苹果把），也要跟着动作运动，这里我们将它做成一个逐帧的“影片剪辑”元件。

13. 单击工具箱中的 ╱ “线条工具”按钮，设置笔触颜色为“褐色”（#550000），绘制苹果顶部的小窝和苹果把，如图 2-57 所示。
14. 用鼠标直接进行拖拽，把小窝和苹果头发调整到满意的弧度，如图 2-58 所示。

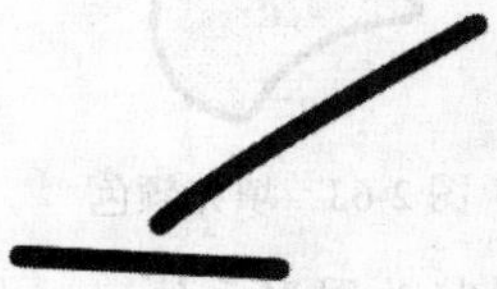
图 2-57　苹果头发

图 2-58　头发第 1 帧

15. 选择小窝儿和苹果头发，按 F8 键，将其转换为“影片剪辑”元件。
16. 双击完成后的新元件，在第 2 帧插入关键帧。选择第 2 帧，对苹果头发进行调整，使它有在飘的那种动感，如图 2-59 所示。
17. 在第 3 帧插入关键帧。选择第 3 帧，对苹果头发继续进行调整，如图 2-60 所示。

图 2-59　头发第 2 帧

图 2-60　头发第 3 帧

18. 反复地检查头发飘动的连贯性，检查运动轨迹是否正常，如图 2-61 所示。

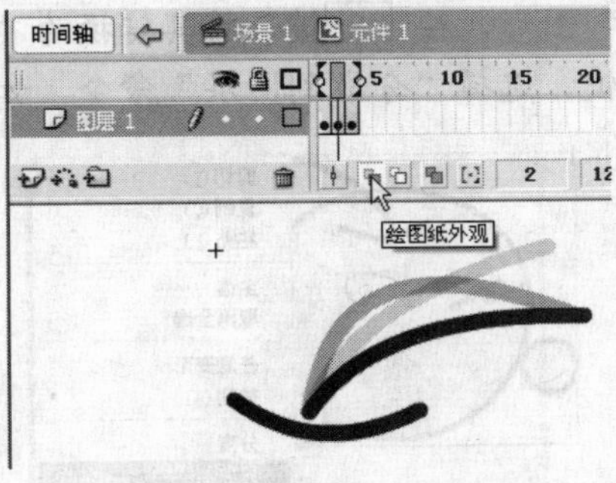

图 2-61　检查飘动的连贯

注意　这里要好好地注意一下，一定要注意开始的动作和最后一个动作的连贯性，这个非常重要，很多作品就是因为这里小细节方面的连贯性没有做好，让整部作品都失色很多。这里的“绘图纸外观”在逐帧绘制时非常有用。

- **绘制苹果的汗水**

19. 返回“身体”级别，单击工具箱中的 ✒ “钢笔工具”按钮，设置填充色为无色，绘制汗水的外轮廓，如图 2-62 所示。

20. 单击工具箱中的"颜料桶工具"按钮，填充汗水的颜色为白色，如图 2-63 所示。

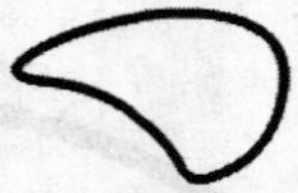

图 2-62　汗水的外轮廓

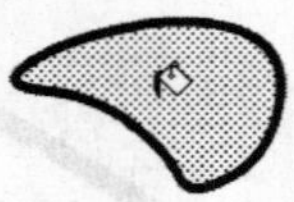

图 2-63　填充颜色

21. 选择"汗水"的所有图形，按 F8 键，将其转换为图形元件。

22. 调整各元件的位置和大小，如图 2-64 所示。

图 2-64　调整后的位置和大小

- **新建影片剪辑元件**

现在我们已经把所有的东西都绘制完成了，这里让它流畅地跑动起来，需要灵活地运用好层。

23. 选择所有的"元件"图形，按 F8 键，将其转换为"影片剪辑"元件。双击该元件，再单击右键，选择"分散到图层"命令，如图 2-65 所示。

图 2-65　分散到图层

注意

- 这里之所以要再建一个新的"影片剪辑"元件，是为了后面的步骤。
- "分散到图层"一定要检查仔细，然后再做这一步，要尽量减少图层的数量。把能在一起的元件，尽量地组合起来，图层数量越少越好。这里将苹果把、眼睛与身体组合起来。
- 在"分散到图层"前，把各个"元件"的位置都调整好，如果需要调整，用"自由变换"工具和"修改"/"排列"命令调整。

24. 为了方便制作，我们把各个层都起上相应的名字，如图 2-66 所示。
25. 在所有图层的第 9 帧插入关键帧，如图 2-67 所示。

图 2-66 把层起好相应的名字

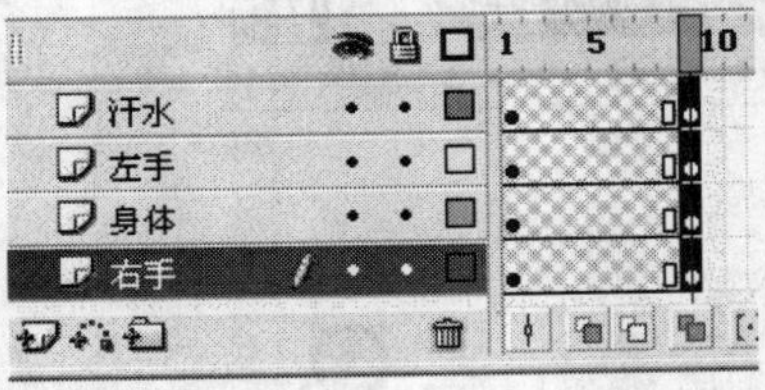

图 2-67 插入关键帧

26. 在“左手”、“身体”、“右手”这三个层的第 5 帧插入关键帧，如图 2-68 所示。

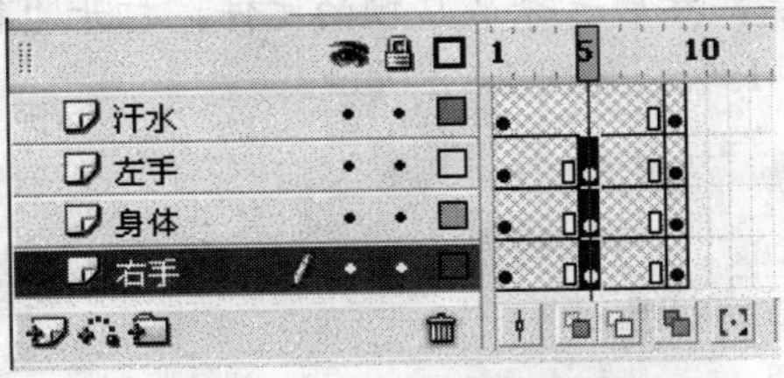

图 2-68 在三个图层插入关键帧

现在开始最关键的动作了。

27. 选择“身体”、“左手”、“右手”层，单击“绘制纸外观”按钮。选择第 5 帧的关键帧，把苹果的身体向上移动，如图 2-69 所示。

图 2-69 移动关键帧

28. 选择“右手”图层，选择第 5 帧，把苹果的右手移到图 2-70 所示的位置。因为“右手”在身体的后面，所以操作时，我们看不到效果。为了便于制作，可以把“身体”、“左手”、“汗水”这三个层先隐藏。
29. 选择“左手”图层，选中第 5 帧，把苹果的左手移到图 2-71 所示的位置。

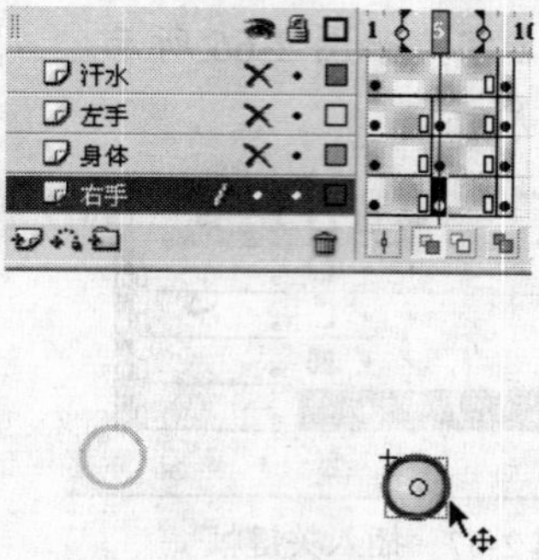

图 2-70　移动“右手”

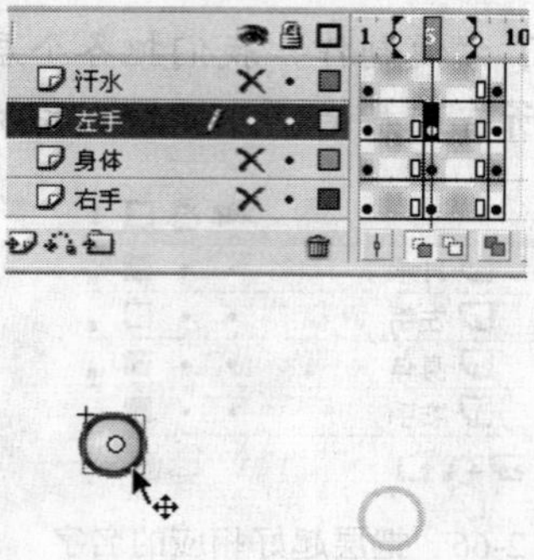

图 2-71　移动“左手”

现在身体的运动基本做好，为了加强效果，我们把汗水再做得更逼真一些。

30. 选择“汗水”图层，然后选择第 9 帧的元件，打开“属性”面板，将透明度（Alpha）调整为 15%，如图 2-72 所示。

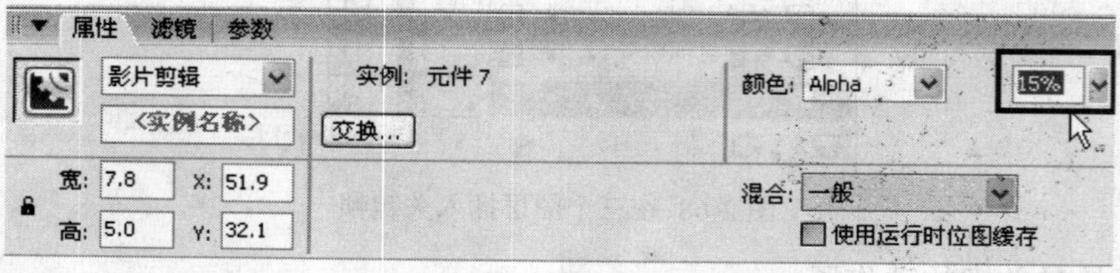

图 2-72　把汗水变透明

31. 把第 9 帧的汗水移动到图 2-73 所示的位置。

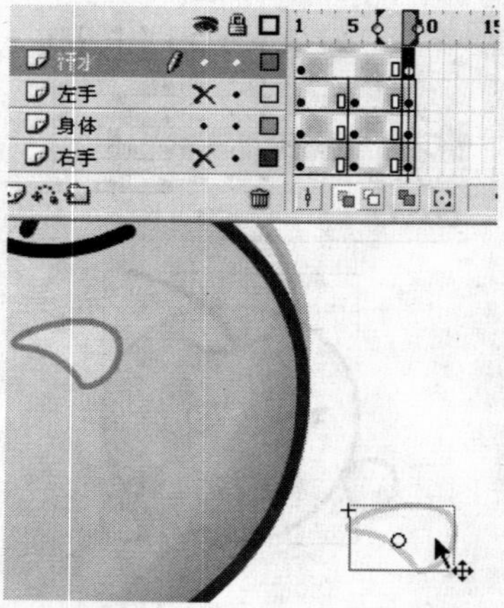

图 2-73　移动汗水

仅仅一次汗水的循环，很难表现出流汗的运动，我们再加一点细节。

32. 新建一个图层，命名为“汗水 1”，在第 5 帧插入关键帧，把“汗水”这个元件复制过来，放在图 2-74 所示的位置上。

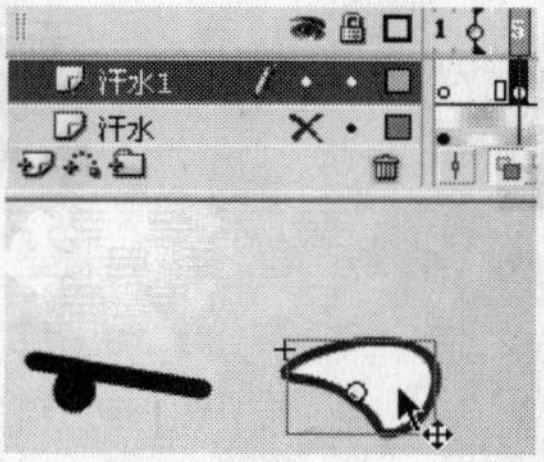

图 2-74　调整“汗水”的位置

33. 选择“汗水 1”图层，在第 10 帧插入关键帧，打开“属性”面板，把透明度也调到 15%，如图 2-75 所示。最后移动“汗水”到图 2-75 所示的位置。

34. 现在全部的关键动作都已经完成，将所有运动的地方都创建运动补间，如图 2-76 所示。

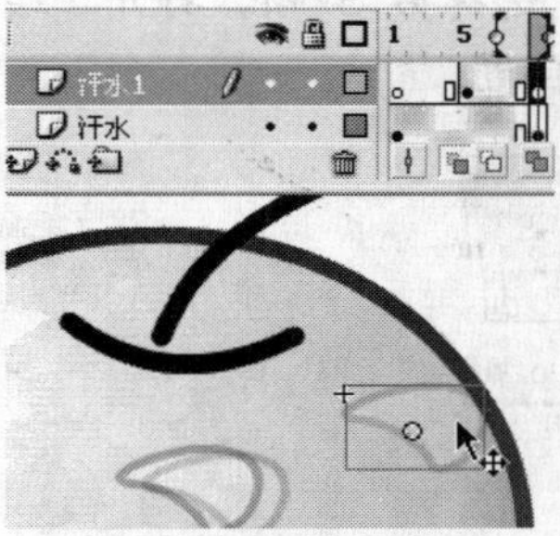

图 2-75　移动“汗水”

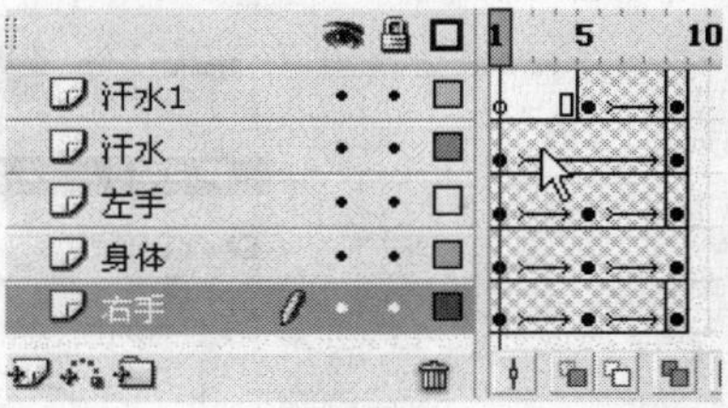

图 2-76　创建补间

35. 按 Ctrl+Enter 键，测试效果，看看动作是否流畅，如图 2-77 所示。

图 2-77　测试影片

我们在第 23 步的时候，把这个苹果建立成了“影片剪辑”元件，从 24-35 的步骤全部都是在这个大元件里面完成的。现在我们还需要把这个元件当成一个零件，再进一步地去完善动作。

36. 回到场景 1，如图 2-78 所示。选中苹果元件，然后再按 F8 键，新创建一个影片剪辑元件，双击这个新元件，进入新的元件编辑状态，如图 2-79 所示。

图 2-78　返回场景 1

图 2-79　进到新元件里进行编辑

37. 在图层 1 的第 5 帧、第 9 帧插入关键帧，选择第 5 帧，打开“绘图纸外观”，把第 5 帧的苹果移动到图 2-80 所示的位置。

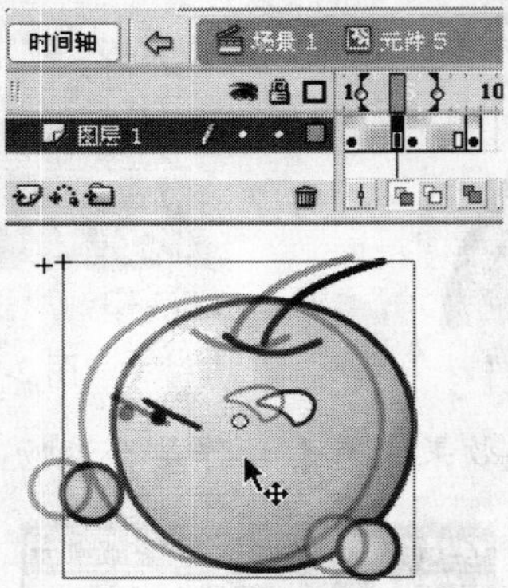

图 2-80　移动元件

38. 关闭“绘图纸外观”，然后分别“创建补间动画”，如图 2-81 所示。把“图层 1”改为“苹果跑步”。

图 2-81　创建补间动画

现在苹果的运动就非常流畅了，反复按 Ctrl+Enter 键观察并修改运动过程中不到位的地方。

- **影子**

苹果已经画好了，给它加上跑动时候的影子，这样可以让它运动的时候显得更加真实。

39. 在“苹果跑步”图层上方插入一个图层，将其调整到图层的最下方，并修改名称为“阴影”，如图 2-82 所示。

图 2-82 建立新图层——“阴影”

40. 单击工具箱中的◯“椭圆工具”按钮，绘制一个无边框的灰色椭圆，作为阴影，将其转换为图形元件，如图 2-83 所示。

图 2-83 绘制阴影

41. 在图层的第 5 帧、第 9 帧插入关键帧，单击右键，选择“创建补间动画”命令创建补间，如图 2-84 所示。

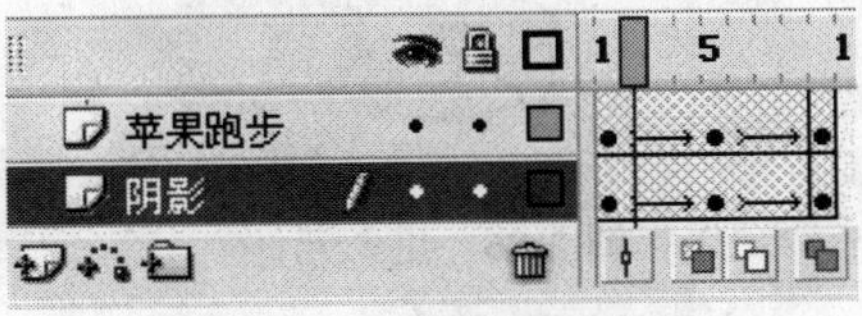

图 2-84 创建补间动画

42. 选择“阴影”图层第 5 帧中的元件，使用“任意变形工具”将元件缩小一点，移动到苹果下面，如图 2-85 所示。

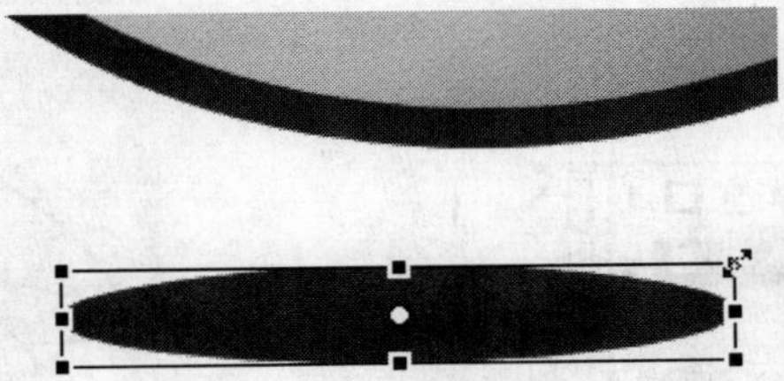

图 2-85 移动阴影

43. 返回场景 1，现在一个运动的苹果效果已经绘制完成了。

注意 “苹果表情 02”的 Flash 源文件在随书光盘“实例/第二课”目录下。

2.3 逐帧动画

Flash 虽然功能强大，但有些画面还是需要自己一帧帧去完成。Flash 中，逐帧绘画是目前人工比较昂贵的工作。这里我们先制作一个比较简单的小逐帧动画。

操作指南 逐帧动画

这里我们用一下前面做好的“乌鸦”，把乌鸦的“嘴”和“眼睛”做成一个小逐帧动画。打开配套光盘“实例/第二课”目录下的“逐帧.swf”文件，先看一下效果。

- **打开 Flash 文件**

1. 执行“文件”/“打开”命令，打开随书光盘“实例/第一课”目录下的“乌鸦.Fla”文件。
2. 双击乌鸦，进入到乌鸦“嘴巴”元件中，如图 2-86 所示。

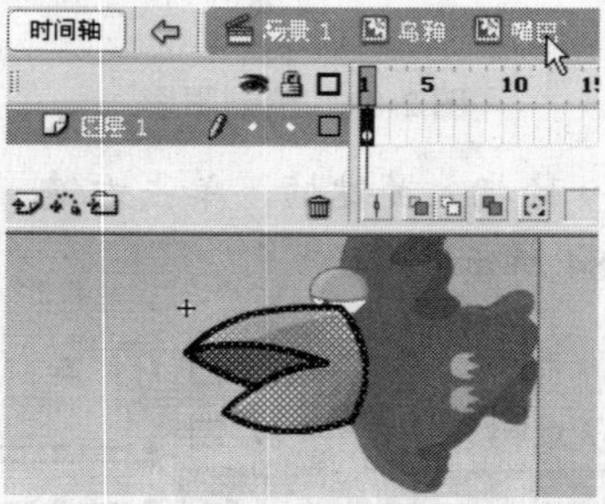

图 2-86 进入元件

3. 在第 3 帧插入空白关键帧，如图 2-87 所示。再单击“绘图纸外观”按钮，参照第 1 帧和图 2-88 所示，画出乌鸦嘴的外轮廓线。

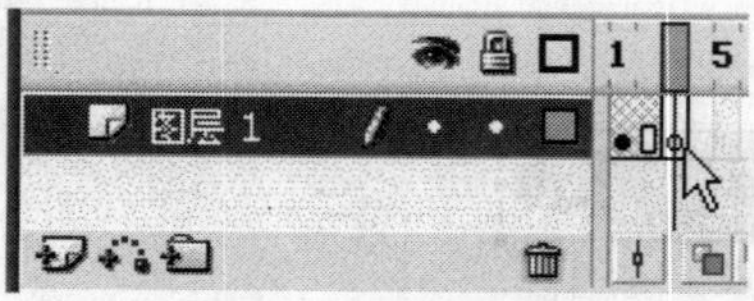

图 2-87 插入空白关键帧

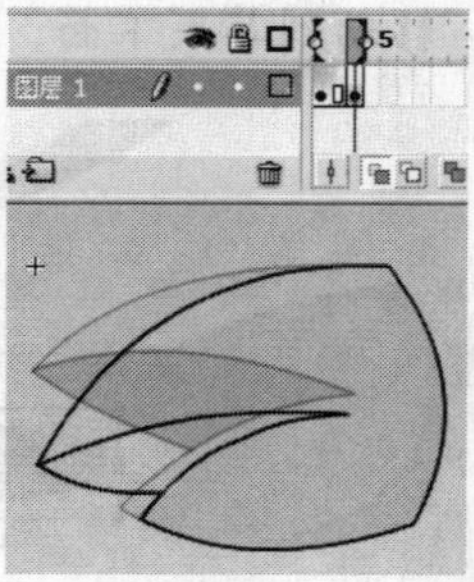

图 2-88 绘制外轮廓线

4. 单击工具箱中的 “线条工具”按钮，设置笔触颜色为黑色，绘制中间的“明暗交接线”，如图 2-89 所示。

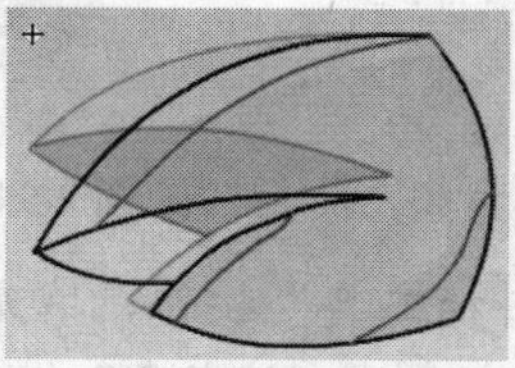

图 2-89　绘制明暗交接线

5. 单击工具箱中的 “颜料桶工具”按钮，填充亮部（#FEC238）、暗部（#D39401）、固有色（#DCAA01）、阴影区域的颜色（#9E7A01），然后删除“明暗交接线”，效果如图 2-90 所示。

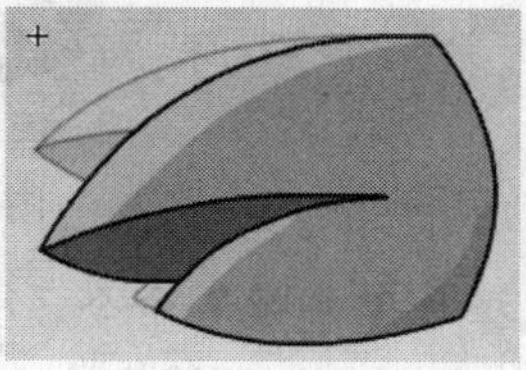

图 2-90　填充颜色

注意

固有色：物体本身所呈现出的颜色。

前二节的“苹果”属于渐变色上色，这一节的“乌鸦”属于大色块上色。

6. 在第 5 帧插入空白关键帧。单击工具箱中的 “钢笔工具”按钮，参照第 3 帧和图 2-91 所示，绘制乌鸦嘴的外轮廓线。
7. 单击工具箱中的 “钢笔工具”按钮，绘制第 5 帧上的“明暗交接线”，如图 2-92 所示。

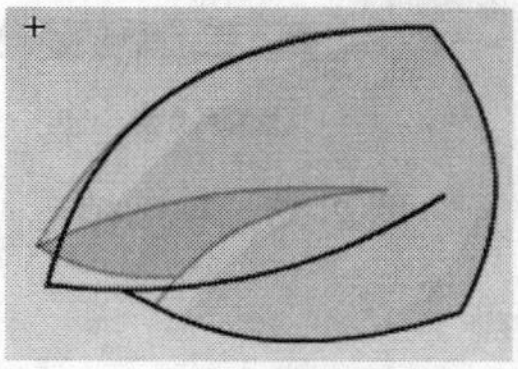

图 2-91　乌鸦嘴的外轮廓线

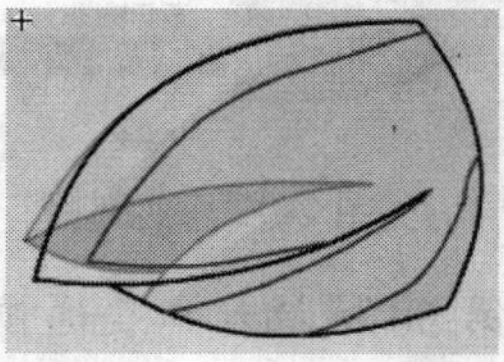

图 2-92　绘制明暗交接线

8. 单击工具箱中的 “颜料桶工具”按钮，填充颜色，亮度（#FEC238）、固有色（#DCAA01）、暗部（#D39401），然后删除“明暗交接线”，如图 2-93 所示。
9. 在第 7 帧插入空白关键帧，单击工具箱中的 “钢笔工具”按钮，设置笔触为黑色，填充色为无色，参照第 5 帧和图 2-94 所示，画出乌鸦嘴的外轮廓线。
10. 单击工具箱中的 “线条工具”按钮，绘制“明暗交接线”，如图 2-95 所示。

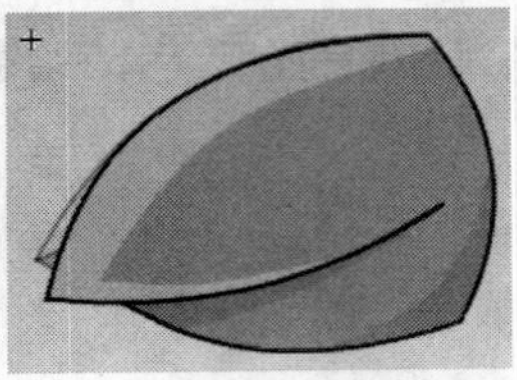

图 2-93　填充颜色

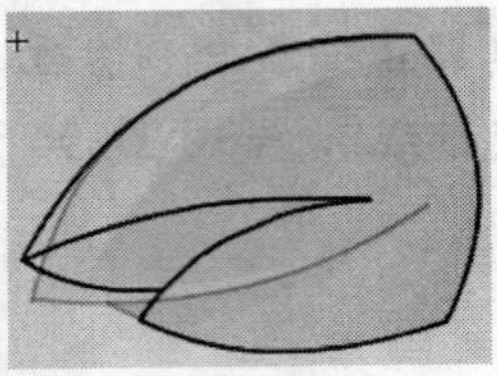

图 2-94　乌鸦嘴的外轮廓线

11. 单击工具箱中的“颜料桶工具”按钮，填充亮部、暗部、固有色，颜色与上面相同，阴影区域的颜色为“暗黄色”（#9E7A01），然后删除“明暗交接线”，如图 2-96 所示。

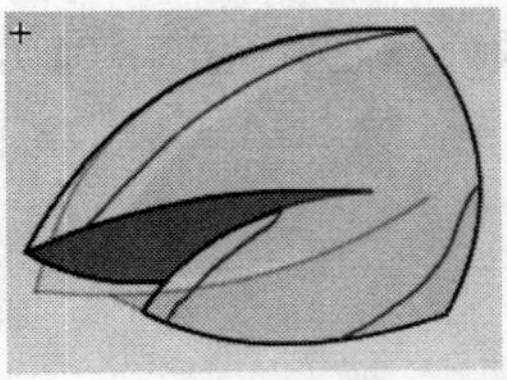

图 2-95　明暗交接线

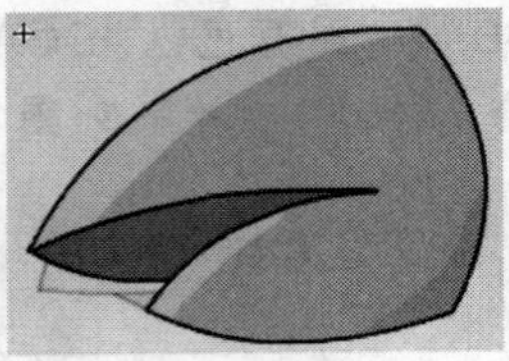

图 2-96　填充颜色

12. 回到第 1 帧，右键单击选择“复制帧”命令，如图 2-97 所示。
13. 右键单击第 10 帧的位置，选择“粘贴帧”命令，如图 2-98 所示。

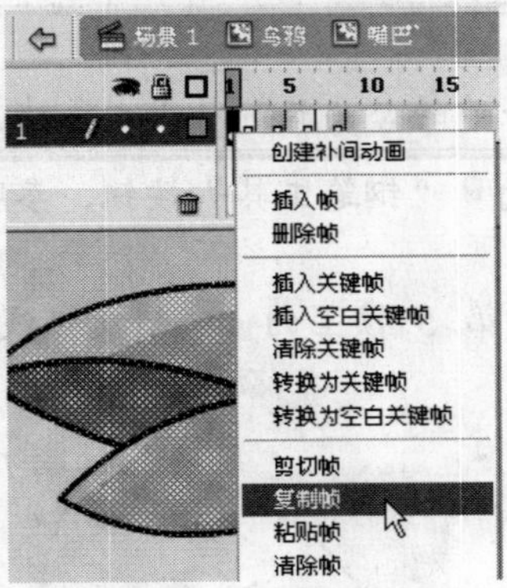

图 2-97　复制帧

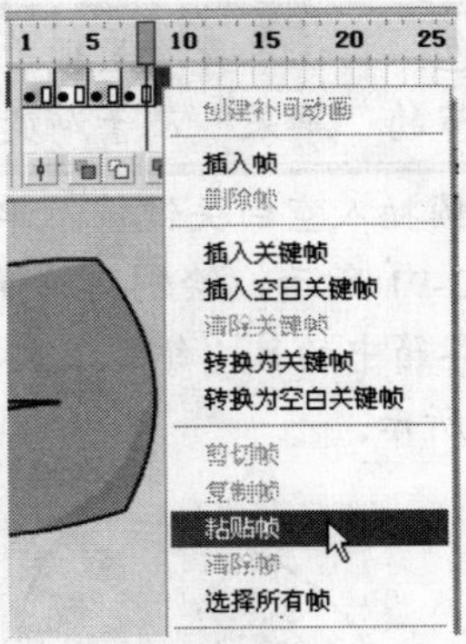

图 2-98　粘贴帧

14. 在第 50 帧插入“普通帧”，如图 2-99 所示。

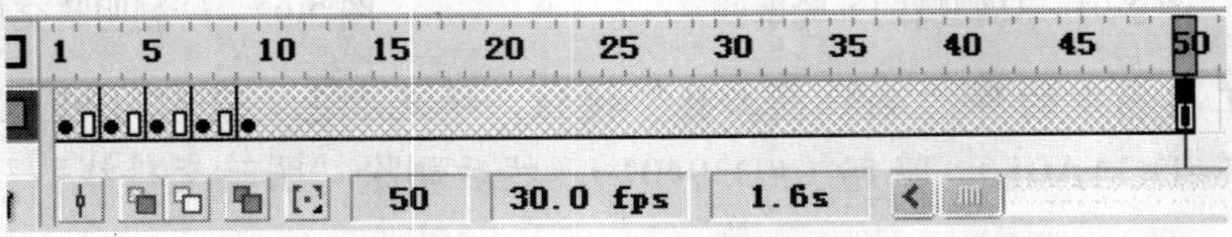

图 2-99　插入帧

现在乌鸦嘴的逐帧就完成了，真正的逐帧动画几乎没有，都是把几个精彩的元件变成逐帧，应用在 Flash 里面。

- **乌鸦的眼睛**

15. 进入到元件“眨眼睛”，如图 2-100 所示。

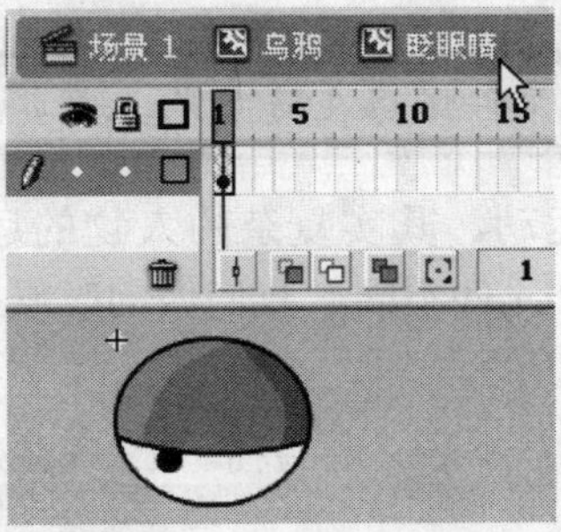

图 2-100　进入元件

16. 在 25 帧插入空白关键帧。
17. 绘制第 25 帧上的眨眼睛的动作。绘制时要参照上一帧的图形，并填充颜色，亮部（#FD9C26）、固有色（#E38902）、暗部（#CC7102）和下方的白色，如图 2-101 所示。
18. 在第 27 帧插入空白关键帧。
19. 绘制出第 27 帧上的眨眼睛的动作。绘制时要参照第 25 帧的图形，如图 2-102 所示。

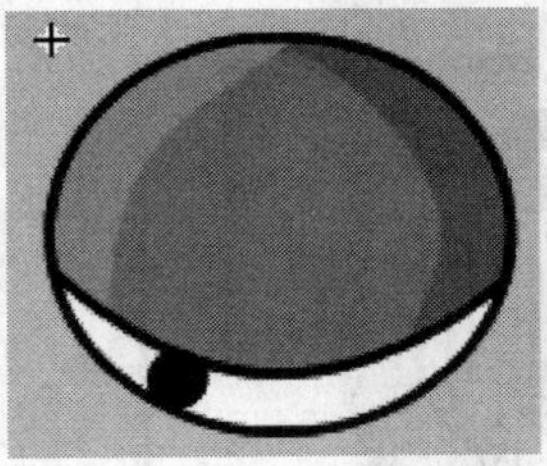

图 2-101　眨眼睛

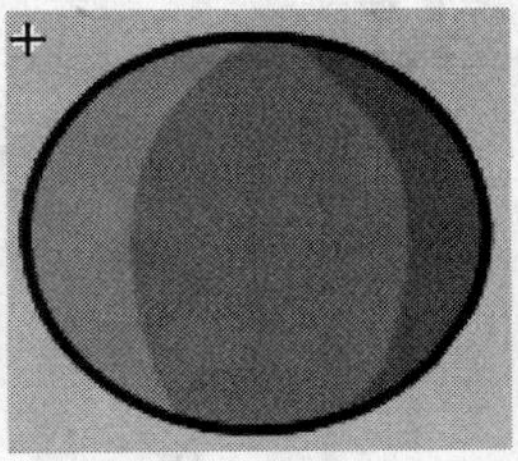

图 2-102　绘制关键帧

20. 选中第 25 帧，右键选择“复制帧”命令。
21. 在第 29 帧的位置单击右键，选择“粘贴帧”命令。
22. 选中第 1 帧，右键选择“复制帧”命令。
23. 在第 31 帧的位置单击右键，选择“粘贴帧”命令。
24. 选中第 27 帧，右键选择“复制帧”命令。
25. 在第 33 帧的位置单击右键，选择“粘贴帧”命令。
26. 选中第 1 帧，右键选择“复制帧”命令。
27. 在第 35 帧的位置单击右键，选择“粘贴帧”命令。
28. 在第 73 帧插入“普通帧”。

眨眼睛是个循环动画，而且很快，所以不需要像“嘴巴”那样从头画到尾，只需要画几个关键的动作，其他帧用“复制”、“粘贴”即可，如图 2-103 所示。

29. 返回场景 1，现在两个带有逐帧的动画就做好了。

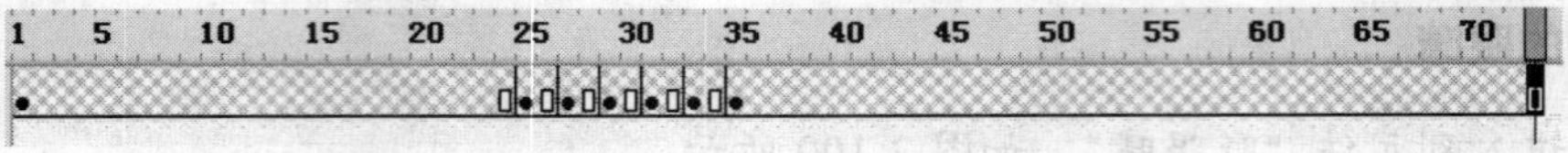

图 2-103　时间轴

注意　“逐帧”的 Flash 源文件保存在随书光盘“实例/第二课”目录下。

上面讲的是 Q 版形象的运动，其实复杂的人物的运动制作过程是一样的，区别是“苹果的手”和“人的手”两个元件不同，我们做的时候把每一个元件绘制好，像苹果的运动那样做就可以，如图 2-104 所示。

图 2-104　运动规律

根据不同对象的走动及运动规律，绘制不同部分，制作成元件，然后根据不同部分的运动规律，制作出相应的动作效果。

2.4　本课小结

在本课中，介绍了元件的制作方法，以及人物对象跑动、行走的剪辑制作，从而介绍了在 Flash 动画影片制作中使用的几种基本动画形式。为了能做出更好的 Flash 影片，多做基础练习是很有必要的。

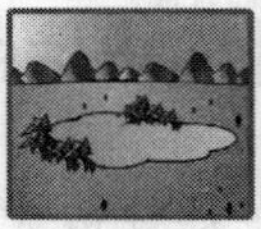

第三课

Flash 背景制作

主要内容

- 绘制纯 Flash 动画背景
- 借助 Photoshop 绘制 Flash 动画的背景
- 使用 Painter 绘制 Flash 动画背景
- 本课小结

3.1　绘制纯 Flash 动画背景

Flash 中除了主角，就是背景了，往往被大家忽视，草草应付，但是现在优秀主流 Flash 中 80%的制作都是花在背景的绘制上。此处需要借助大量的 Photoshop 和 Painter 去完成。

纯 Flash 背景的优点是空间占用最小，但是绘制相对复杂。本节中，我们先用 Flash 做一个动画的背景。打开随书光盘“调用文件/第三课”目录下的“Flash 背景画”文件。先看一下我们要完成的画面效果，如图 3-1 所示。

图 3- 1　绘制完成的背景图片效果

这个背景看起来非常复杂，其实并不是很难。先来了解一下绘画的步骤，让大家做到心中有数，这样绘制的时候思路会很清楚。根据图片效果将画面分成 4 个图层：

（1）天空背景。通常这个层始终是在最下面的。

（2）地面背景。

（3）主物体。这里我们把所有的物体都绘制在这个层上，各个零件可以用元件来完成，这样做是为了移动调整方便。

（4）黑框。这个往往被很多 Flash 制作者忽略，因为很多浏览 Flash 的工具不同，所以有些时候经常能看到一些 Flash 画面以外的地方（如图 3-2 所示），感觉好像漏出马脚一样，用黑框可以掩盖这一个问题。

图 3-2　浏览缺陷

然后把主物体一个一个地用元件或者组绘制完成，最后调整大小、构图、色彩倾向等。

注意 元件和组都可以绘制单独的物体，但是元件可以重复利用，而且在放大缩小的时候，可以按比例调整。组在调整大小的时候外轮廓线是不会变化的。元件和组要结合使用，比如在一个元件里的各个局部都可以用组来完成。

操作指南

绘制纯 Flash 背景

- **建立图层**

1. 启动 Flash 软件。
2. 在菜单栏中单击“文件”/“新建”命令，新建一个 Flash 文档。
3. 新建 4 个图层，分别为：天空背景、地面背景、主物体和黑框，如图 3-3 所示。

图 3-3　建立图层

4. 选择“黑框”层，单击工具箱中的“矩形工具”按钮，设置填充色为无色，然后填充黑色，绘制黑框。黑框中间舞台区域的大小一般比 Flash 舞台背景小一点点最合适，如图 3-4 所示。

图 3-4　绘制黑框

5. 单击“时间轴”面板中的“锁定/解除锁定所有图层”按钮，将“黑框”图层锁定。

“黑框”层始终要在层的最上面，如果影响绘图，可以选择图层用“显示/隐藏所有图层”隐藏起来。

注意 在“矩形工具”和其他可以填充的工具一起使用的时候，有一个功能叫“没有颜色”。先选中“笔触颜色”或“填充色”，然后选择“没有颜色”即可。这样绘制出来的图形就可以直接是外轮廓或者色块了。

- **绘制"天空背景"层**

6. 选择"天空背景"图层，打开"混色器"面板，在窗口面板中选取渐变的颜色，如图 3-5 所示。

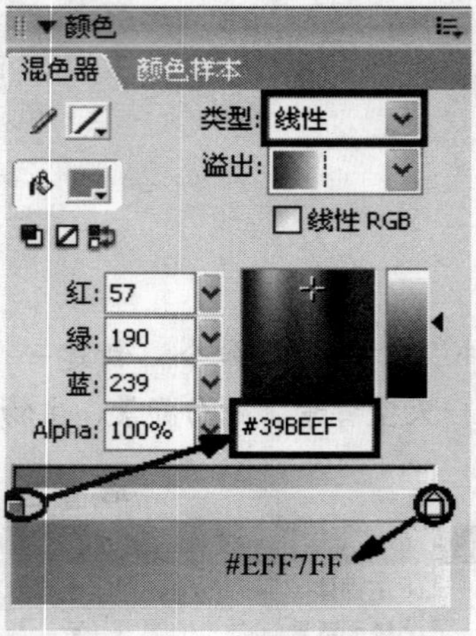

图 3-5 选取颜色

7. 单击工具箱中的"矩形工具"按钮，在舞台中绘制一个宽为 586、高为 118 的无填充矩形，单击工具箱中的"颜料桶工具"按钮，填充后的效果如图 3-6 所示。填充后将外轮廓线删除。

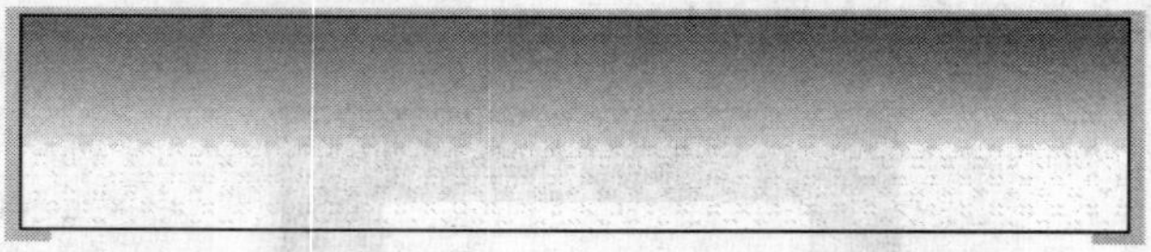

图 3-6 填充后天空的样子

8. 单击"锁定/解除锁定所有图层"按钮，将"天空背景"图层锁定。

- **绘制"地面背景"层**

9. 选择"地面背景"图层，单击工具箱中的"矩形工具"按钮，设置笔触为无色，填充色为"黄绿色"(#CED98D)，绘制一个宽为 544、高为 267 的矩形，作为草地，如图 3-7 所示。

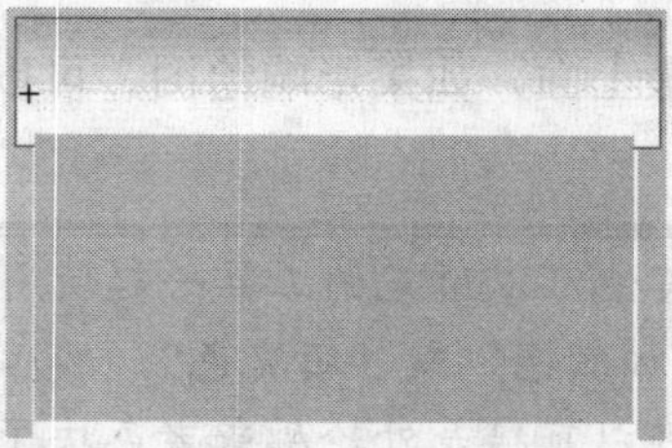

图 3-7 绘制草地图

10. 打开“混色器”面板，设置各选项如图 3-8 所示。

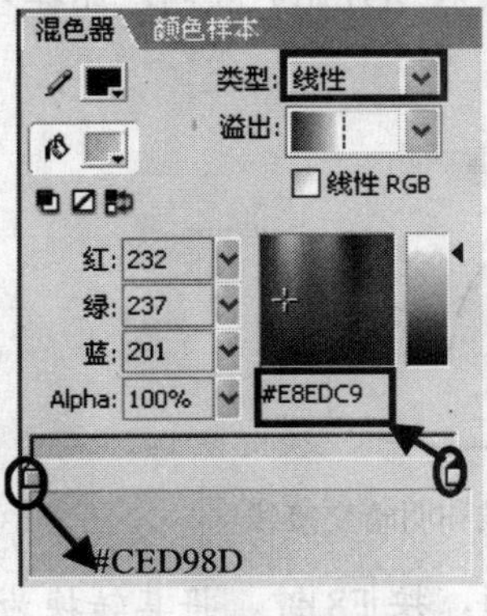

图 3-8 草地的颜色

11. 单击屏幕左侧“选项”下的“对象绘制”按钮，如图 3-9 所示。
12. 在地面和天空交接的地方绘制一矩形，并调整颜色渐变的方向，效果如图 3-10 所示。

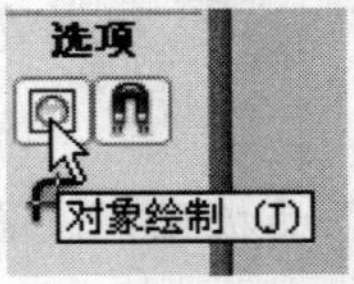

图 3-9 选择“绘制对象”

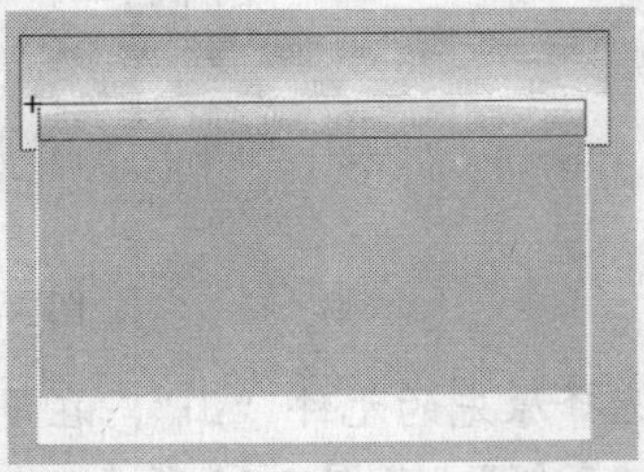

图 3-10 绘制出与天空交接处的草地

13. 单击工具箱中的“钢笔工具”按钮，在草地的位置绘制“路”，并填充路沿的颜色为咖啡色（#9E6F01），路面的颜色为浅土黄色（#DDC988），如图 3-11 所示。

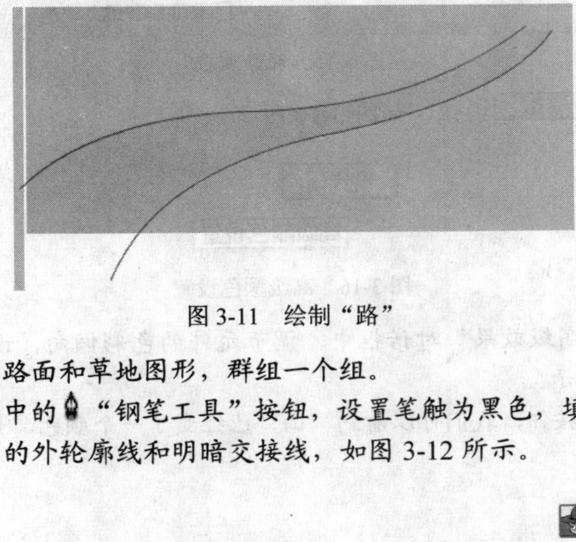

图 3-11 绘制“路”

14. 选择绘制的路面和草地图形，群组一个组。
15. 单击工具箱中的“钢笔工具”按钮，设置笔触为黑色，填充色为无色，绘制出“山”的外轮廓线和明暗交接线，如图 3-12 所示。

16. 单击工具箱中的“颜料桶工具”按钮，分别填充“山”的亮部（#D9E1A6）和暗部（#C9D178）颜色，删掉外轮廓线和明暗线，如图 3-13 所示。

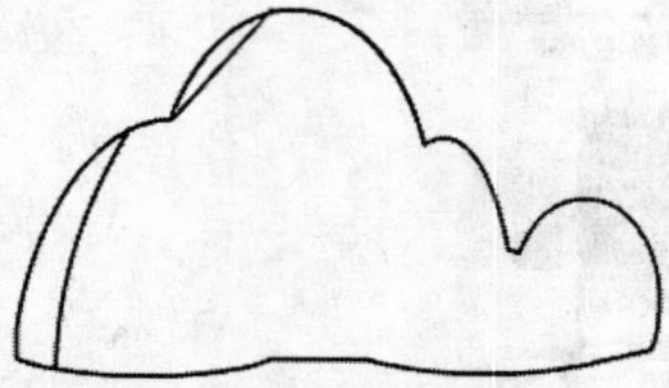

图 3-12 “山”的外轮廓线和明暗交接线

图 3-13 填充“山”的亮部和暗部

17. 选择绘制的“山”图形，按F8键，将其转换为影片剪辑元件“小山”。
18. 按Ctrl+C键复制元件“山”，然后按Ctrl+V键粘贴，如图 3-14 所示。

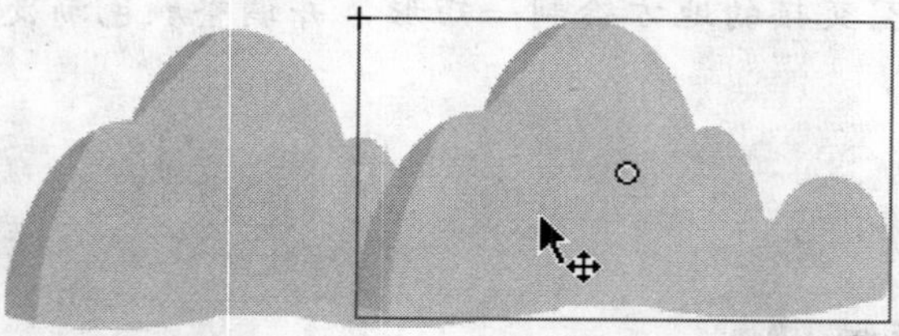

图 3-14 复制元件“山”

19. 选择原先的元件“山”，在屏幕下方的“属性”面板里，设置颜色的类型为“高级”，如图 3-15 所示。

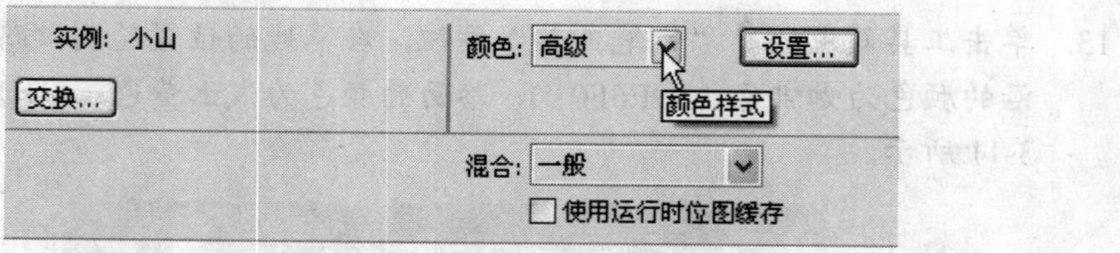

图 3-15 修改属性

20. 单击右侧的设置...按钮，如图 3-16 所示。

图 3-16 高级颜色设置

21. 在弹出的“高级效果”对话框中，调节元件的色彩倾向，设置红色为 15，如图 3-17 所示。
22. 单击确定按钮，我们可以看到“山”已经变了一个颜色，如图 3-18 所示。

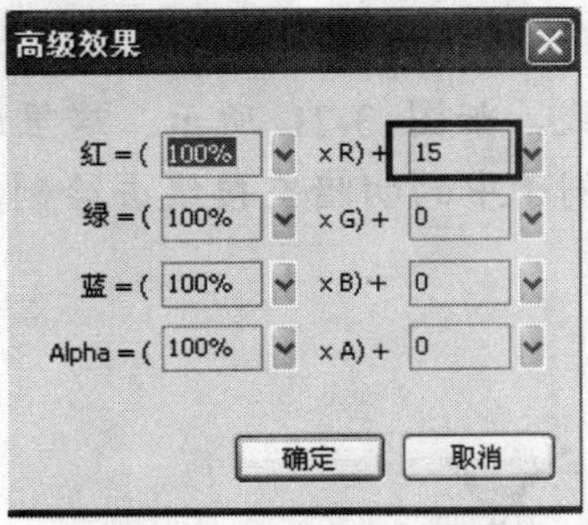

图 3-17 高级效果的设置

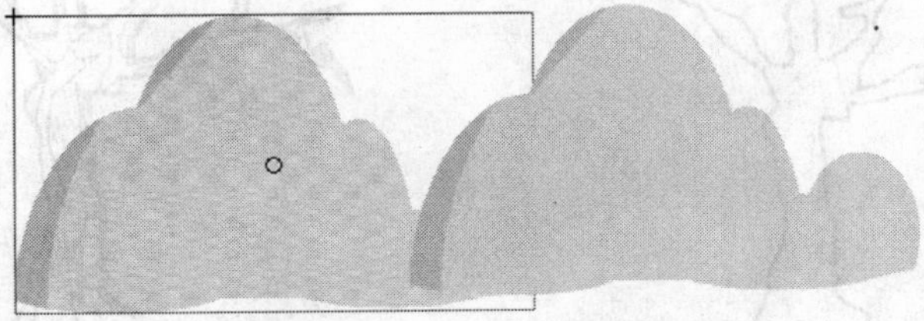

图 3-18 修改属性后的元件“山”

注意 虽然重新绘制一个“山”非常简单，但是有时为了节约空间或者是为了方便，使用这个调色彩倾向的方法是非常实用的。

23. 调整两个“山”的大小及位置，效果如图 3-19 所示。背景层就结束了。

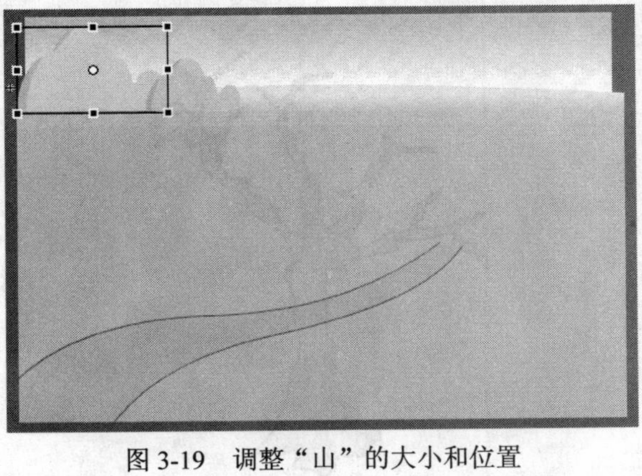

图 3-19 调整“山”的大小和位置

- **绘制元件“树”**

24. 选择“主物体”图层，单击工具箱中的“铅笔工具”按钮，设置笔触为“褐色”(#420000)，填充色为无色，绘制树的外轮廓。完成后的效果如图 3-20 所示。

绘制外轮廓的时候注意，要尽量多几笔绘制完，这样可以用“撤消”来反复修改。尽量不要一笔直接画到结束。

25. 绘制复杂的明暗交接线，如图 3-21 所示。这里的亮部和暗部非常复杂，读者也不一定完全按照例子中的明暗交接线去绘制，只要感觉差不多有树木的味道就足够了。

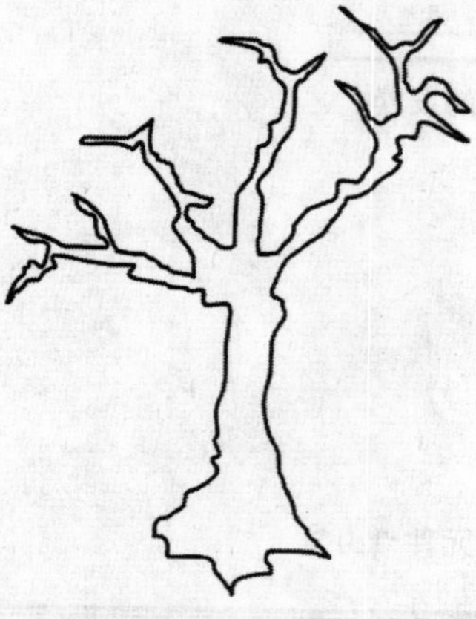

图 3-20　树的外轮廓线

图 3-21　树的明暗交接线

26. 单击工具箱中的“颜料桶工具”按钮，依次填充树的亮部（#EECE95）、暗部（#B6791F）和树木本身的颜色（#E4B55C）。完成后删除明暗交界线，效果如图 3-22 所示。

图 3-22　填充树的亮部和暗部

注意　线越多，在播放的时候越不流畅。树这个图形就用了很多的线，我们先选择好树所有的线，然后通过执行“修改”/“形状”/“将线条转换为填充”命令来缓解这个问题，如图 3-23 所示。

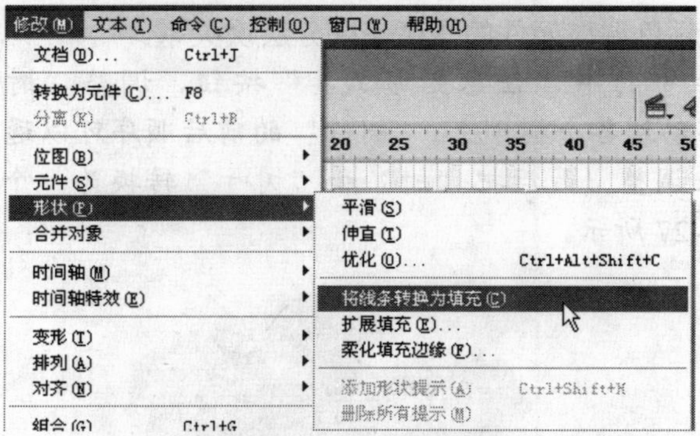

图 3-23 将线条转换为填充

27. 将绘制好的“树”转换为图形元件。
28. 单击工具箱中的“钢笔工具”按钮，设置填充色为无色，绘制树叶的外轮廓和明暗交接线，如图 3-24 所示。
29. 单击工具箱中的“颜料桶工具”按钮，填充树叶部分的亮部（#C4D174）、固有色（#ACCB58）和暗部（#9BB438），然后删除多余的线，如图 3-25 所示。

图 3-24 树叶的外轮廓线

图 3-25 填充树叶的颜色

30. 选择刚刚绘制完的树叶，将它转换为影片剪辑元件“树叶”。
31. 复制出 6 个树叶，并通过“属性”面板中的颜色选项进行调整，达到有层次感的变化，效果如图 3-26 所示。

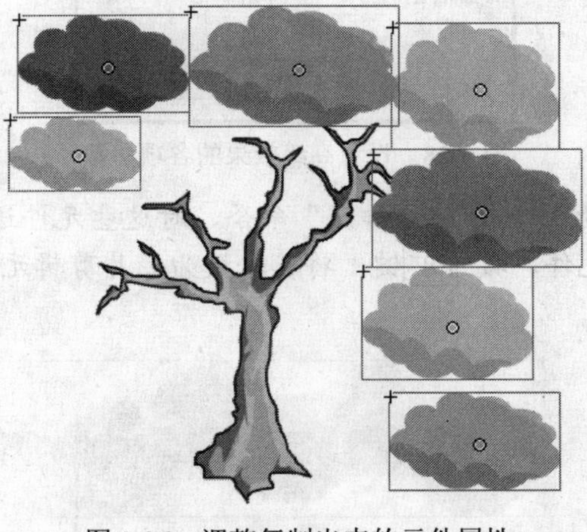

图 3-26 调整复制出来的元件属性

也可以通过属性颜色调整元件的亮度来区分层次关系。

32. 单击工具栏中的“任意变形工具”按钮，调整“树叶”到合适的大小，然后移动到各个树干上。“树叶”的前后顺序可以通过“修改”/“排列”命令来调整。最后把“树”和“树叶”转换为一个新的影片剪辑元件，如图 3-27 所示。

图 3-27　把所有的树叶元件都排列好

33. 从“库”面板中调出一个“树叶”元件，然后粘贴成一排，调整“属性”面板里颜色的“亮度”，依次调整元件的亮度值为-6%、-10%、-4%、-6%、-6%。

34. 选择“属性”面板“颜色”后面的“高级”选项，并单击 设置... 按钮，在弹出的“高级效果”对话框中设置各项参数，如图 3-28 所示。

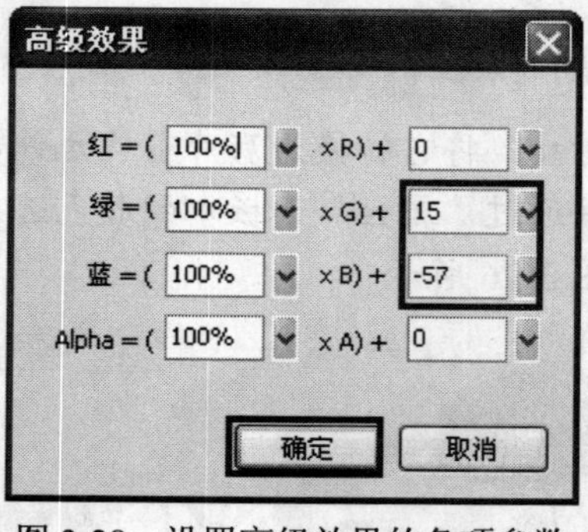

图 3-28　设置高级效果的各项参数

35. 单击菜单栏中的“修改”/“排列”命令，对这些元件进行排序，完成后再选择这些树叶元件，按 F8 键，将其转换为影片剪辑元件“冬青树”，如图 3-29 所示。

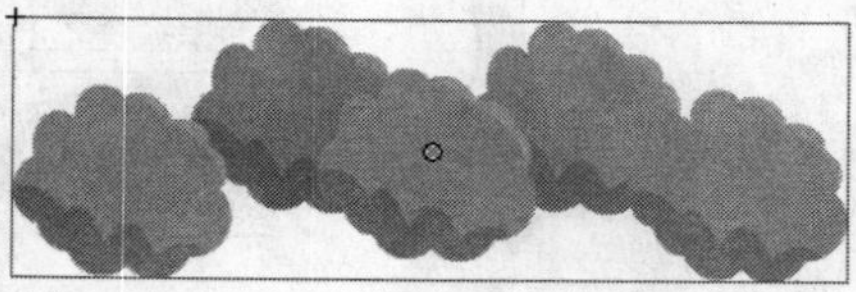

图 3-29　重新组合出一个新元件—冬青树

绘制“树墩”

只有树木，画面会显得太过枯燥，我们在画面上再画上一个树墩，增加一点效果。

36. 单击工具箱中的“铅笔工具”按钮，设置笔触为“咖啡色”（#7B4D15），填充色为无色，绘制“树墩”的外轮廓，如图 3-30 所示。

图 3-30　树墩的外轮廓线

37. 单击工具箱中的“钢笔工具”按钮，绘制如图 3-31 所示的明暗交界线。

图 3-31　绘制的明暗交界线

38. 单击工具箱中的“颜料桶工具”按钮，填充亮部颜色（#FCD85C）、固有色（#E4B55C）、过渡色（#E9C674）、暗部颜色（#B6791F），步骤这里就不再重复了。依次填充颜色后的效果如图 3-32 所示。

图 3-32　依次填充颜色后的效果

39. 完成后，删除辅助的明暗交界线，效果如图 3-33 所示。将其转换为影片剪辑元件“树墩”。

图 3-33　完成后的树墩

- **绘制元件“小蘑菇房子”**

40. 使用“线条工具”按钮和“钢笔工具”按钮，设置笔触为“褐色”（#603C11），填充色为无色，绘制出小房子底部的轮廓线，如图 3-34 所示。

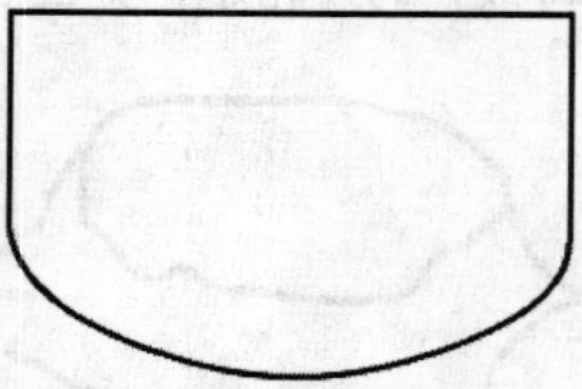

图 3-34　房子墙的外轮廓线

41. 打开“混色器”面板，设置填充类型为“线性”，设置其他选项如图 3-35 所示。

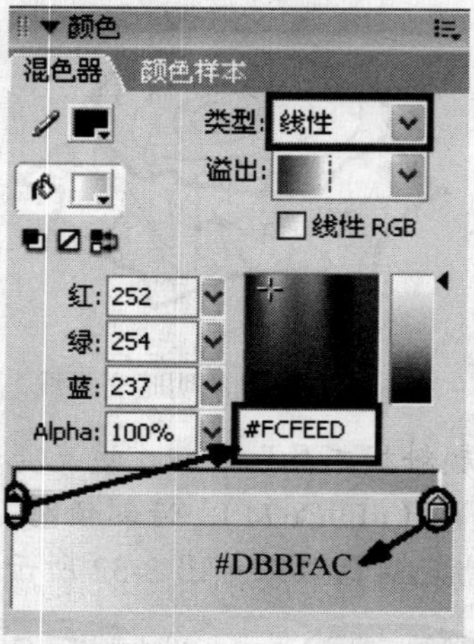

图 3-35　设置房子墙体的颜色

42. 单击工具箱中的“颜料桶工具”按钮，填充调配好的颜色作为墙体的颜色，效果如图 3-36 所示。然后群组起来。

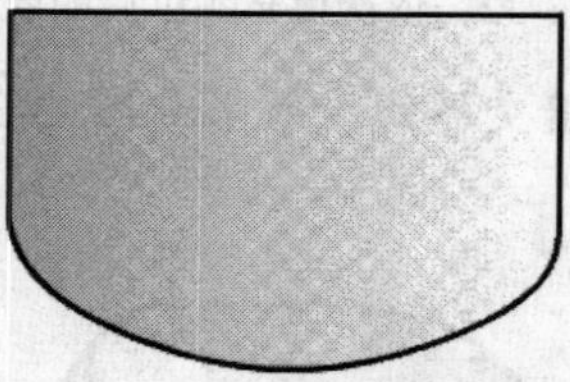

图 3-36　填充颜色

43. 使用“线条工具”和“钢笔工具”按钮绘制“门”打开以后室内的样子，然后再用其他的颜色绘制辅助线，如图 3-37 所示。

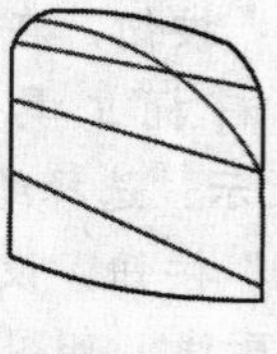

图 3-37 绘制的辅助线

44. 单击工具箱中的"颜料桶工具"按钮，按 F8 键，将其转换为影片剪辑元件。填充完成后将多余的辅助线删除，效果如图 3-38 所示，完成后将其群组。

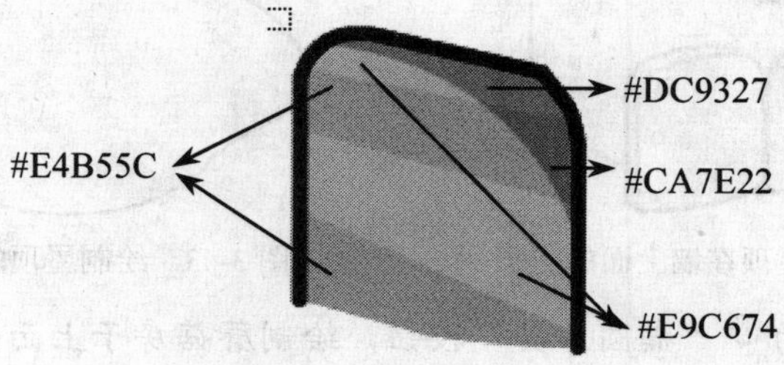

图 3-38 绘制"门"打开以后室内的样子

45. 把刚才绘制的室内门内的图像文件移动到"墙"的上面，单击工具箱中的"任意变形工具"按钮进行调整，再把边边角角修正一下，让"墙"和这个图结合得完美一点，如图 3-39 所示。

46. 单击工具箱中的"直线工具"按钮和"钢笔工具"按钮，设置笔触色为黑色，填充色为无色，绘制"门"的外轮廓线，如图 3-40 所示。

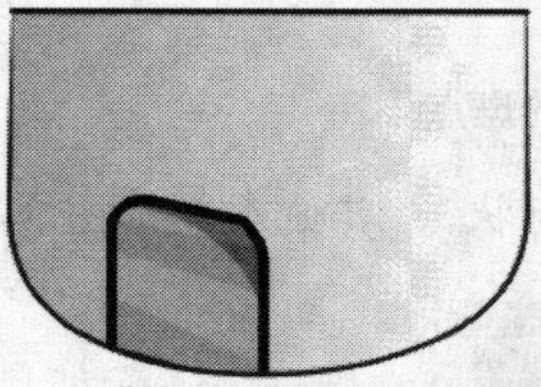

图 3-39 调整到合适的比例

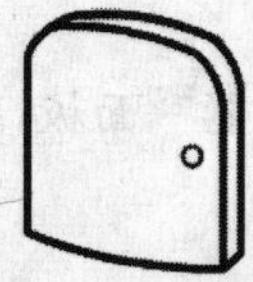

图 3-40 门的外轮廓线

47. 将门填充和墙一样的颜色，完成后将"门"转换为元件，群组起来，通过"任意变形工具"按钮将"门"调整到和刚才绘制的墙成比例，效果如图 3-41 所示。

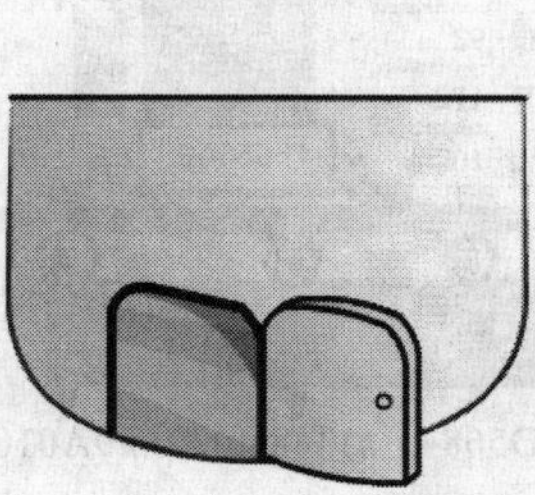

图 3-41 把"门"调整到合适的比例

48. 单击工具箱中的“钢笔工具”按钮，在墙上绘制出房顶影子的外轮廓，然后单击工具箱中的“颜料桶工具”按钮，为其填充“深红色”（#732315），效果如图 3-42 所示。选择绘制房子的所有零件，将其群组。

49. 单击工具箱中的“钢笔工具”按钮，设置笔触为“褐色”（#603C11），填充色为无色，绘制屋顶的外轮廓线，如图 3-43 所示。

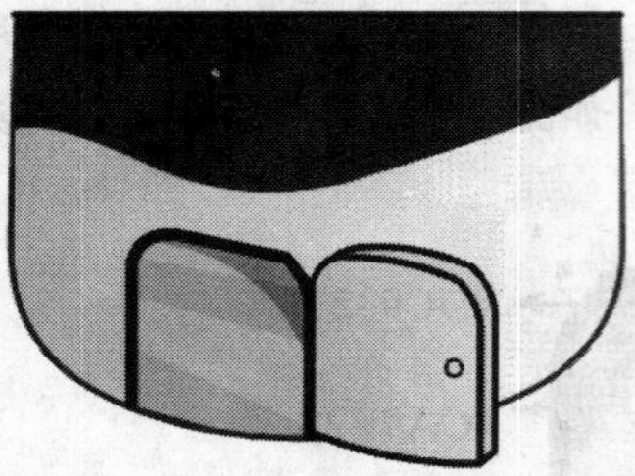

图 3-42　绘制屋顶在墙上面的影子

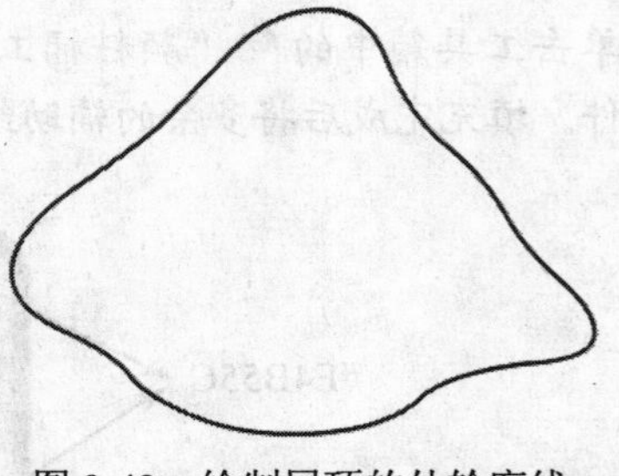

图 3-43　绘制屋顶的外轮廓线

50. 单击工具箱中的“椭圆工具”按钮，绘制蘑菇房子上面的斑点，然后删除屋顶外面的线，效果如图 3-44 所示。

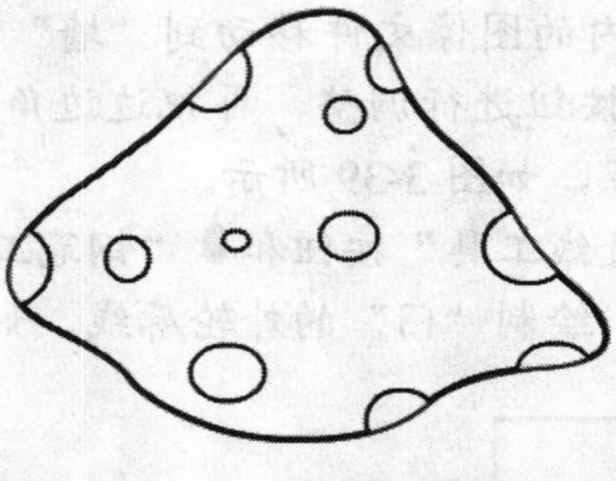

图 3-44　绘制蘑菇屋顶的斑点

51. 打开“混色器”面板，设置填充类型为“放射状”，其他参数如图 3-45 所示。

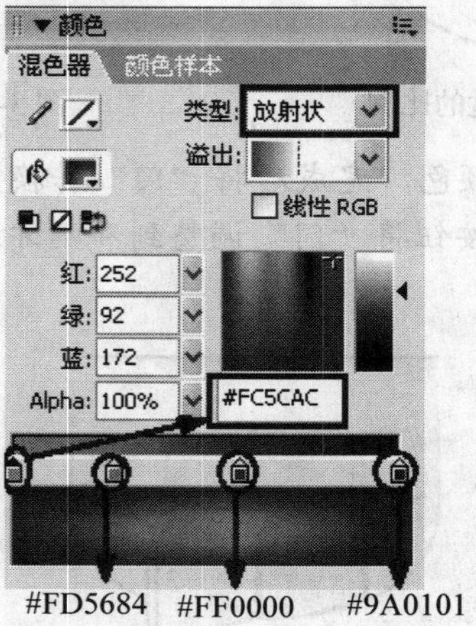

图 3-45　屋顶颜色的设置

52. 单击工具箱中的 “颜料桶工具”按钮，填充屋顶的空白区域，效果如图 3-46 所示。

53. 将“屋顶”群组，移动到“墙”的上面，调整其大小及位置如图 3-47 所示。选择全部的房子图形，按F8键，将其转换为一个新的影片剪辑元件。

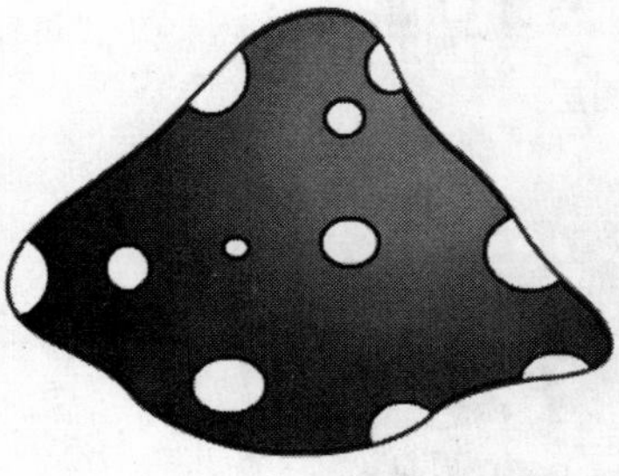

图 3-46　填充颜色后的样子

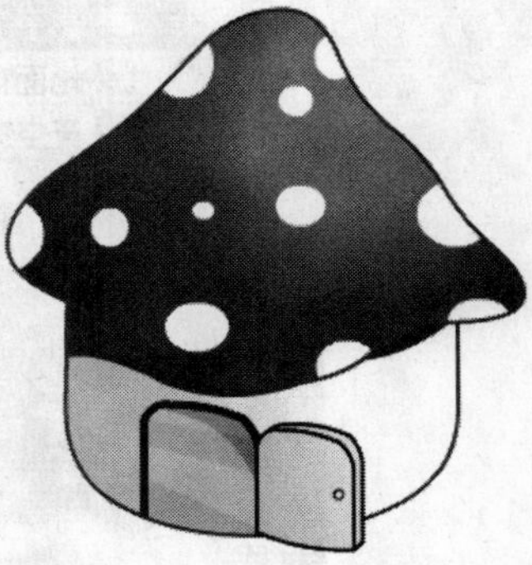

图 3-47　拼和组件

- **组合**

54. 现在我们屏幕上乱七八糟地放着好多“元件”，我们把它们都按照比例一个一个地用 “自由变换工具”按钮调整到合适的大小和位置，并依据图像效果复制多个，效果如图 3-48 所示。

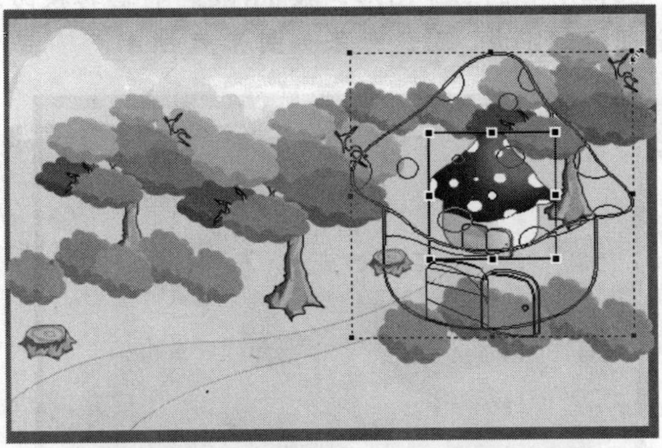

图 3-48　调整各个部分元件的大小和位置

现在基本完成了，可是画面上的东西好像都是飘在空中一样，这个就是很多人最容易忽略的地方了——影子。

55. 单击“时间轴”面板中的 “锁定/解除锁定所有图层”按钮，将创建的所有图层锁住，在“主物体”和“地面背景”这两个图层中间，新建一个图层，修改名称为“影子”，如图 3-49 所示。

56. 单击工具箱中的 “刷子工具”按钮，设置填充色为“暖绿色”（#788D3D），绘制物体的影子，但需要空出路的位置，并修改路区域阴影的颜色为“土黄色”（#CDA956），如图 3-50 所示。

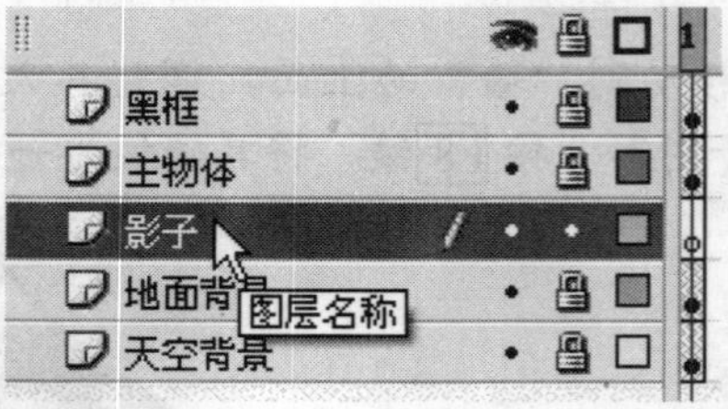

图 3-49　新建图层

图 3-50　绘制影子

注意 在绘制这种层里面的东西的时候，建议选择“对象绘制”。这样绘制起来会方便一些。

57. 绘制完成后，选择所有的影子图形，按 F8 键，将其转换为影片剪辑元件。
58. 此时的背景全部绘制完成，最终效果如图 3-51 所示。

图 3-51　最终效果

注意 “Flash 背景画”的 Flash 源文件保存在随书光盘“实例/第三课”目录下。

3.2　借助 Photoshop 绘制 Flash 动画的背景

Photoshop 算是修改图片应用最为普遍的软件了，在 Flash 动画制作中也会经常用到。

Photoshop 在 Flash 中大部分用途是修改图片，其中用到比较多的是在纯 Flash 背景的基础上进行修改，优点就是占用资源小。

前面的叙述部分就是用 Flash 和 Photoshop 完成的。下面我们用一个简单的实例来介绍背景的制作过程。本节重点学习两个软件之间的互相导入。完成后的背景效果如图 3-52 所示。

图 3-52 将要制作的图片

操作指南 借助 Photoshop 绘制 Flash 的背景

● 在 Flash 里绘制大色块

1. 新建一个 Flash 文件，尺寸为默认的 550 × 400。
2. 单击工具箱中的"矩形工具"按钮，设置笔触为黑色，填充色为无色，绘制一个外轮廓，如图 3-53 所示。

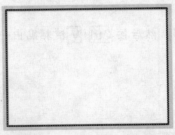

图 3-53 绘制外轮廓

3. 单击工具箱中的"铅笔工具"按钮，随意地画一些曲线，画的时候可以随意一些，但是尽量避免线过于接近，如图 3-54 所示。
4. 单击工具箱中的"颜料桶工具"按钮，填充暗部颜色（#847531）和亮部颜色（#AD964A），然后删除所有的辅助线，只留下色块，效果如图 3-55 所示。

填充颜色的时候尽量让两种颜色分开一些，如果有一些色块过小，注意修改调整。

5. 单击工具箱中的"椭圆工具"按钮，设置笔触为无色，填充色为"米色"（#DEC79C），以中下部分的中间为圆心，绘制椭圆形，如图 3-56 所示。绘制椭圆的时候选择"对象绘制"选项。

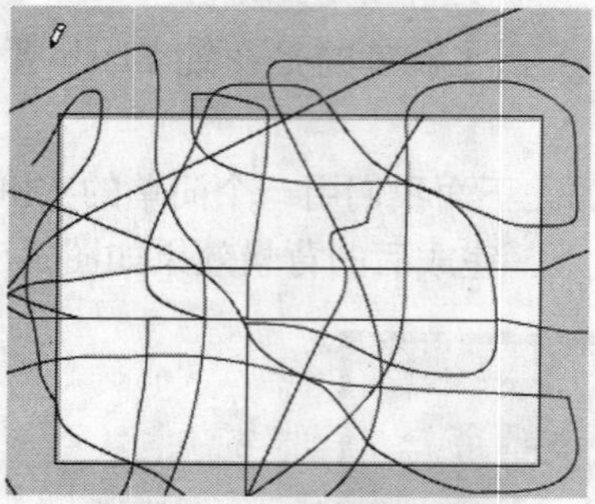

图 3-54 随意绘制的曲线

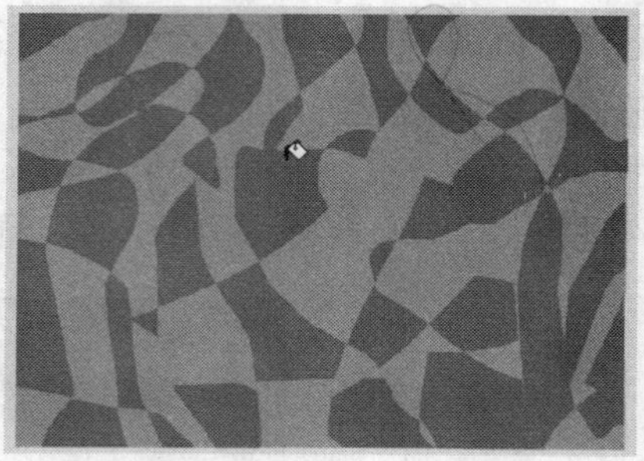

图 3-55 填充颜色

6. 单击工具箱中的 “矩形工具”按钮，设置笔触为无色，填充色为深色（#313010），绘制一个矩形，同样在绘制的时候选择“对象绘制”，如图 3-57 所示。

图 3-56 绘制的椭圆

图 3-57 使用“对象绘制”绘制的矩形

7. 双击绘制的矩形，单击工具箱中的 “钢笔工具”按钮，设置笔触为无色，填充色为“深褐色”（#5A4D21），绘制一个装饰的形状，如图 3-58 所示。然后删除外轮廓线。
8. 按 Ctrl+C 键复制图形，然后按 Ctrl+V 键粘贴出一排，调整其位置如图 3-59 所示。

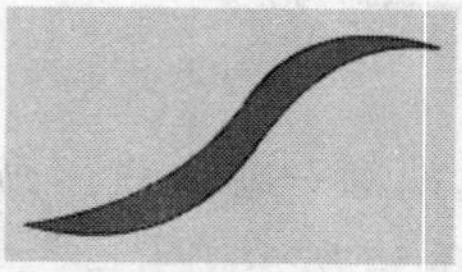

图 3-58 绘制的装饰图形

图 3-59 粘贴图形

9. 返回场景 1，如图 3-60 所示。

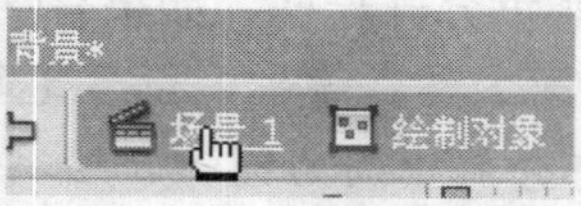

图 3-60 返回场景 1

10. 执行菜单栏中的“文件”/“导出”/“导出图像”命令，如图 3-61 所示。

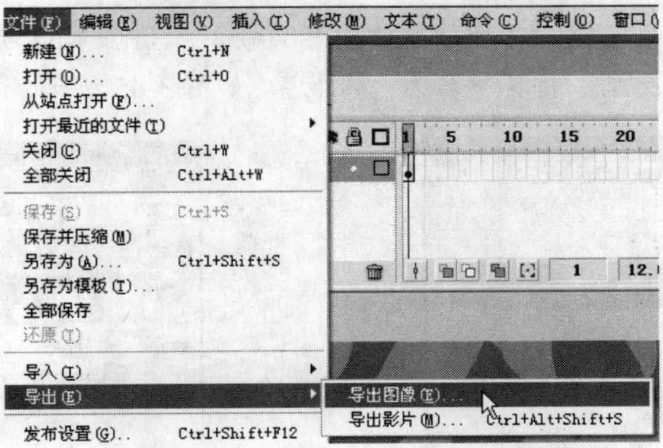

图 3-61 导出图像

11. 在“导出图像”对话框中，文件名为“背景”，保存类型为“JPEG 图像”，最后简单设置一下图片的属性，如图 3-62 所示。

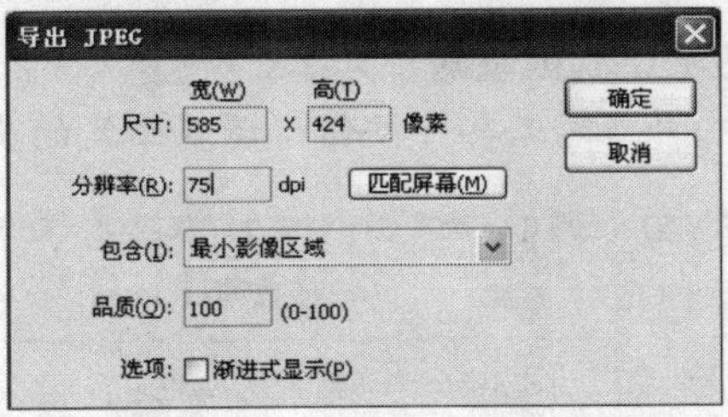

图 3-62 “导出 JPEG”对话框

- **导入到 Photoshop 软件中**

12. 运行 Photoshop 软件，执行菜单栏中“文件”/“打开”命令，打开刚才导出的“背景.JPEG”，如图 3-63 所示。

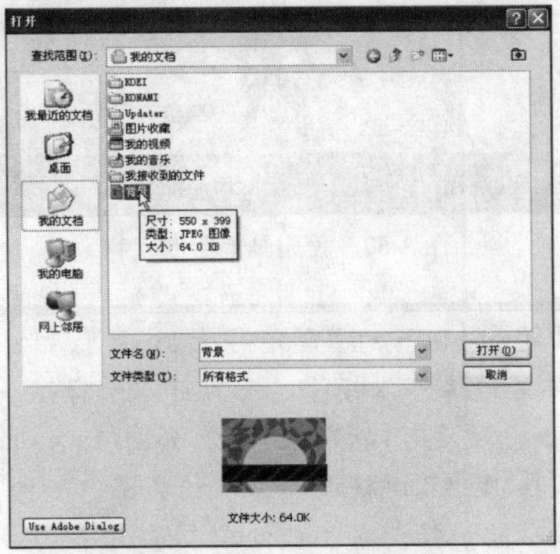

图 3-63 打开文件

● **在 Photoshop 软件中进行修改**

13. 打开“图层”面板，选择“新建图层”命令，如图 3-64 所示。

14. 双击新建的图层，将其命名为“人物”，如图 3-65 所示。

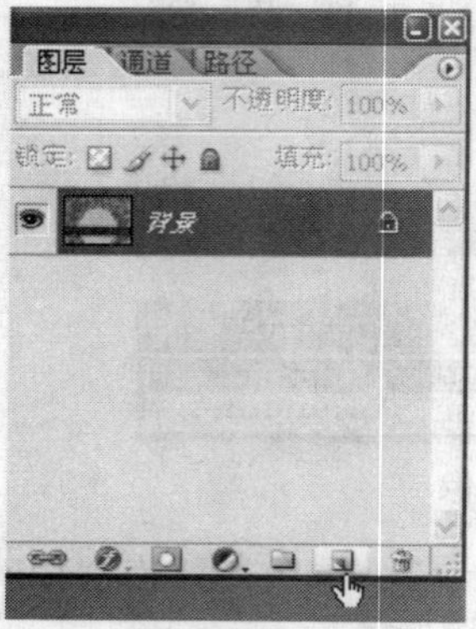

图 3-64 “图层”面板

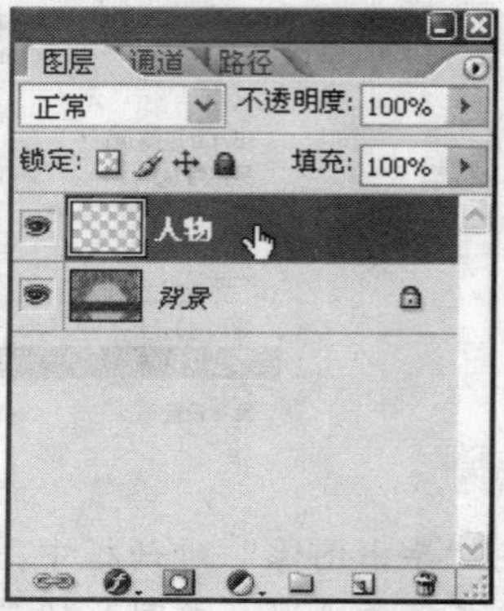

图 3-65 重新命名的图层

现在可以在“人物”图层绘制黑色的小人了。

15. 单击工具箱中的“画笔工具”按钮，调整画笔的属性，如图 3-66 所示。

图 3-66 调整画笔属性

16. 单击工具箱中的“画笔工具”按钮，设置前景色为黑色，绘制人物，如图 3-67 所示。

图 3-67 使用画笔绘制人物

> **注意**
>
> Photoshop 的画笔和 Flash 的画笔有很大的不同。
>
> Photoshop 的画笔边缘可以模糊，而且可以选择很多种画笔风格，主直径可以选择画笔的大小，硬度可以调节边缘，如图 3-68 所示。
>
> Flash 的刷子工具相对来说就没那么多种类了，如图 3-69 所示。
>
> Photoshop 虽然功能很强，却不能处理矢量图片。

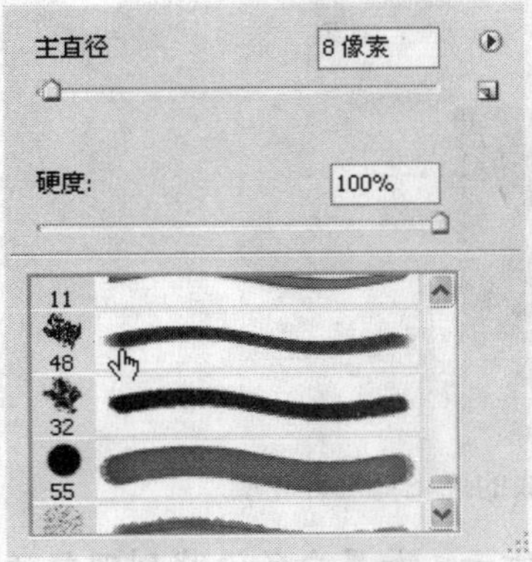

图 3-68　Photoshop 的画笔

图 3-69　Flash 的刷子工具

17. 继续使用 “画笔工具”将人物全部绘制完成。绘制的时候可以随意一些，差不多即可，有时候边边角角多出来一点点笔触尽量都不要擦掉，保留这种图腾的感觉，如图 3-70 所示。

图 3-70　绘制人物

18. 在“图层”面板中再新建一个图层，命名为“飞鸟”，如图 3-71 所示。

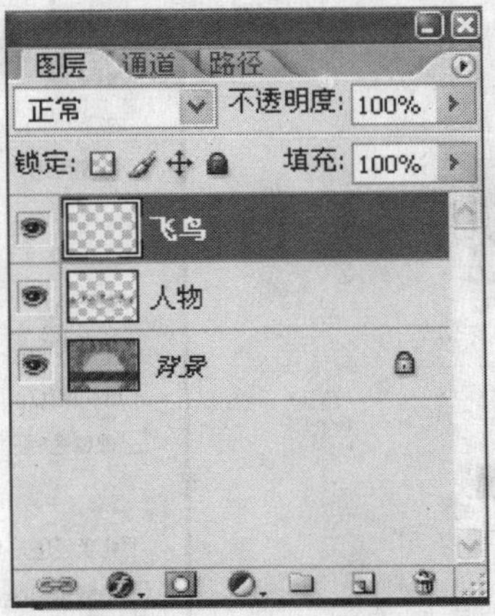

图 3-71　“飞鸟”图层

19. 单击工具箱中的 “钢笔工具”按钮，然后调整它的属性，如图 3-72 所示。

图 3-72　调整属性

20. 勾出飞鸟的外轮廓，如图 3-73 所示。

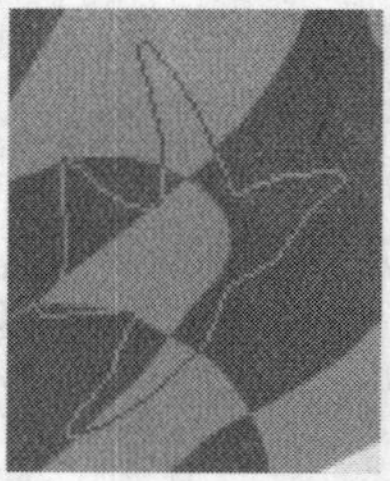

图 3-73　用“钢笔工具”完成的“飞鸟”外轮廓

21. 单击“前景色”更改颜色，如图 3-74 所示。如果自己没找到理想的颜色，请参考如图 3-75 所示的 RGB 颜色数值。

图 3-74　设置“前景色”

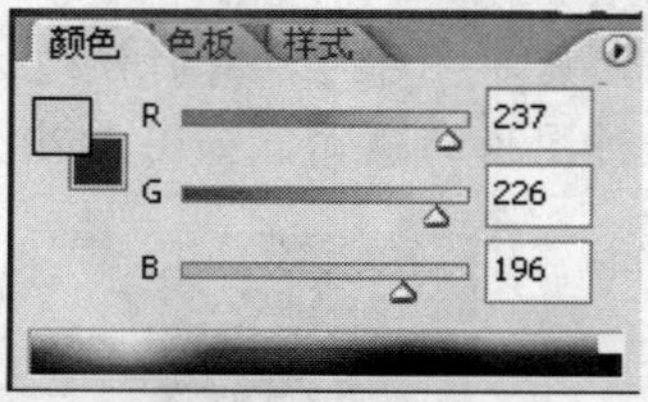

图 3-75　供参考的 RGB 数值

22. 在“飞鸟”轮廓线的内部点击鼠标右键，选择“填充路径”命令，如图 3-76 所示。

23. 在弹出的“填充路径”对话框中进行调整，如图 3-77 所示，然后单击 确定 按钮。

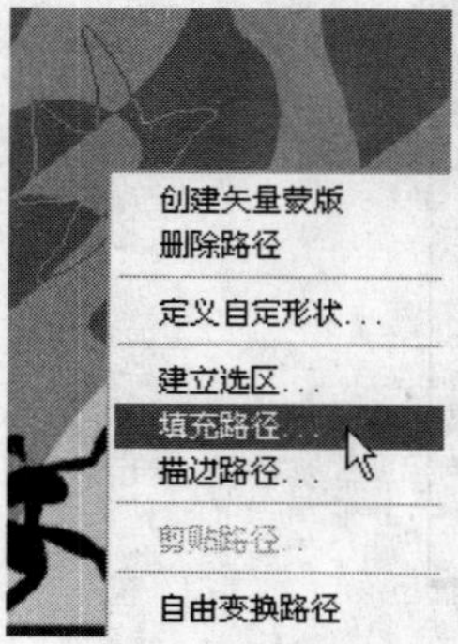

图 3-76　填充路径

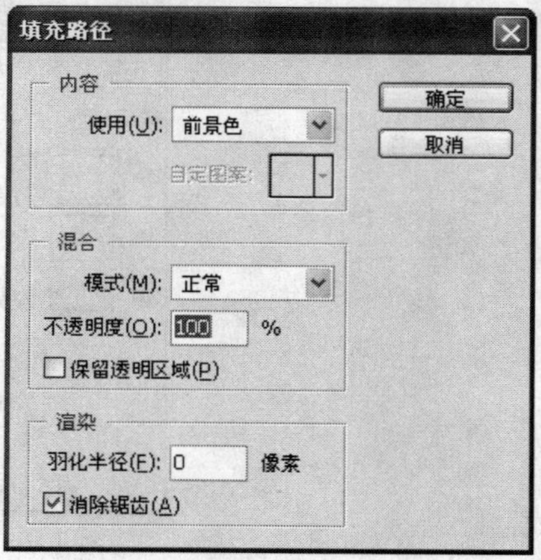

图 3-77　“填充路径”对话框

24. 我们看到在“飞鸟”的外面有一圈蓝色的外轮廓线，如图 3-78 所示。我们可以删除这个外轮廓线。

25. 打开“路径”面板，如图 3-79 所示。

图 3-78 显示的外轮廓线

26. 将“路径”面板中的“工作路径”拖拽到“删除”按钮上，如图 3-80 所示，删掉轮廓线。

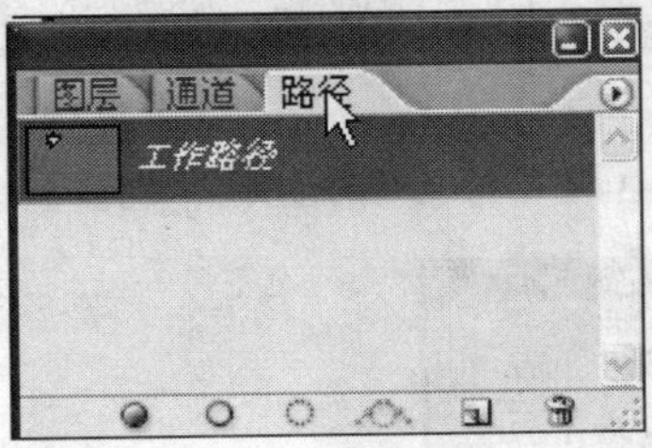

图 3-79 “路径”面板

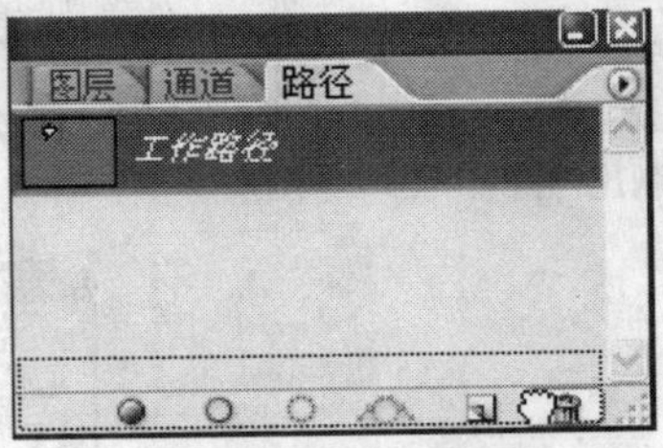

图 3-80 删除路径

27. 单击“图层”标签显示“图层”面板，如图 3-81 所示。
28. 用鼠标左键按住“飞鸟”层，拖拽到右下方的“创建新图层”按钮上释放鼠标，得到一个“飞鸟副本”层，如图 3-82 所示。

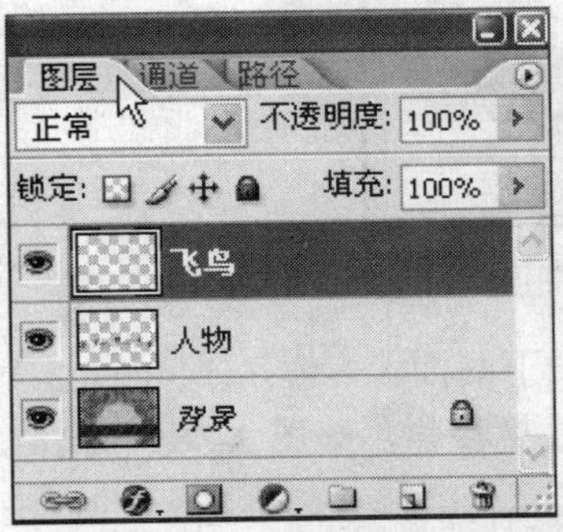

图 3-81 返回“图层”面板

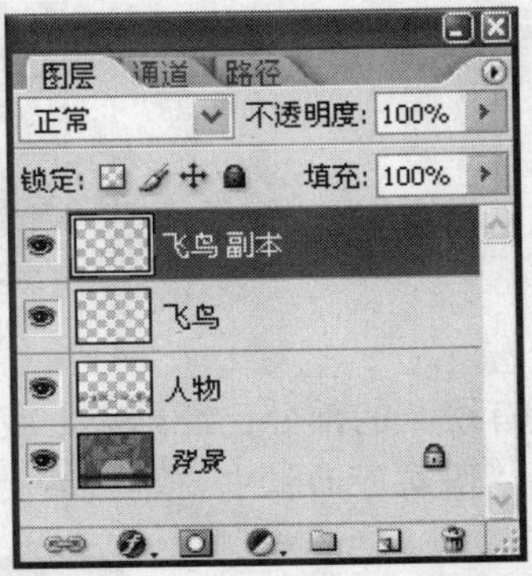

图 3-82 创建图层副本

29. 用同样的方法复制出 7 个“飞鸟”层，如图 3-83 所示。
30. 按 Ctrl+T 键，对每一层的“飞鸟”进行编辑。调整飞鸟的大小和角度，效果如图 3-84 所示。
31. 在“图层”面板中选中“人物”层，把“人物”层拖到最顶部，如图 3-85 所示。

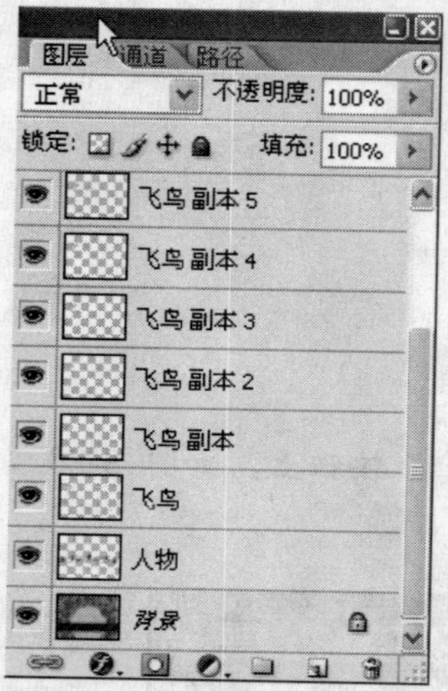

图 3-83　复制出 7 个“飞鸟”图层

图 3-84　调整飞鸟的位置和大小

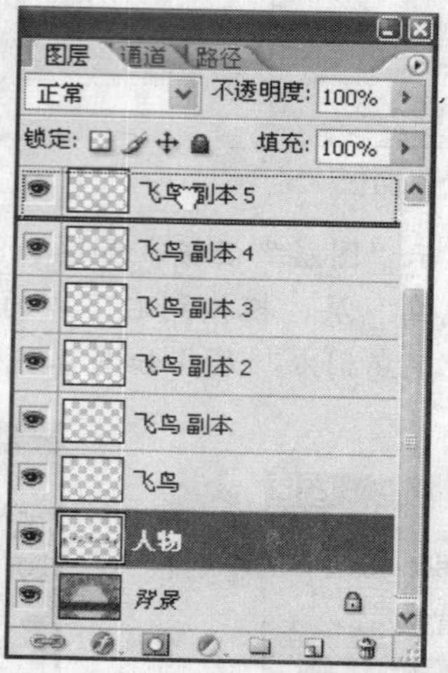

图 3-85　拖动图层

现在所有绘制的部分已经结束，我们来处理一下画面。

32. 在“图层”面板中，单击右上方的面板菜单按钮，如图 3-86 所示。

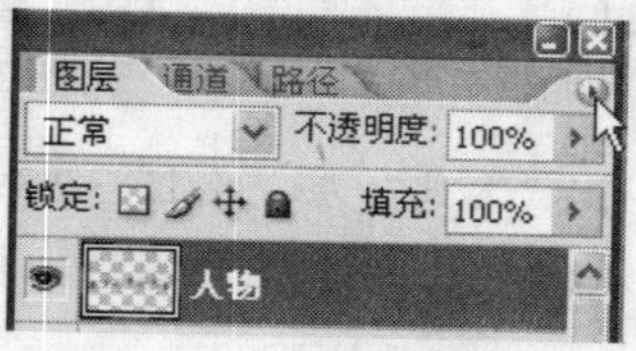

图 3-86　单击面板菜单按钮

33. 在弹出的下拉菜单中选择“拼合图层”命令，如图 3-87 所示。

现在我们对画面进行裁切。

34. 单击工具箱中的“裁切工具”按钮，在属性栏中设置其参数，将宽和高的数值设置为 Flash 舞台的数值 550 × 400 像素，如图 3-88 所示。

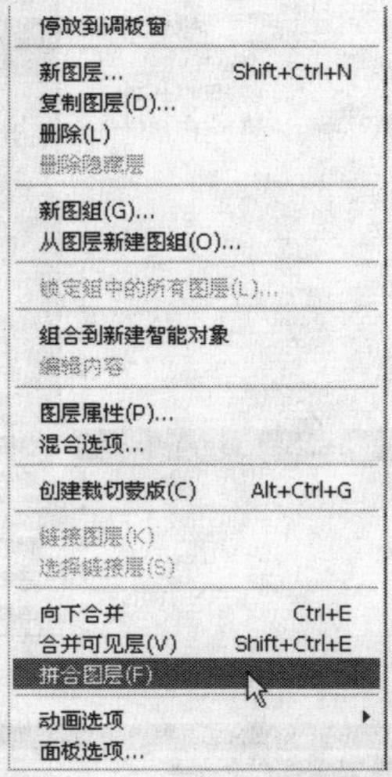

图 3-87　拼合图层

图 3-88　属性设置

35. 然后在画面上选取比较合理的构图进行裁切，如图 3-89 所示。选好以后敲击键盘上的 Enter 键，确认裁切操作。

图 3-89　裁切边缘

为画面加上纹理的滤镜效果。

36. 执行“滤镜”/“纹理”/“纹理化”命令，如图 3-90 所示。

37. 在弹出的“纹理化”对话框中进行参数设置，如图 3-91 所示。最后确认添加的纹理效果。

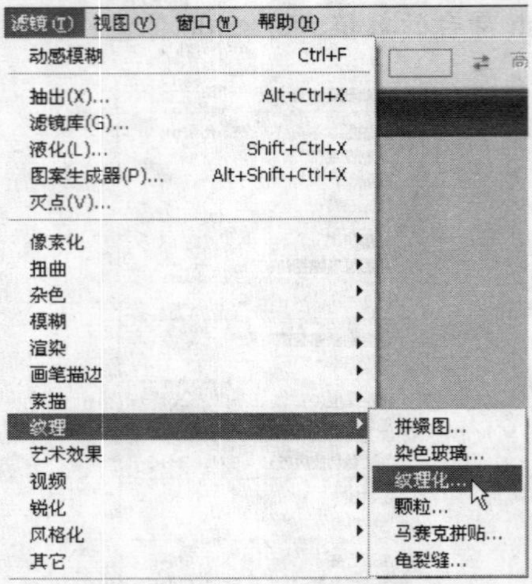

图 3-90　使用滤镜

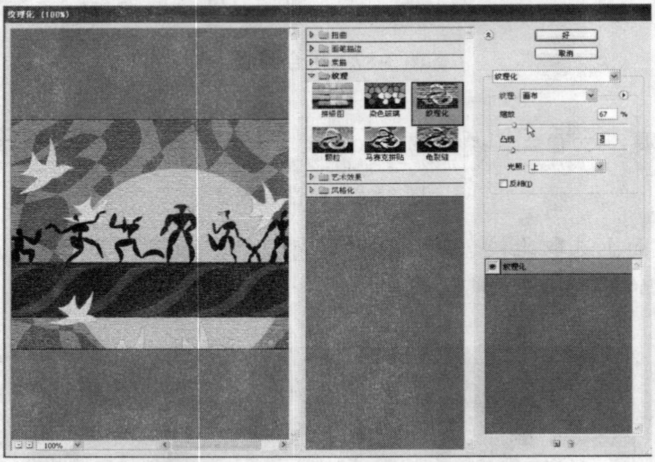

图 3-91　纹理设置

38. 至此图片处理完成，最终效果如图 3-92 所示。

图 3-92　纹理最终效果

39. 保存文件，退出 Photoshop 软件。

- **导入 Flash 软件中**

40. 打开 Flash 软件，新建一个 Flash 文件。
41. 执行“文件”/“导入”/“导入到舞台”命令，如图 3-93 所示。

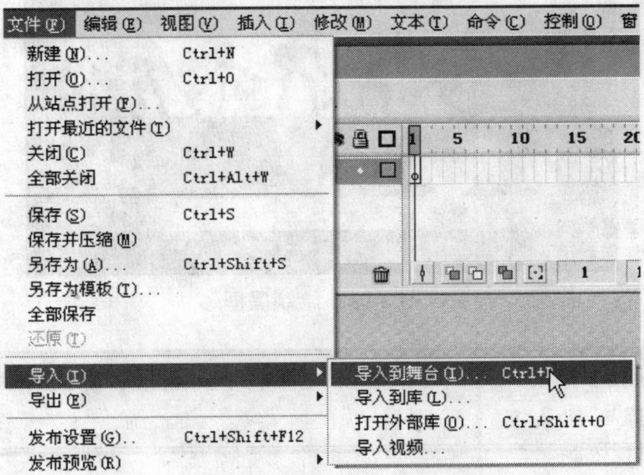

图 3-93　导入图片到 Flash 中

42. 选择刚才保存的“背景.JPEG”文件导入，如图 3-94 所示。

图 3-94　导入到舞台

43. 新建一个图层，命名为“黑框”，如图 3-95 所示。

图 3-95　新建图层

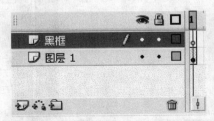

44. 选中“黑框”层，单击工具箱中的□“矩形工具”按钮，绘制黑框，如图

3-96 所示。

图 3-96　绘制黑框

注意

“Photoshop 背景画”的 Flash 源文件和 Photoshop 源文件保存在随书光盘“实例/第 3 课”目录下。

3.3　使用 Painter 绘制 Flash 动画的背景

Painter 软件算是这几个软件中最容易学习的了。虽然 Painter 软件完成的作品 90%都是靠美术功底，但是我们这里还是要简单地讲一下制作 Painter 作品的几大步骤。

- **Painter 软件界面简介**

Painter 软件的中文版非常少，仅仅有几个汉化补丁，而且效果也不是很好，为了方便大多数读者，首先来认识一下 Painter 的界面，如图 3-97 所示。

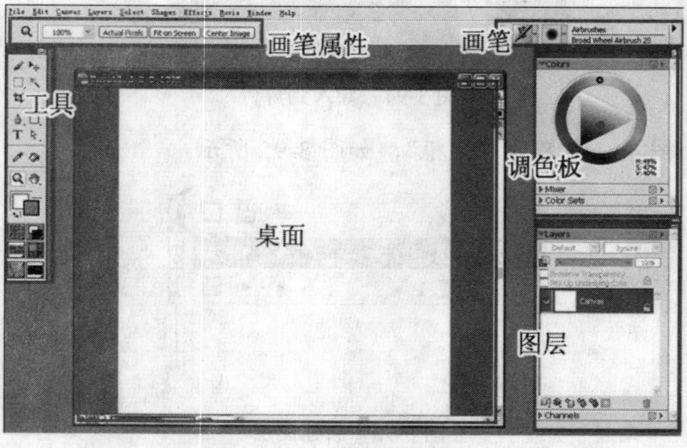

图 3-97　Painter 的界面

左上角的“画笔属性”可以调整画笔的大小、透明度、压力等，如图 3-98 所示。

图 3-98 画笔属性

右上角的“画笔”可以选择油画笔、铅笔、水粉笔、喷枪、木炭等非常多的画笔类型，如图 3-99 所示。每一种画笔里又包括很多分类，如图 3-100 所示。

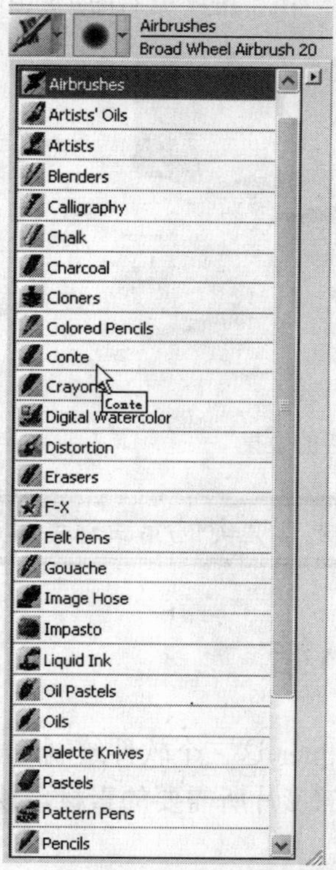

图 3-99 选择画笔类型

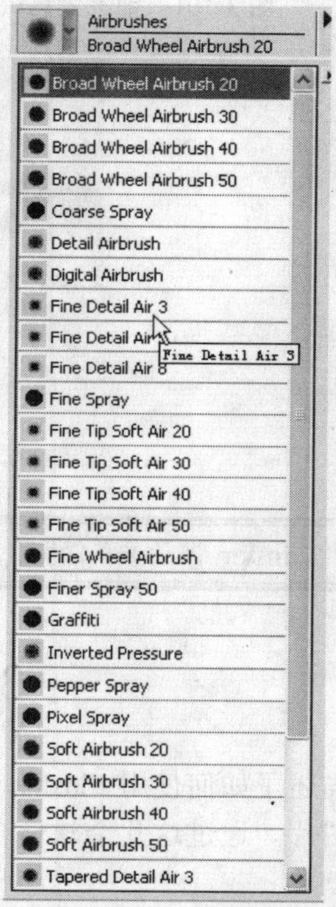

图 3-100 一种画笔里面的分类

操作指南 使用 Painter 绘制 Flash 的背景

- **制作背景**

Painter 软件考验的基本是手绘能力。下面我们简单地了解一下大体的步骤。

1. 先用大号笔绘制大色调，如图 3-101 所示。
2. 从画面颜色暗的地方开始绘制，绘制出大体的位置和颜色，如图 3-102 所示。
3. 最后一步是刻画细节，至此完成绘制，效果如图 3-103 所示。

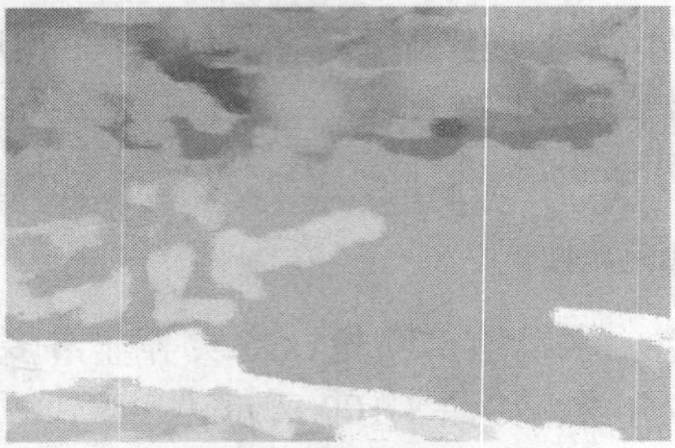

图 3-101　铺上大色块

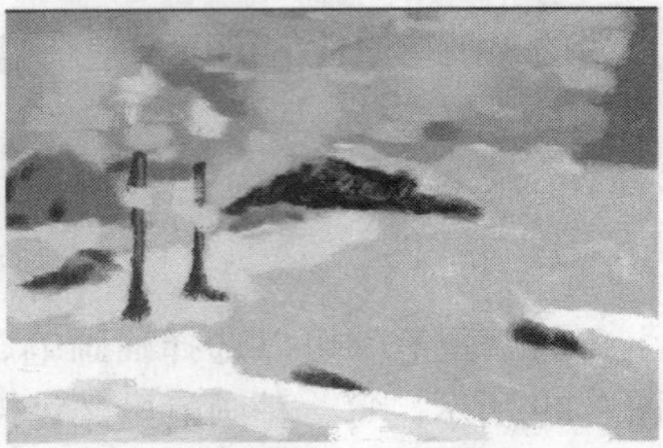

图 3-102　从暗部开始绘制

图 3-103　刻画细节以后的效果

注意　“Painter 背景画”的源文件保存在随书光盘“实例/第三课”目录下。

3.4　本课小结

本课中描述了如何使用 Flash、Photoshop 及 Painter 这三个软件绘制用于 Flash 影片制作时的背景图片。通过这几个软件合作共同完成一部影片所需要的素材，使 Flash 影片内容更加丰富。

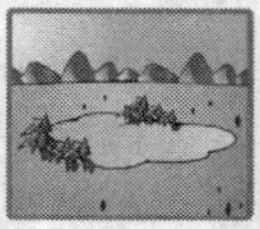

第四课

商用动画设计之声效篇

主要内容

- Flash 中声音的应用
- Flash 中声音对象的处理
- Flash 声音对象应用实例
- 本课小结

一个好的多媒体作品应该是全方位的，仅仅通过人的视觉来表达作品内容是远远不够的。使用 Flash 软件制作影片也是如此，Flash 软件制作的画面虽然很有特点，但仅依赖这一点还是不能更好地表达内容，需要多个软件的配合使用。

Flash 软件也是一种多媒体制作软件，既然是多媒体，那自然需要许多的元素融入到作品中，特别是声音元素。因此能够给人最直接感觉的就是视觉和听觉。只有这两者同时出现在作品中，才能够较有立体感。

4.1　Flash 中声音的应用

Flash 软件中提供了多种声音的应用方式。既可以使声音独立于时间轴连续播放，又可以让影片与一个声音同步播放。除此之外，还可以在按钮中添加音效，使按钮在影片中更加生动。并且，在 Flash 软件中还可以设置声音音效的淡入淡出等效果，从而使声音音效更完美地贯穿于整个影片中。

Flash 软件支持的音效格式主要为 wav 及 mp3 两种，如果条件好的话，还可以支持 aiff 等格式的文件。但在为 Flash 影片添加音效时，最好还是以 wav 和 mp3 这两种格式为主。

一般情况下，导入的音效文件还需要做一些调整才可以应用到影片中，Flash 软件中可以对导入的音效文件进行简单的处理。

综上所述，在 Flash 软件中使用声音音效需要这么几步：导入外部音效文件、应用外部音效文件、编辑音效文件及压缩声音文件。

4.1.1　在 Flash 软件中导入外部音效

在这里，通过一个小实例来介绍一下，如何将一个外部的音效文件导入到 Flash 中。在制作前，先将随书光盘“实例/第四课”中的“导入音效.fla”文件打开备用，如图 4-1 所示。

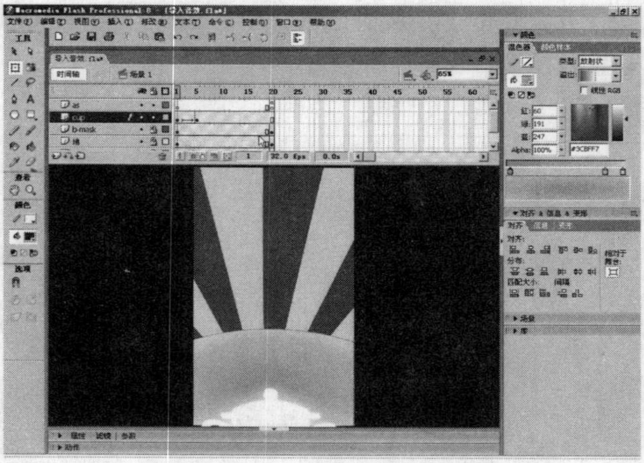

图 4-1　打开“导入音效.fla”文件

操作指南

将外部声音文件导入 Flash

1.　启动 Flash 软件，新建一个文档。

2.　执行“文件”/“导入”/“导入到库”命令，如图 4-2 所示，将外部的声音文件导入到“库”面板中。

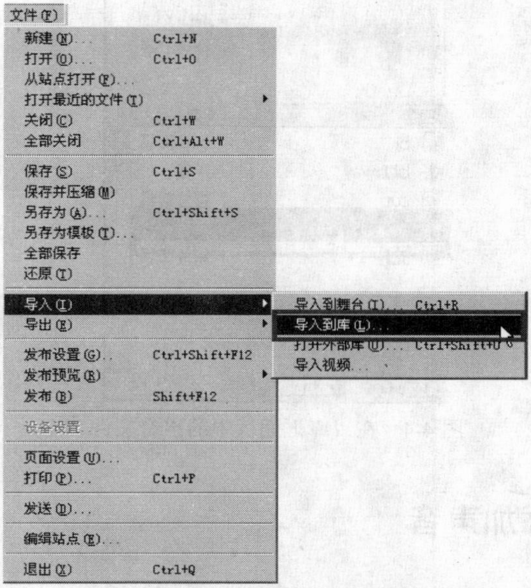

图 4-2　选择“导入到库”命令

3.　在弹出的“导入到库”对话框中，将随书光盘“调用文件/第四课”中需要导入的声音文件选中，然后单击 打开(O) 按钮，将声音导入，如图 4-3 所示。

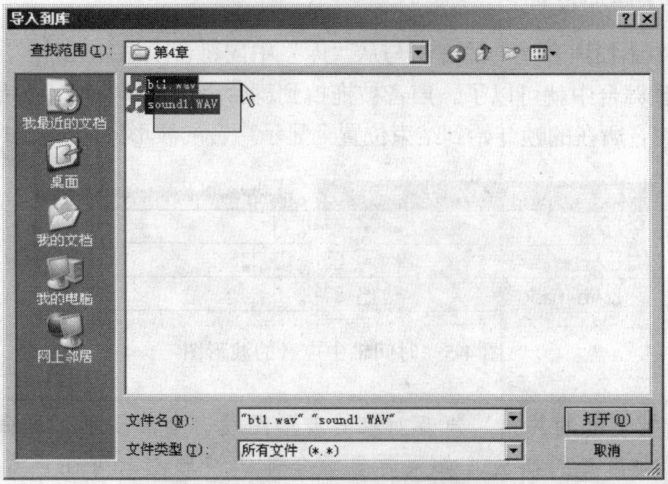

图 4-3　选择要导入的声音文件

这样就可以把需要的外部声音导入到 Flash 的“库”面板中。打开“库”面板，在众多元件中就可以看到导入的声音文件，如图 4-4 所示。

图 4-4　在“库”面板中的声音文件

4.1.2　在影片中添加声音

前边介绍了如何将外部的声音文件导入到 Flash 软件中。导入的声音还需要将其添加到相应的位置上，才可以在影片播放时播放声音。添加声音的位置有三个，主舞台场景、影片剪辑及按钮场景。

- **在主舞台场景中添加声音**

在主舞台场景中添加声音文件的方法与从“库”中向舞台上添加元件一样，也是从“库”中直接将元件拖拽到舞台中就可以了。声音被拖拽到舞台上后，舞台中不会出现任何东西，只是在时间轴上，从声音所在的帧开始到结束位置上显示声音的波形图，如图 4-5 所示。

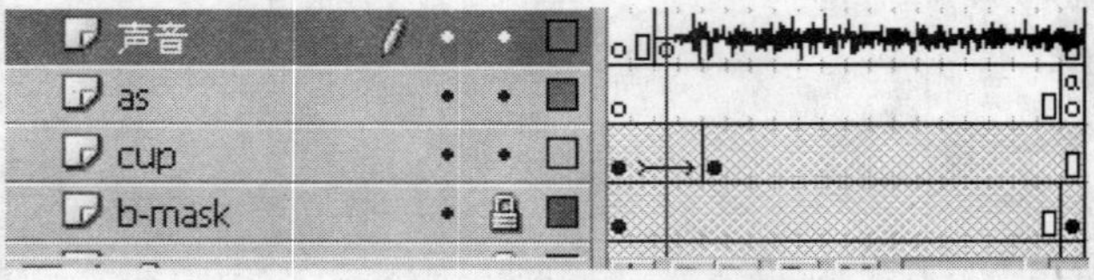

图 4-5　时间轴中声音的波形图

知识讲解　由于时间轴长度的关系，声音对象的波形图没有全部显示，这在没有设置的情况下不会影响声音的播放，如果要显示全部的波形图，可在声音图层关键帧中按 F5 键添加普通帧，直到显示的波形图消失。

● **在影片剪辑中添加声音**

一个影片剪辑其实是一个独立的影片动画，在操作上与在主场景中是一样的，所以在影片剪辑中添加声音的方法与主场景中添加声音是一样的，如图 4-6 所示。

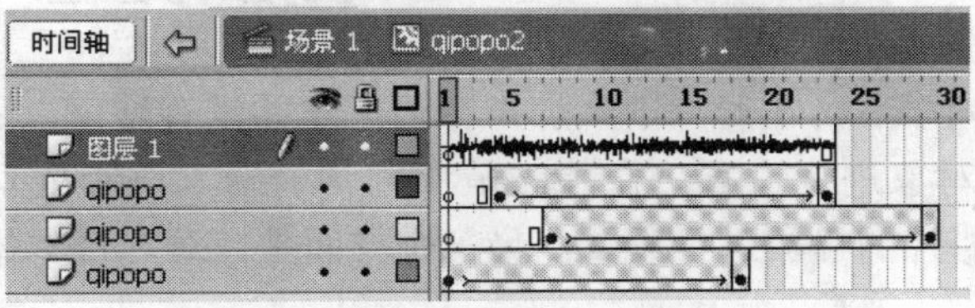

图 4-6　在影片剪辑中添加声音

● **在按钮中添加声音**

在有交互动作的影片中，按钮元件是少不了的，在需要的时候同样也要为按钮添加声音。为按钮添加声音的基本操作也是将“库”中的声音文件直接拖拽到舞台上来，但由于按钮元件是一种比较特殊的元件，所以在为其添加声音时，还是多少有些不同的。

按钮在新建时，有四个帧，分别代表着按钮的四种状态，这四种状态分别为：弹起、指针经过、按下和点击。一般的，只在“指针经过”和“按下”这两个帧中添加声音，如图 4-7 所示。

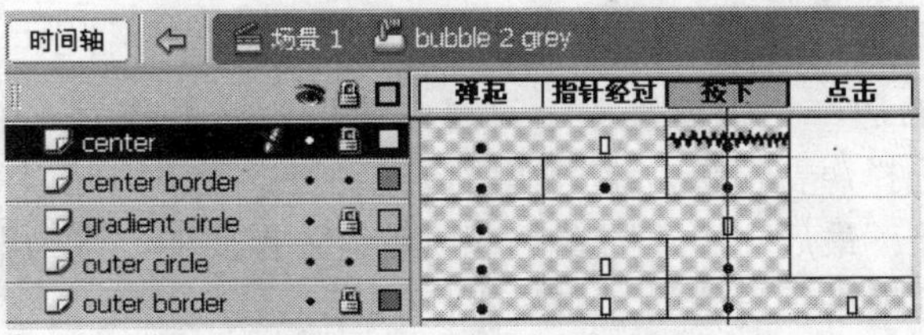

图 4-7　为按钮元件添加声音

4.1.3　另一种添加声音的方法

除了使用拖拽方法来添加声音对象之外，还有一种比较正规的声音添加方法。这种方法是通过“属性”面板，将声音对象添加到当前时间轴的当前帧中。

当将外部的声音文件导入到 Flash 中后，在帧“属性”面板的“声音”选项列表中就会出现被导入的声音文件，如图 4-8 所示。

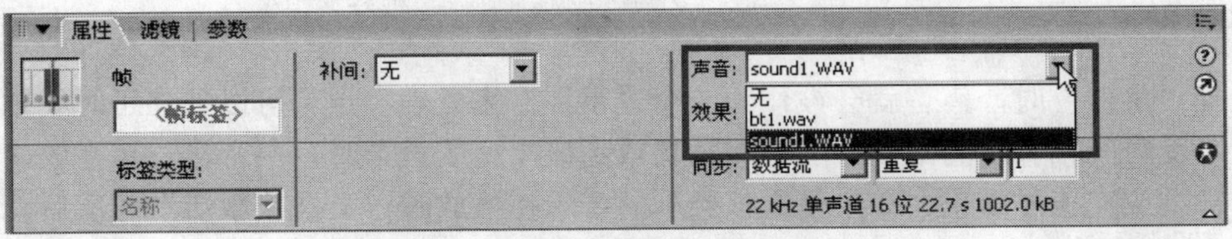

图 4-8　帧“属性”面板的“声音”列表

这种方法与前边拖拽的方法是一样的，只不过操作不同而以，在平时的制作中可以根据自己的喜好选择。

4.2　Flash 中声音对象的处理

当将声音添加到帧中后，在影片中添加声音的工作并没有结束，还需要根据影片的需要将导入的外部声音对象进行设置。在 Flash 中对声音对象进行处理，主要是从两个方面，一个方面是针对影片的播放进行设置；另一个方面是针对声音本体进行处理。

4.2.1　设置 Flash 中的声音播放

选中声音所在的关键帧，打开“属性”面板，在“属性”面板中显示的是关键帧的属性选项，如图 4-9 所示。

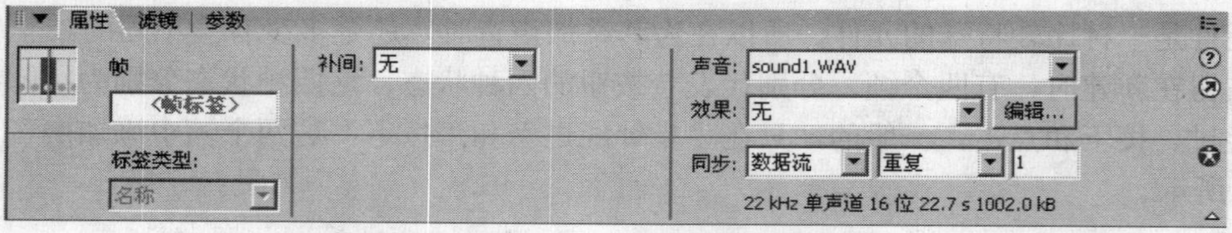

图 4-9　关键帧的属性选项

在“属性”面板右边一栏中就是关于声音的选项，这里分为三个部分，一个是“声音”选项，主要用来选择声音对象，这里在前边提到过；在下边是“效果”选项，用来设置声音在播放时的效果；最后一个“同步”选项是最为重要的，因为在 Flash 影片中，声音的播放方式都是在这里进行设置的，如图 4-10 所示。

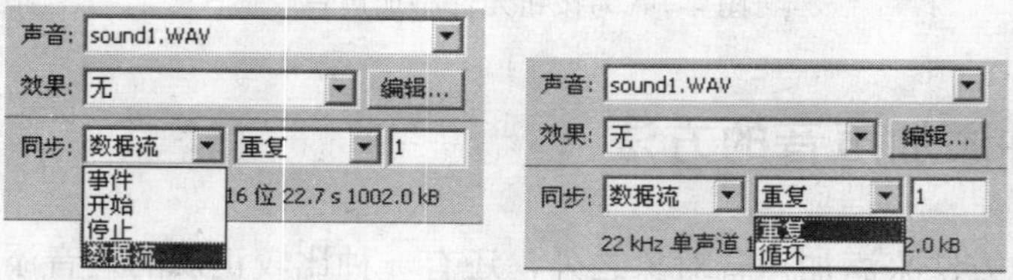

图 4-10　声音的“同步”属性

在“同步”选项的第一个下拉列表中，列出了 Flash 中声音同步的四种方式，分别是“事件”、“开始”、“停止”和“数据流”。

- **事件**

选择“事件”时，声音就会被作为一个“事件”来处理。声音可以独立于时间轴进行播放，不受时间轴长度的限制。当时间轴播放到该类型的声音时，声音会一直播放，直到声音全部播放完毕才停止。如果使用该类型的音乐在播放时，又被“激活”一次后，会发生两个声音重叠的现象。

因此，在一般情况下，这种类型的声音只用在需要较短声音的位置或对象中，例如，影片中的按钮元件中。如果使用不当，可能造成声音和动作不同步的现象，因此在设置时需要注意。

- **开始**

“开始”类型与“事件”类型比较相似，但使用“开始”类型的声音在播放时，不会被再次播放，也就不会出现声音重叠的现象了。

- **停止**

如果将声音设置为“停止”，那么当时间帧播放到该处时，就不会播放声音，声音被强行终止了。

- **数据流**

“数据流”是根据时间轴长度进行播放的，时间轴有多长，声音随时间轴的播放而播放，但是，如果时间轴长度超过声音长度，那么就以声音的长度为准。

“数据流”类型会将声音平均在时间轴的帧中，也就是说，带有声音的帧有多少，就播放多少帧。这种类型是以一边下载一边播放的方式进行的，一般情况下不会出现声音停顿的现象，声音与影片中帧的播放完全同步，帧结束，声音就会结束。这种类型被广泛应用于 MV 影片的制作当中。

- **“重复”和“循环”属性**

在同步类型后边还有一个下拉列表，列表中有两个选择，一个是“重复”，另一个是“循环”。 当选择“重复”并在其后边的输入框中输入重复的次数后，声音就会按照设定的次数进行循环；如果需要声音不断地重复就选择“循环”选项。

要长时间连续播放，就需要一个足够的重复次数，以便使声音播放持续时间延长。例如，要在 1 分钟内循环播放一段 10 秒的声音，可以输入 60。

注意 在不是很有必要的情况下，建议尽量不要使用“循环”选项。当声音设置为循环播放时，声音的帧就会添加到影片文件中，影片文件的体积就会根据声音循环的次数成倍增长。

4.2.2 在 Flash 中处理声音对象

Flash 在声音对象的处理上虽然不能与专业的音频处理软件相提并论，但还是可以对影片中的声音做简单的处理的。

在 Flash 中，可以对声音对象做一些基础属性的处理，例如，调节声音的音量，改变声音播放及停止的位置等，还可以为声音添加一些简单的效果。

- **声音效果**

当选择一个带有声音的帧并打开“属性”面板时，单击“效果”选项列表，在列表中会列出 Flash 提供的几种声音效果，如图 4-11 所示。

它们分别是指：

- “无”：不对声音文件应用效果，同时，可以选择该项删除声音原来的效果。
- “左声道”：仅使用左声道进行播放。
- “右声道”：仅使用右声道进行播放。
- “从左到右淡出”：声音从左声道切入到右声道。
- “从右到左淡出”：声音从右声道切入到左声道。
- “淡入”：将声音音量由小到大渐变。
- “淡出”：将声音音量由大到小渐变。
- “自定义”：通过“编辑封套”编辑声音的控制点。

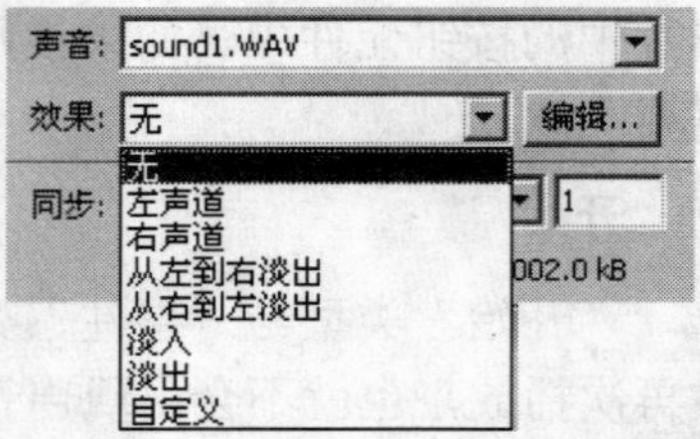

图 4-11　声音效果

- **编辑封套**

虽然 Flash 软件本身提供了几种比较常用的声音效果，但不可能满足所有人的需要，有的声音对象情况不同，Flash 提供的声音效果不能完全达到所希望的效果。如果碰到这种情况，可以使用“自定义”的方法来自行设计声音效果。

当选择“效果”选项中的“自定义”，或者单击“效果”选项后边的 编辑... 按钮时，都会打开“编辑封套”对话框，如图 4-12 所示。

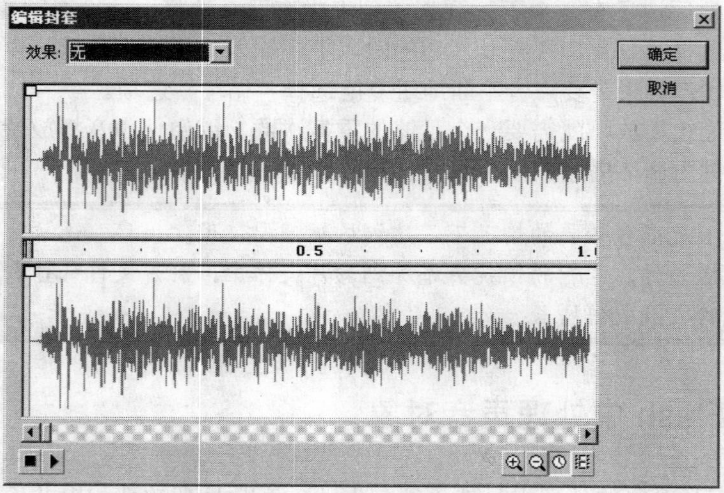

图 4-12　“编辑封套”对话框

在对话框左上角有一个“效果”下拉列表，这里与在“属性”面板中的“效果”选项是一样的，当选择其中一个效果后，在对话框下方的两个白色框中会发生相应的变化，如图 4-13 所示。

通过图 4-13 可以看出，当使用了一种效果后，在下拉列表下方的白色框中就会有相应的变化。白色框分为三个部分：首先是两个显示声音波形图的区域，上方的区域是声音的左道，控制声音在左声道的播放；下方波形区域是声音的右声道，用来控制声音在右声道中的播放。在两个声道区域中间的长条区域显示的是时间，以“秒”为单位，这里与舞台中的时间帧是一致的。通过单击在对话框右下角的“帧”按钮，可以将长条区域切换成显示帧数。

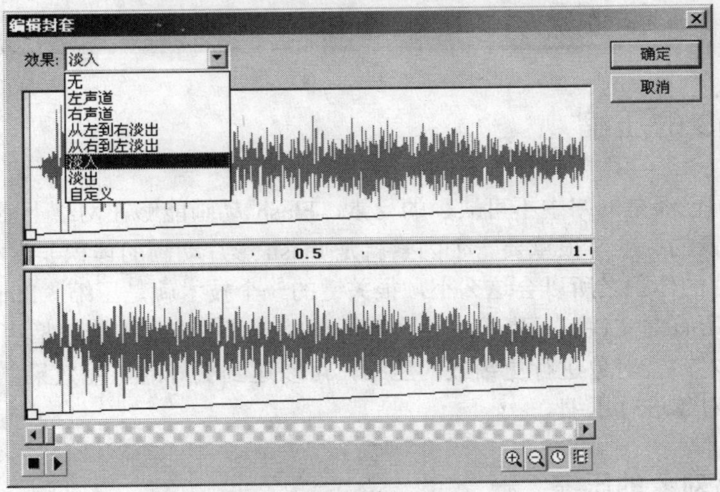

图 4-13　选择效果

知识讲解　当将长条区域切换为显示帧时，显示的帧数多少是由影片帧频来决定的，帧频高，显示的帧数就多；反之，显示的帧数就少。

如果在“效果”中没有合适的效果，可以通过拖拽两个声道中的手柄来自行定义。可以单击连接手柄的线条来添加新的手柄，如图 4-14 所示。

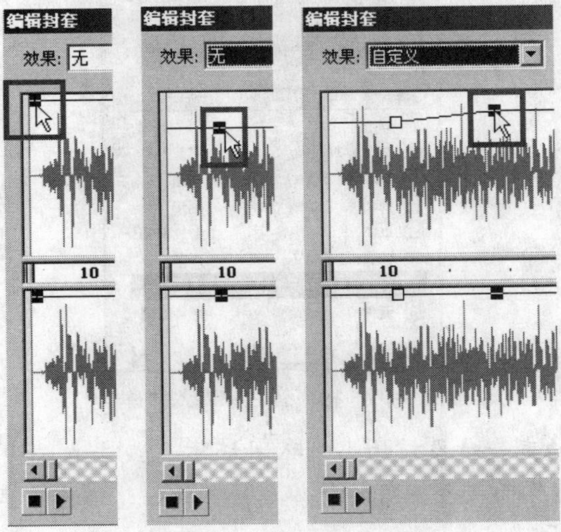

图 4-14　操作声音“封套”

如果需要删除手柄，只需要拖拽手柄到对话框外即可。线条代表着声音音量走势，各声道最下边为 0%的音量，最上边为 100%的音量。通过两个声道对声音量走势的控制，就可以定义出需要的声音效果。可以通过播放控制按钮■▶来随时预览声音效果。

知识讲解 添加和删除控制手柄的操作是在两个声道中同时进行的，不论是在哪个声道中操作，都会自动在另一个声道中添加或删除手柄。

4.2.3 mp3 的压缩

Flash 动画已经是网络中不可缺少的元素，Flash 动画能够在网络上盛行，成为了一种网络多媒体元素的标准，很重要一个因素就是 Flash 影片动画的体积非常小。

Flash 影片的体积之所以会这么小，很关键的一个技术就是压缩。Flash 在导出影片时都会对影片中所有的文件、元素等进行合理的压缩，其中自然也会包括声音。

如果需要对声音对象进行更细致的压缩，可以达到更好的压缩效果。下面简单介绍一下如何对声音对象进行压缩。

操作指南 声音对象的压缩

1. 将需要的声音文件导入“库”中，打开“库”面板，如图 4-15 所示。

图 4-15　将声音对象导入“库”

2. 双击要压缩的声音对象前的小喇叭图标，或者在选中要压缩的声音对象后，单击“库”面板左下角的“属性”按钮，弹出“声音属性”对话框，如图 4-16 所示。

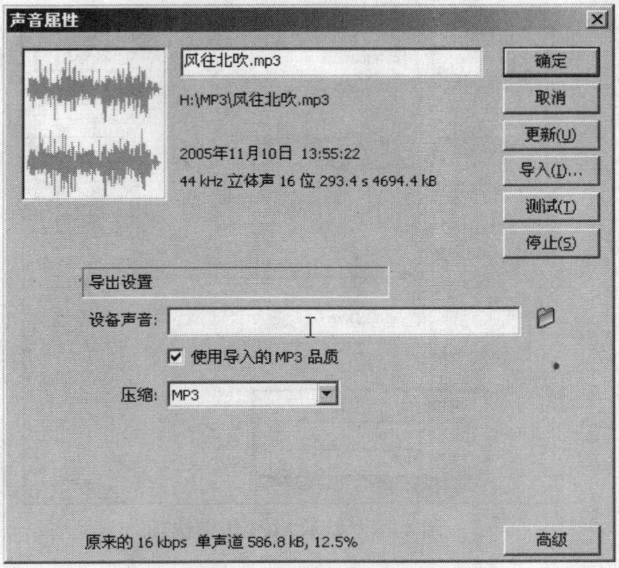

图 4-16 “声音属性”对话框

在“声音属性”对话框中显示出声音对象的相关信息，例如修改日期、比特率等。

3. 单击“压缩”选项下拉列表，在列表中选择 MP3 方式，如图 4-17 所示。

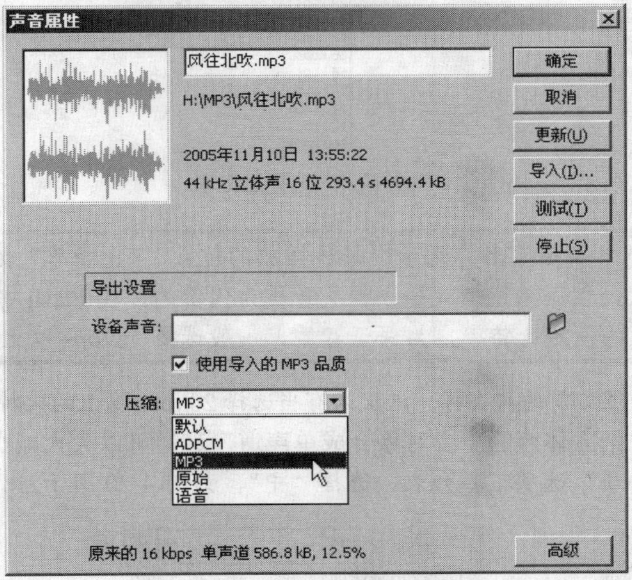

图 4-17 选择压缩方式

在“压缩”方式中，除了 MP3 方式，还有 3 种压缩方式，但不是经常使用，所以这里只介绍 MP3 压缩方式。

4. 取消“使用导入的 MP3 品质”选项的勾选，在“压缩”选项下方会出现几个新的选项，如图 4-18 所示。

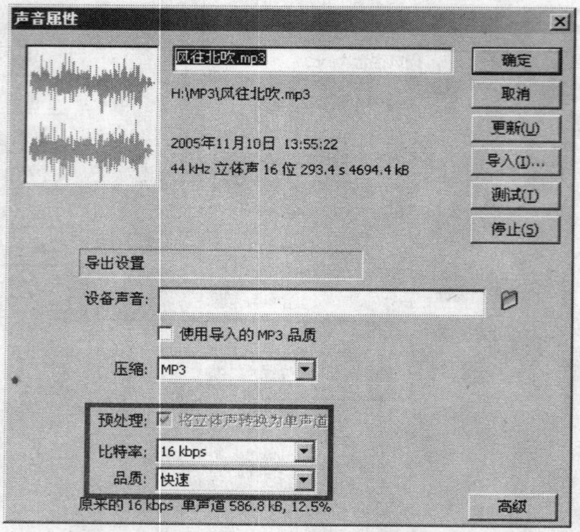

图 4-18　显示 MP3 压缩选项

5.　打开“比特率”选项列表，从中选择“20kbps”，如图 4-19 所示。

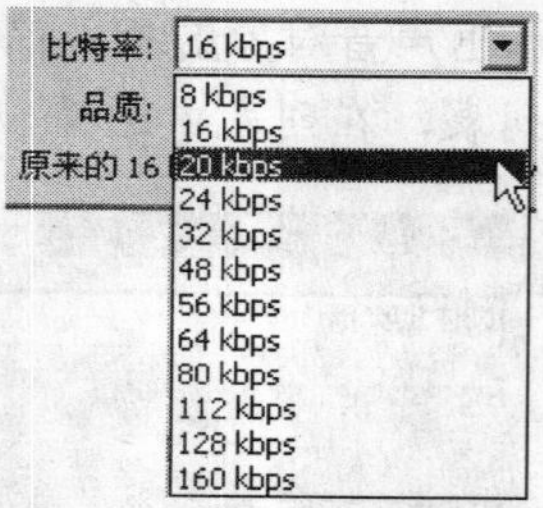

图 4-19　选择比特率

知识讲解

“比特率”确定导出的声音中每秒播放的位数。“比特率”越低，声音压缩的比例就越大，但压缩比例大是以损失音质为代价的。在 Flash 中，提供了 8 kbps 到 160 kbps 的恒定比特率，为保证音质，一般选择 16kbps 以上的比特率。

6.　将“预处理”前的勾去掉。这里只有当选择 20kbps 以上的比特率时才可用。选择这项可以把立体声的声音对象合成单声道，这样可以大大减少声音对象的体积。

7.　打开“品质”选项下拉列表，选择“中”，如图 4-20 所示。

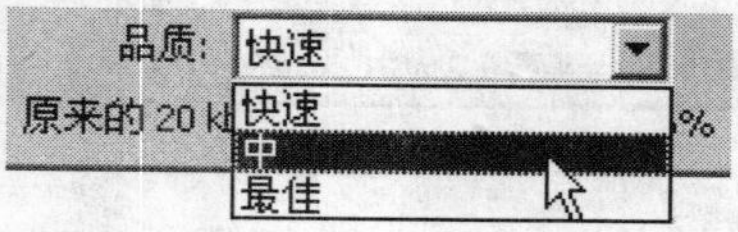

图 4-20　设置“品质”选项

“品质”选项内容涵义：

- 快速：压缩速度快，声音品质低。
- 中：压缩速度较慢，声音品质较高。

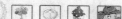

◆ 最佳：压缩速度很慢，声音品质很高。

8. 单击 测试(T) 按钮，对压缩的声音进行试听，如果没有问题单击 确定 按钮。

4.3　Flash 声音对象应用实例

通过前边的讲解，对于 Flash 中声音的应用有了一定程度上的了解，现在通过几个实例来进一步掌握声音对象在 Flash 中的应用。

4.3.1　同步字幕的制作

商用动画中，最为流行的要数歌曲的 MV 和情景广告了。这类 Flash 影片多是以声音加字幕的形式来表达内容的。因此，声音与字幕的同步播放就成为了一个很重要的环节。这里以一个实例来介绍如何使声音与字幕进行同步播放。

操作指南　为影片添加同步字幕

● **准备工作**

1. 打开"调用文件/第四课/洗发水 1.fla"文件。
2. 打开文件后，将随书光盘中"调用文件/第四课/洗发水音效"文件夹中的所有音效文件导入"库"中，如图 4-21 所示。
3. 打开"库"面板，将导入的所有声音对象移到一个新的文件夹中分类管理，如图 4-22 所示，分类管理声音对象。

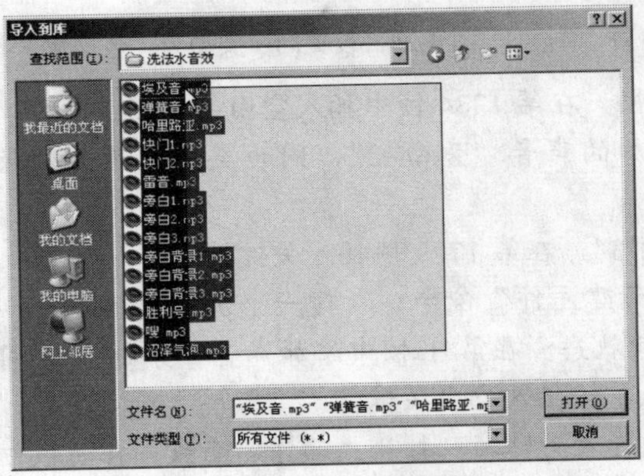

图 4-21　导入音效文件

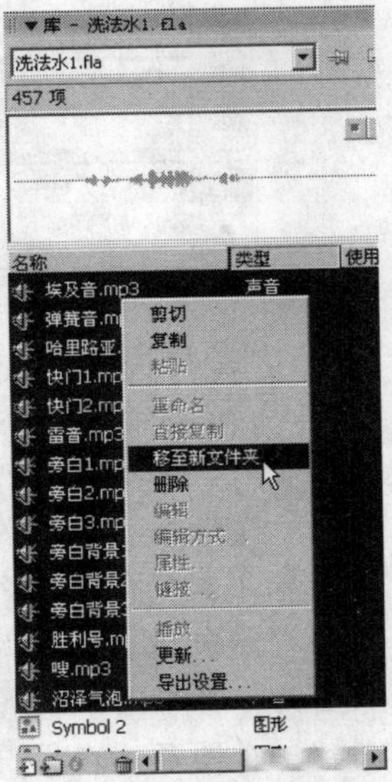

图 4-22　分类管理声音对象

- **添加旁白声音**

4. 在图层面板中，在所有图层上方新建一个图层，命名为“旁白”，如图 4-23 所示。

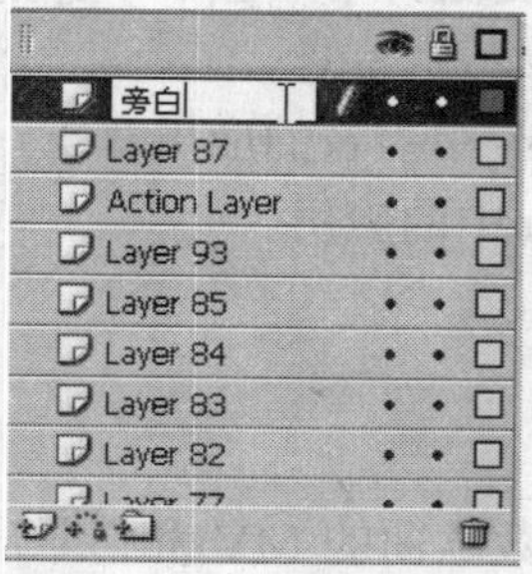

图 4-23 新建一个图层

5. 在图层第 899 帧插入空白关键帧。
6. 选择第 1 帧，打开“属性”面板，在“声音”列表中选择“旁白 1”，如图 4-24 所示。
7. 在“属性”面板中，点击“同步”选项同步类型列表，选择“数据流”，如图 4-25 所示。

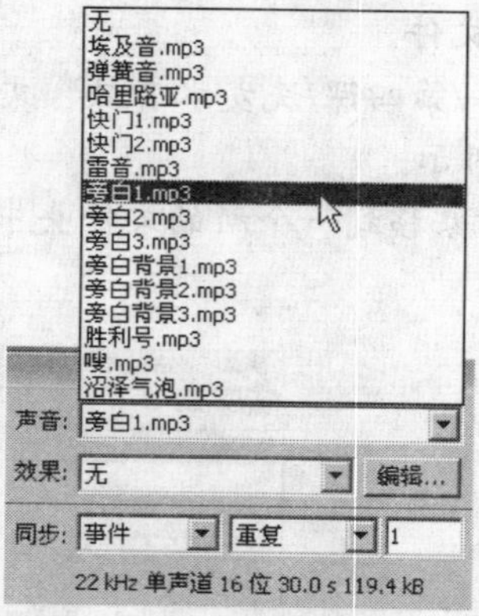

图 4-24 添加“旁白 1”音效

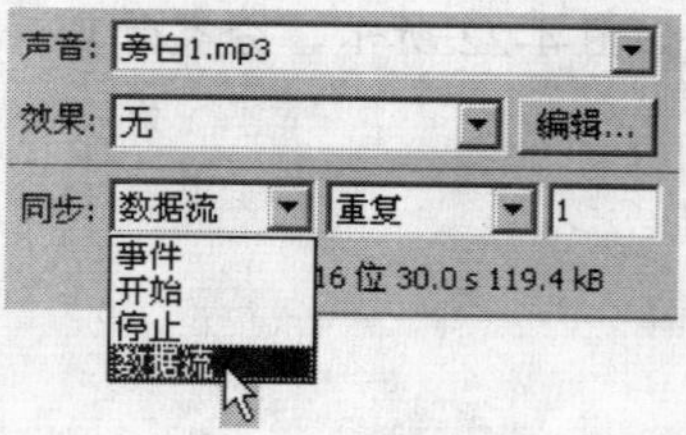

图 4-25 设置同步类型为“数据流”

8. 在第 1007 帧中插入一个关键帧，在第 1334 帧中插入空白关键帧。
9. 打开“属性”面板，选择添加的声音“旁白 2”，同步类型设置为“数据流”，如图 4-26 所示。
10. 新建一个图层，命名为“旁白 3”，在第 1729 帧插入关键帧。
11. 单击菜单栏中的“插入”/“新建元件”命令，新建一个影片剪辑元件，命名为“旁白 3”，进入元件编辑状态。在第 1 帧中添加声音“旁白 3”，同步类型为“开始”。在图层第 1761 帧插入空白关键帧。
12. 新建一个图层，在第 1761 帧插入关键帧，打开“动作”面板，在面板中添加“stop();”语句。

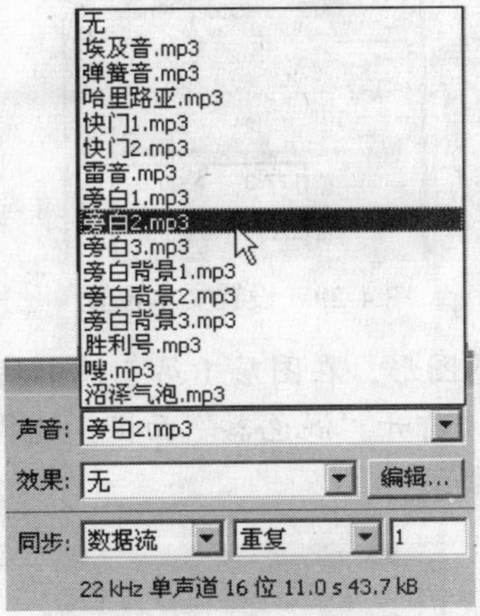

图 4-26　添加“旁白 2”音效

13. 回到主场景，将元件“旁白 3”拖拽到图层“旁白 3”第 1729 帧中，在第 3465 帧插入空白关键帧。

- **添加字幕文本**

在添加字幕文本之前还需要标记出字幕出现的位置，然后再制作字幕，步骤如下：

14. 新建一个图层，命名为“标记”，选择第 1 帧。
15. 按下回车键，仔细听播放的声音，在字幕出现的位置添加一个关键帧，并为关键添加帧标签，如图 4-27 所示。

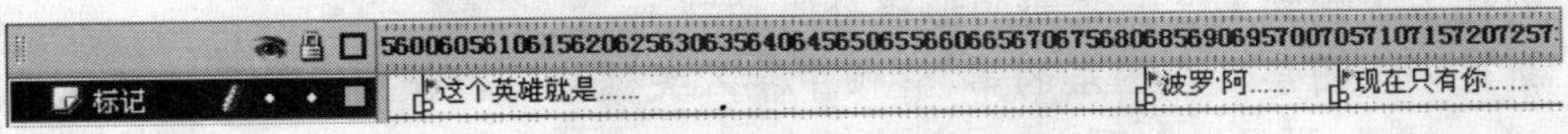

图 4-27　确认字幕位置

> **注意** 舞台主场景舞台中只有旁白 1 和旁白 2 两段配音，而旁白 3 是以元件形式存在的，所以在为旁白 3 加字幕时，就需要打开影片剪辑元件“旁白 3”，在旁白 3 的编辑模式下进行，它的操作与在主场景中是一样的。

16. 新建一个影片剪辑元件，命名为“字幕 1”，进入编辑状态。
17. 在舞台中使用“文本”工具输入第一句字幕，字体为“汉仪雁翎体简”，字号为 30，颜色为白色，如图 4-28 所示。

图 4-28　第一句字幕

18. 选择文字，打开“属性”面板，将位置 X 和 Y 设置为 0，如图 4-29 所示。

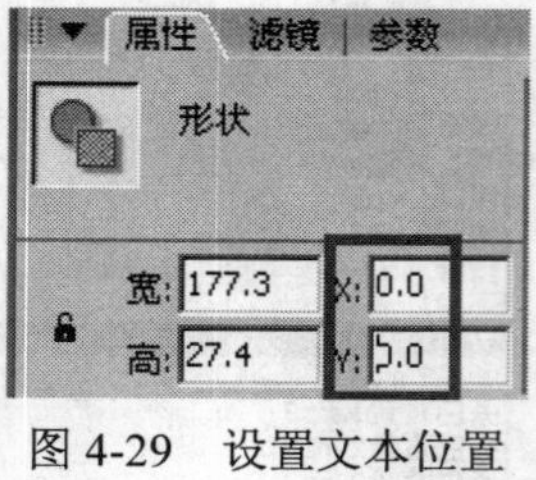

图 4-29　设置文本位置

19. 将字体打散两次成矢量图形。在图层 1 第 5 帧中插入关键帧。
20. 选择第 1 帧中的元件，打开“混色器”面板，选择“填充色”，将 Alpha 设置为 0%，如图 4-30 所示。

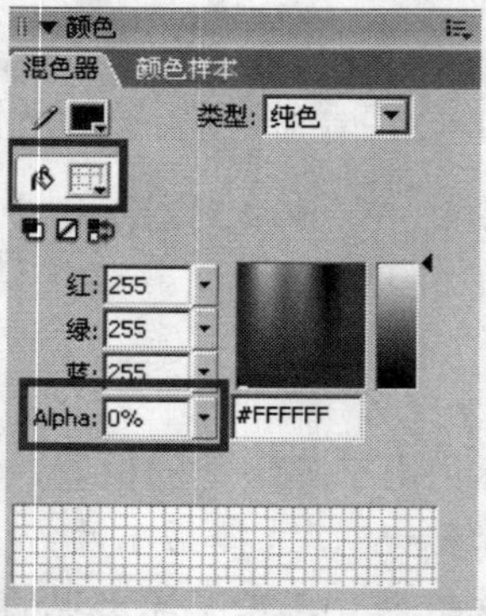

图 4-30　设置填充色透明度

21. 创建第 1 帧到第 2 帧之间的形状补间动画。
22. 新建一个图层，在图层的第 5 帧中插入关键帧，打开“动作”面板，添加“stop();”代码，如图 4-31 所示。

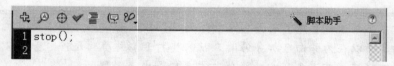

图 4-31　图层 2 第 5 帧中的代码

23. 回到主场景舞台，使用同样的方法将其他字幕做成影片剪辑元件，按顺序以“字幕 2”、“字幕 3”……命名。

注意　这里还有一个方法就是把字幕文本转成影片剪辑，然后再创建运动补间动画，这样可以避免一些文本在打散后不能正常显示的问题。

24. 新建一个图层，命名为“字幕”，在与“标记”图层相对应的第一个标记处插入关键帧。
25. 将元件“字幕 1”拖拽到舞台上，移动到舞台中下方，打开“对齐”面板，单击“水平中齐”按钮，如图 4-32 所示。

图 4-32　在舞台上添加字幕

26. 选择与“标记”图层第 2 个标记相对应的帧插入关键帧。
27. 选择这一帧中的元件，打开“属性”面板，单击 交换... “交换元件”按钮，打开“交换元件”对话框，在对话框中选择影片剪辑“字幕 2”，单击“确定”按钮，如图 4-33 所示。

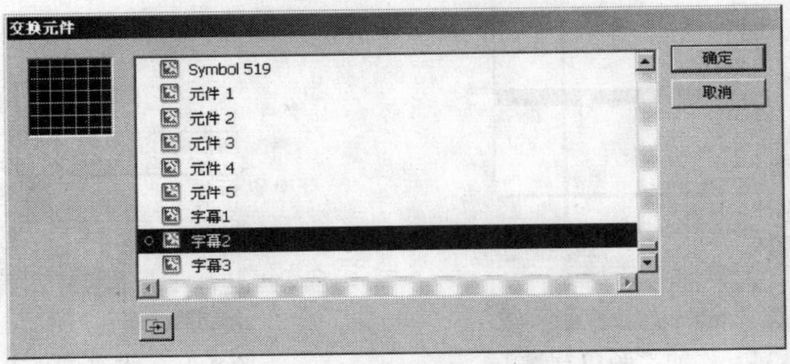

图 4-33　交换元件

28. 选择元件，打开“对齐”面板，单击“水平中齐”按钮。
29. 选择与“标记”图层第 3 个标记相对应的帧插入关键帧。
30. 选择这一帧中的元件，打开“属性”面板，单击 交换... “交换元件”按钮，打开“交换元件”对话框，在对话框中选择影片剪辑“字幕 3”，然后单击“确定”按钮。
31. 选择元件，打开“对齐”面板，单击“水平中齐”按钮。
32. 按照上边的方法，按顺序将其他字幕都添加到相应的帧中。
33. 完成所有字幕的制作后，选择“控制”/“测试影片”命令，或者直接使用快捷键 Ctrl + Enter 测试影片，看看字幕是否能够与声音同步。
34. 保存影片文件。

4.3.2　加入背景音效

前边一个例子介绍了如何制作同步字幕，这在以后的制作中，不管是音乐还是影视片段的制作都会用到。在本实例中仅是做了旁白和字幕，动画在播放时还是感觉少了点什么，整部动画影片很“干”。所以还需要给动画影片加加“湿”。

这里加“湿”的方法不是别的，就是为影片添加一些背景音乐及音效，使动画影片更为生动。

操作指南　为影片添加背景音乐及音效

1. 打开前边添加同步字幕的影片文件。
2. 在所有图层上方新建一个图层，命名为“背景音乐”。
3. 选择图层“背景音乐”的第 1 帧，打开“属性”面板，从声音列表中选择“旁白背景 1”，如图 4-34 所示。
4. 单击“同步”选项类型列表，选择同步类型为“数据流”，如图 4-35 所示。

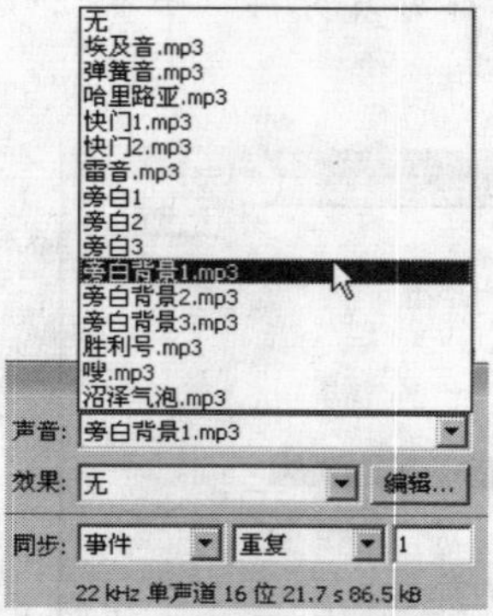

图 4-34　添加“旁白背景 1”

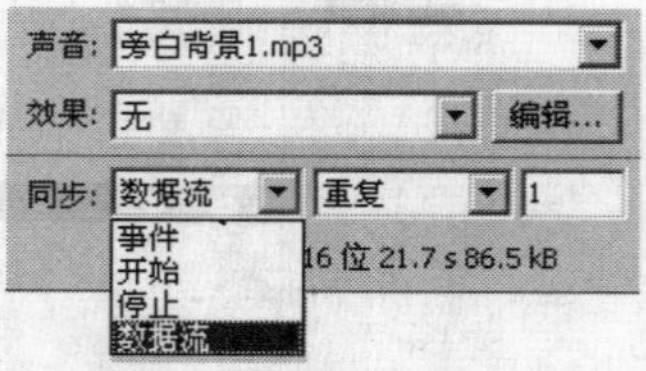

图 4-35　设置同步类型

5. 在图层“背景音乐”的第 670 帧插入关键帧。打开“属性”面板，选择“声音”为“旁白背景 2”，同步类型设置为“数据流”，如图 4-36 所示。

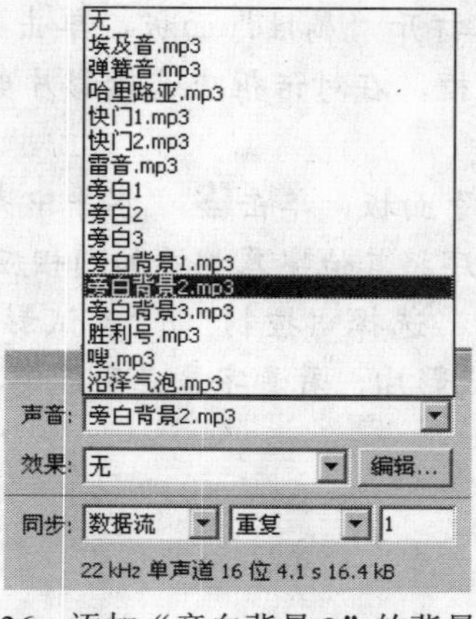

图 4-36　添加“旁白背景 2”的背景音乐

6. 在图层第 980 帧处插入关键帧，打开“属性”面板，选择声音为“埃及音”，设置同步类型为“数据流”，重复两次，如图 4-37 所示。

图 4-37　添加“埃及音”

做到这里时，细心的读者会发现新添加的“埃及音”要比旁白的音量大一些，需要做一些修改，还有就是“埃及音”的开始和结束音量也不适合在这个位置播放，所以同样需要进行一下修改。步骤如下：

7. 选择含有“埃及音”的帧，打开“属性”面板，单击“效果”后边的

“编辑声音封套”按钮，打开“编辑封套”对话框，如图 4-38 所示。

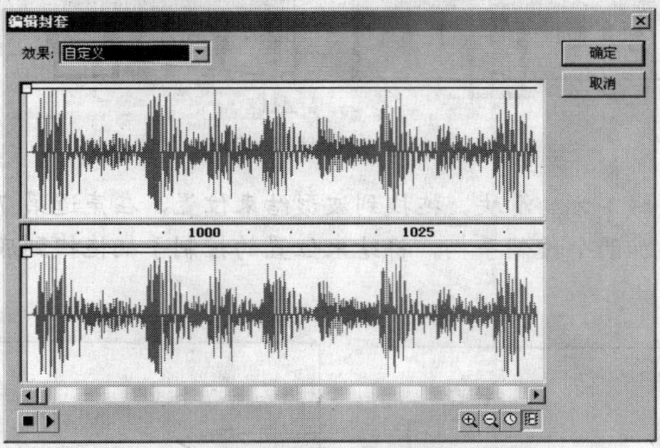

图 4-38　编辑“埃及音”声音封套

8. 先将两个声道中波形两端的控制手柄都拖拽到道下方，如图 4-39 所示。

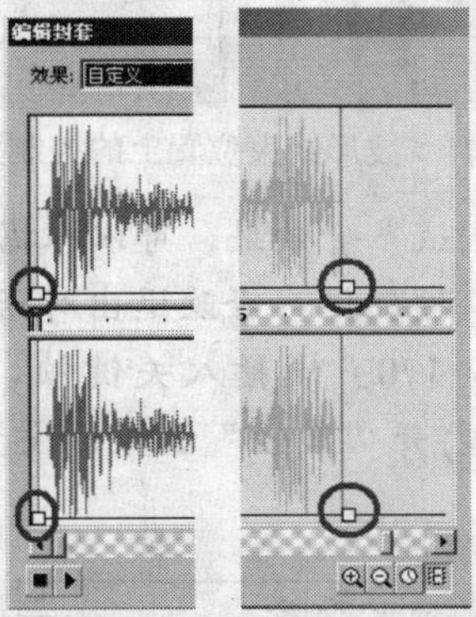

图 4-39　将两个声道手柄拖到底部

知识讲解

在拖动声道下方的滑块时会发现，声道中的波形被分为了两段，一段是正常的白底灰色波形，另一段则都是灰的。这是由于在“属性”面板中设置了重复两次的原因，全是灰色的部分就是重复部分的。

9. 回到波形图开始位置，在控制手柄后边的走势线第 50 帧的位置上单击，添加一个控制手柄，将两个声道中的新添加的控制手柄向上拖拽到波形图中间偏下的位置，如图 4-40 所示。

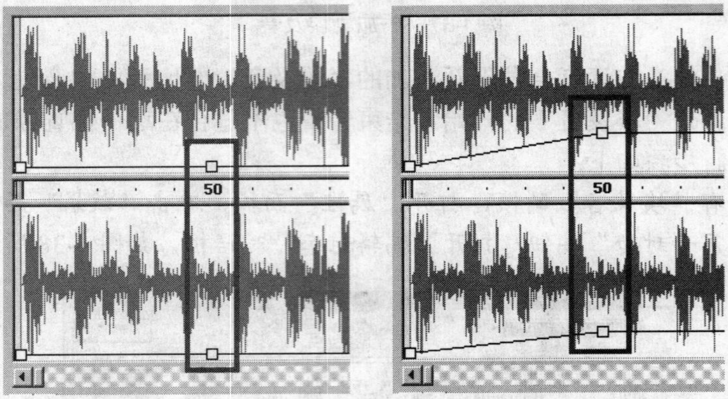

图 4-40　添加控制手柄

10. 拖拽声道区域下方的滑块，拖拽到波形结束位置，在声道第 750 帧和波形结束位置上添加两个控制手柄。将结束位置的控制手柄拖拽到底部，如图 4-41 所示。

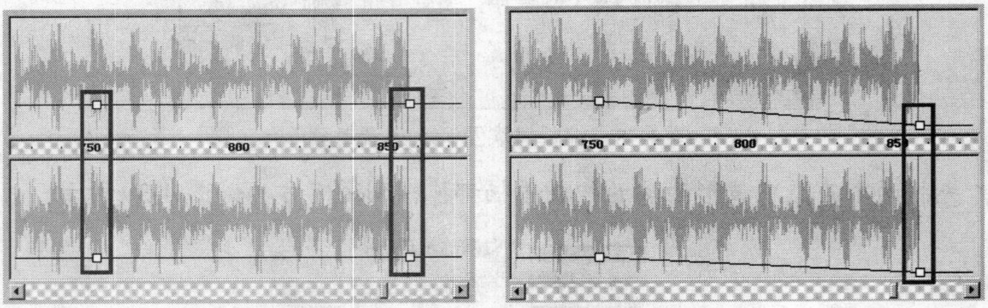

图 4-41　波形结束位置上的控制手柄

11. 单击“播放”按钮，测试声音效果，可以根据需要再进行一下调整，如果没问题了就单击“确定”按钮保存修改退出对话框。

12. 在图层“背景音乐”第 1700 帧插入关键帧，从“库”中将“旁白背景 3.mp3”拖拽到舞台上。打开“属性”面板，设置同步类型为“数据流”，重复 1 次，如图 4-42 所示。

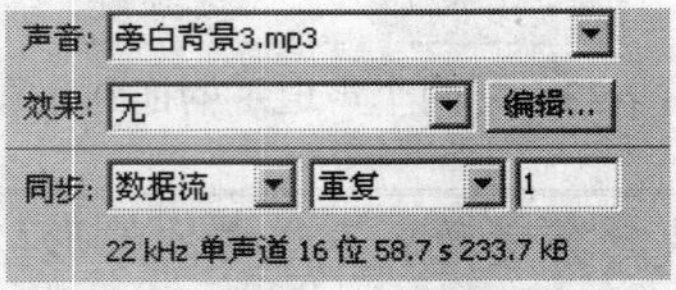

图 4-42　添加“旁白背景 3”音乐

背景音效的添加就写到这里，其实这个实例的音效并没有完全添加完毕，因为除了背景音乐之外，在动画中一些动画的音效是可以随意添加的，书中提供了几个音效素材，读者还可以根据自己的喜好从网上下载相关的音效素材。

4.3.3　简易音乐播放器

通过对前边内容的学习，已经了解了如何在 Flash 影片中添加声音音效，以及如何对导入 Flash 中的声音进行编辑。下面再介绍一个综合实例的制作过程，将 Flash 影片动画的基本制作方法加以巩固。

操作指南　简易音乐播放器

1. 打开 Flash 软件，新建一个 Flash 文档，在舞台上单击鼠标右键，选择“文档属性”，打开“文档属性”对话框。
2. 设置尺寸大小为“400 × 550” px，背景颜色设置为天蓝色（#00CCFF），帧频为 12fps，如图 4-43 所示。

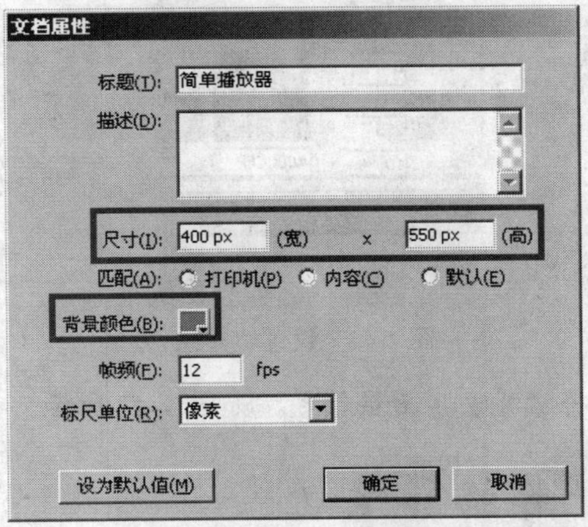

图 4-43　设置 Flash 文档属性

- **背景制作**

3. 修改图层 1 的名称为“背景”，在舞台上使用“矩形工具”按钮绘制一个与舞台大小相等的矩形，设置笔触为无色，颜色随意。
4. 打开“对齐”面板，单击“垂直中齐”和“水平中齐”按钮，使矩形与舞台重合，如图 4-44 所示。
5. 打开“混色器”面板，选择“填充颜色”，设置类型为“线性”，渐变色为天蓝色（#00CCFF）到白色再到天蓝色（#00CCFF），如图 4-45 所示。
6. 单击工具箱中的“颜料桶工具”按钮，将渐变色填充到矩形上，选择“填充变形”工具，调整矩形的渐变色，如图 4-46 所示。

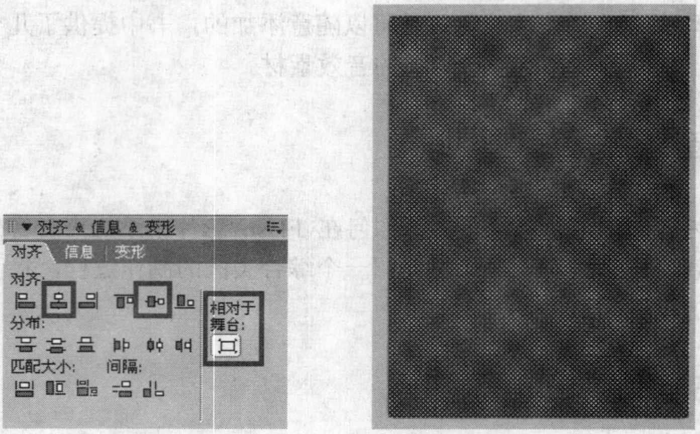

图 4-44　将矩形对齐到舞台

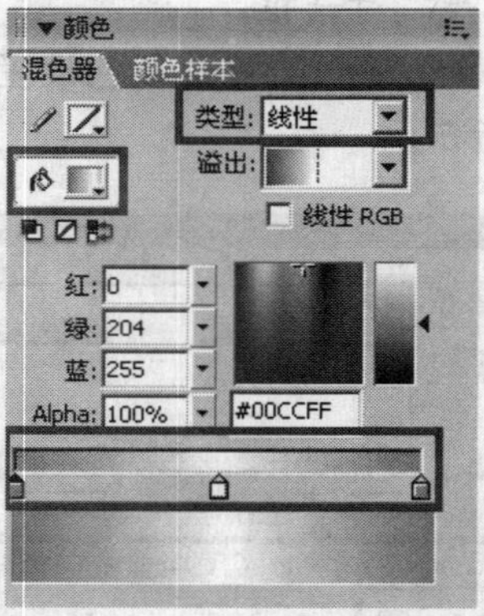

图 4-45　设置填充色

7.　效果调整好后，将“背景”图层锁定，如图 4-47 所示。

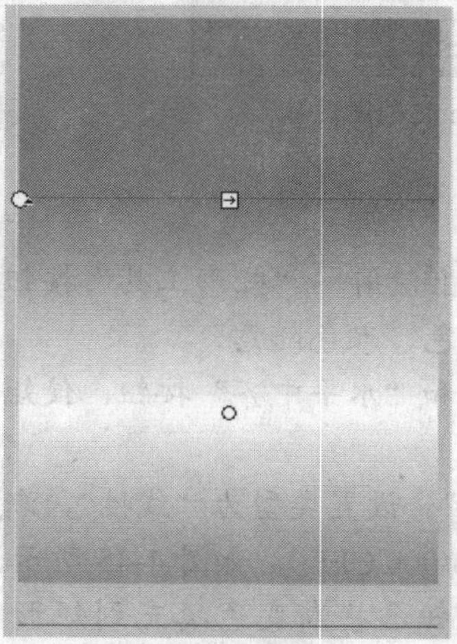

图 4-46　添加渐变色

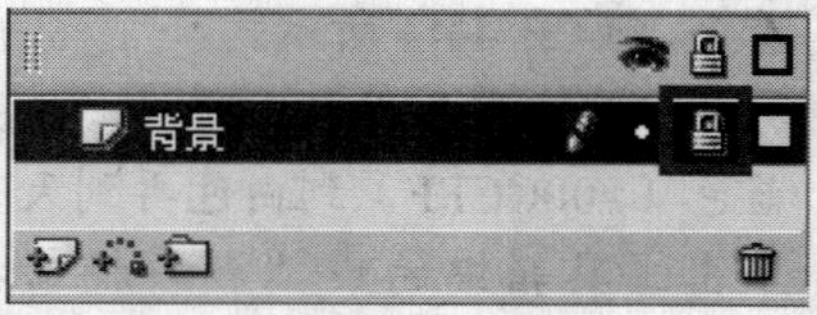

图 4-47　锁定图层

● 播放器面板的制作

8. 单击图层面板上的"插入图层"图标，新建一个图层，命名为"播放器"。
9. 选择"矩形工具"，单击"边角半径设置"，打开"矩形设置"对话框，设置边角半径为 15，单击 确定 按钮关闭对话框，如图 4-48 所示。

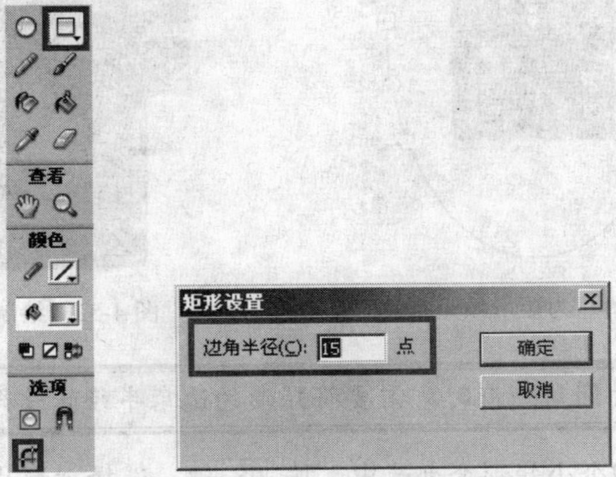

图 4-48　设置边角半径

10. 设置笔触色为无色，填充色随意，在舞台上绘制一个宽为 194，高为 291 的矩形，如图 4-49 所示。
11. 打开"混色器"面板，选择"填充颜色"，设置类型为"放射状"，渐变色为红色（#FF0000）到暗红色（#990000）再到深红（#A00101），如图 4-50 所示。

图 4-49　绘制圆角矩形

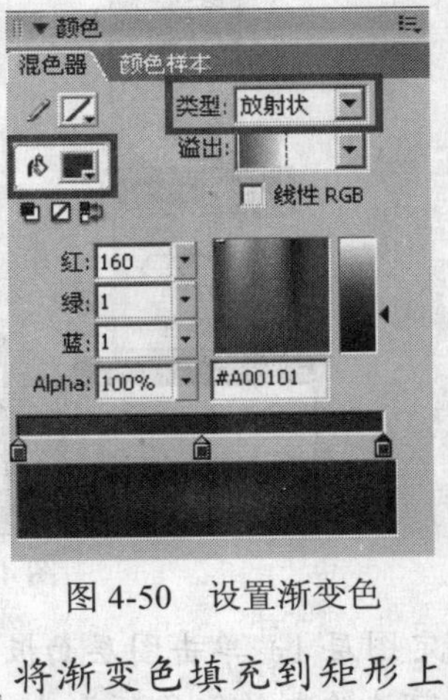

图 4-50　设置渐变色

12. 单击工具箱中的"颜料桶工具"按钮，将渐变色填充到矩形上，选择"填充变形"工具，调整矩形的渐变色，如图 4-51 所示。
13. 将矩形转换为影片剪辑元件，命名为 skin。双击 skin 元件，进入元件的编辑场景，在矩形左上角再绘制四个小的圆角矩形，颜色为暗红色（#990000），如图 4-52 所示。

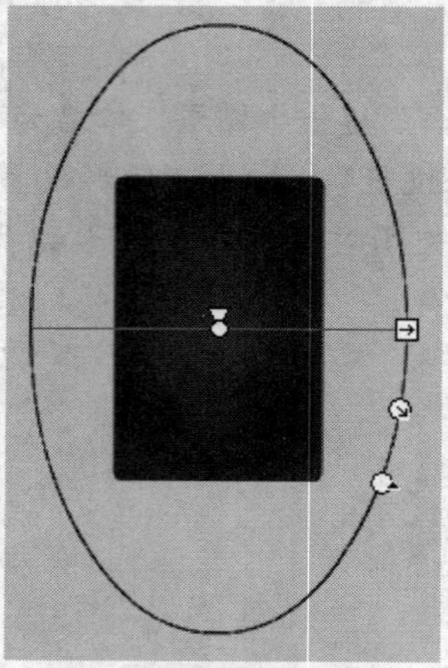
图 4-51　为矩形填充颜色

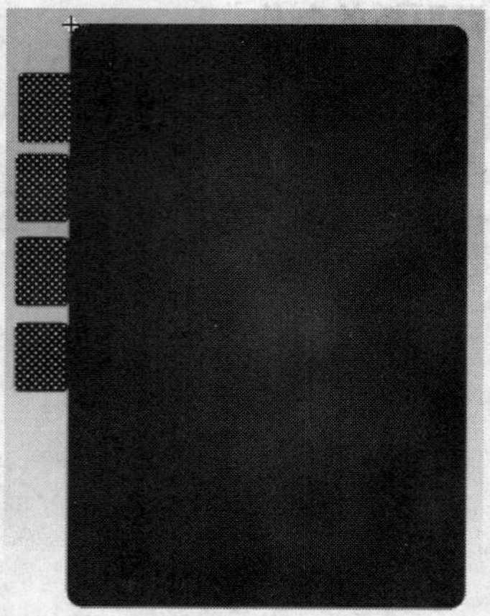
图 4-52　绘制小圆角矩形

注意 在绘制小的圆角矩形时，需要将矩形的边角半径修改得小一些。

14. 将大矩形与四个小矩形全部选中，按 F8 键，选择“影片剪辑”元件，命名为 skin-1，单击 确定 按钮。
15. 选择 skin-1 元件，打开“滤镜”面板，为元件添加“发光”滤镜，“模糊 X”为 12，“模糊 Y”为 10，“强度”为 137%，“品质”为“高”，颜色为大红色（#FF0000），如图 4-53 所示。

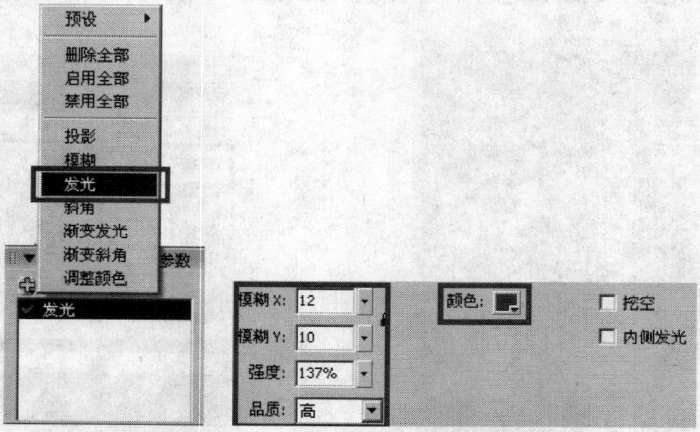

图 4-53　设置“发光”滤镜

16. 锁定图层 1，单击图层面板上的“插入图层”图标，新建一个图层。
17. 在前边绘制的红色矩形上方再绘制一个带有轮廓的圆角矩形，同样角度为 15，颜色随意，如图 4-54 所示。
18. 选中绘制的矩形，打开“属性”面板，设置“笔触”为极细。将矩形转换成影片剪辑，命名为 skin-2。
19. 双击 skin-2 元件进入元件编辑场景。

图 4-54　在图层 2 中绘制矩形

20. 鼠标单击选中矩形的填充色部分，打开“混色器”面板，选择“填充颜色”，设置类型为“线性”，渐变色为深灰色（#333333）到灰色（#666666）再到深灰色（#333333），如图 4-55 所示。
21. 鼠标单击选中矩形的边框部分，打开“混色器”面板，选择“笔触颜色”，设置类型为“线性”，渐变色为深灰色（#333333）到白色（#FFFFFF）再到深灰色（#333333），如图 4-56 所示。

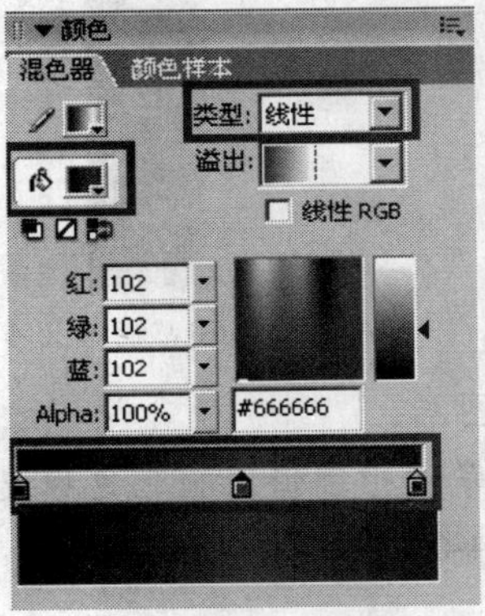

图 4-55 设置填充渐变

图 4-56 设置笔触渐变

22. 单击工具箱中的“填充变形工具”按钮，分别调整填充色和四条边框的填充色，如图 4-57 所示。

图 4-57　调整渐变后的矩形

23. 单击标签栏的 skin 标签，切换到 skin 元件编辑场景，如图 4-58 所示。
24. 在图层 2 上方插入一个新图层，在舞台中，在元件 skin-2 下方位置绘制一个与 skin–2 一样的带边框圆角矩形，将填充色类型改为“纯色”，颜色为暗灰色（#333333），如图 4-59 所示。

图 4-58　单击 skin 标签

25. 锁定图层 3，在图层 3 上方插入一个新图层，选择“文本”工具，在舞台小矩形上分别输入“1”到“4”四个数字，字体为 Despair，大小为 20，颜色为白色，如图 4-60 所示。

图 4-59　新建的圆角矩形

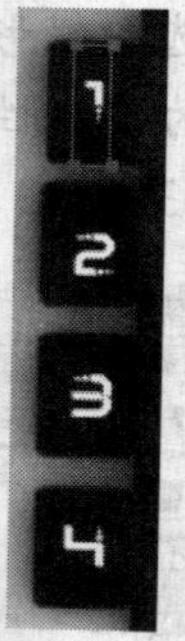

图 4-60　输入文本

26. 锁定图层 4，在图层 4 上方插入一个新图层。
27. 在舞台中，在大矩形的右上角绘制一个带边框圆形，将它也填充上深灰渐变色，在圆中间绘制一个“X”形，如图 4-61 所示。

图 4-61　绘制带边框圆形

28. 锁定图层 5，在图层 5 上方插入一个新图层。
29. 在舞台上，在 skin-2 上绘制一个圆角矩形，颜色随意，如图 4-62 所示。

图 4-62　绘制圆角矩形

30. 打开“混色器”面板，选择“填充颜色”，设置类型为“线性”，渐变色为白色到透明度为 0 的白色，如图 4-63 所示。
31. 单击工具箱中的 “填充变形工具”按钮，调整矩形填充色，如图 4-64 所示。

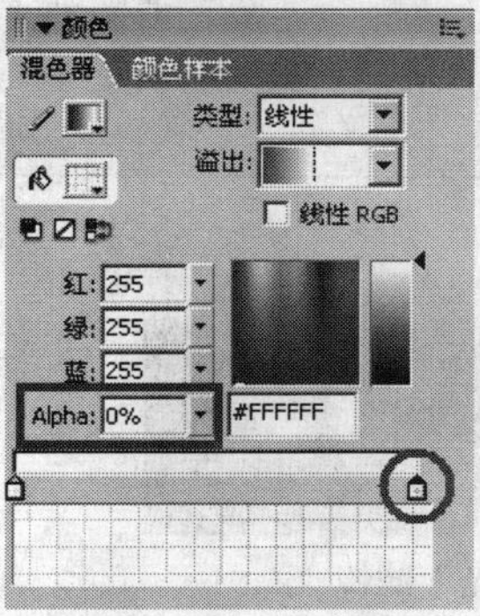

图 4-63　设置渐变色

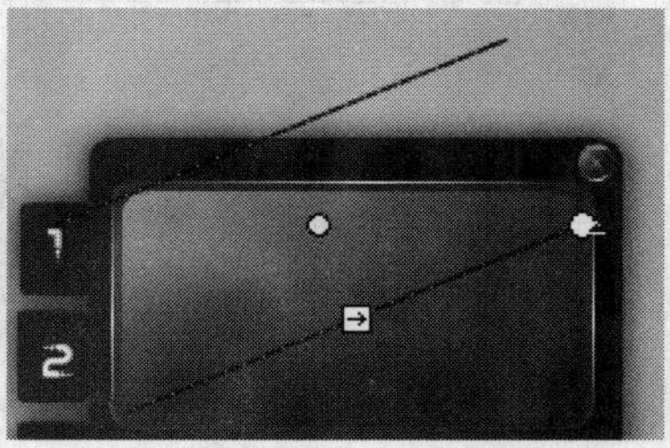

图 4-64　调整矩形填充色

32. 将矩形再复制一个，移动到下方的矩形上方，调整其效果如图 4-65 所示。

图 4-65　制作高光位置

33. 锁定图层 6，在图层 6 上方插入一个新图层。
34. 在舞台上使用“文本”工具输入“MP3 PLAYER”字样，字体为 Despair，字体大小为 15，颜色为暗红色（#A40000）。
35. 将文字移动到播放器顶部中央位置。将文字转换为影片剪辑，命名为 Mp3player，如图 4-66 所示。

图 4-66　Mp3player 元件

36. 单击 Mp3player 元件，打开“滤镜”面板，添加“发光”滤镜，设置如图 4-67 所示。

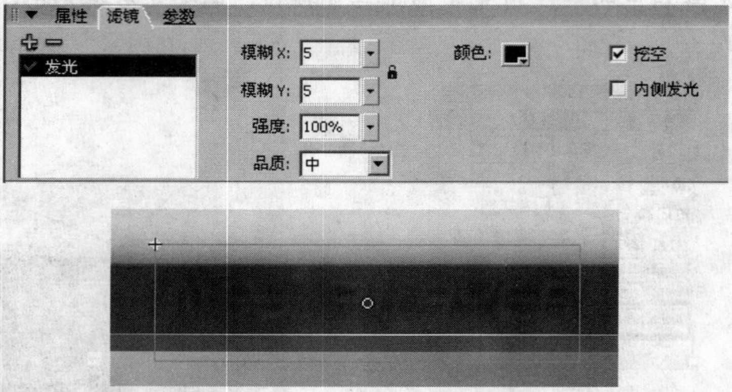

图 4-67 设置“发光”滤镜

- **制作倒影**

37. 单击标签栏上的“场景 1”，回到主舞台场景。
38. 在“播放器”图层上方插入一个新图层，改名为“倒影”。
39. 将 skin 元件拖到舞台上，选择“修改”/“变形”/“垂直翻转”命令，并将其移动到“播放器”图层中元件的下方做垂直缩放，效果如图 4-68 所示。

图 4-68 两图层元件的位置

40. 在舞台上绘制一个无边框矩形，填充白色到蓝色（#00CCFF）的渐变，其中白色透明度（Alpha）为 50%，如图 4-69 所示。
41. 将矩形转换成影片剪辑元件，并移动到倒影图形上方，如图 4-70 所示。
42. 在已经创建的所有图层第 5 帧中插入普通帧，如图 4-71 所示。

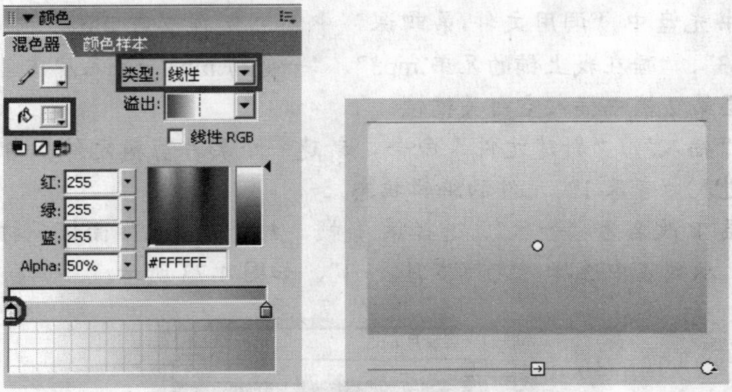

图 4-69 设置矩形渐变色

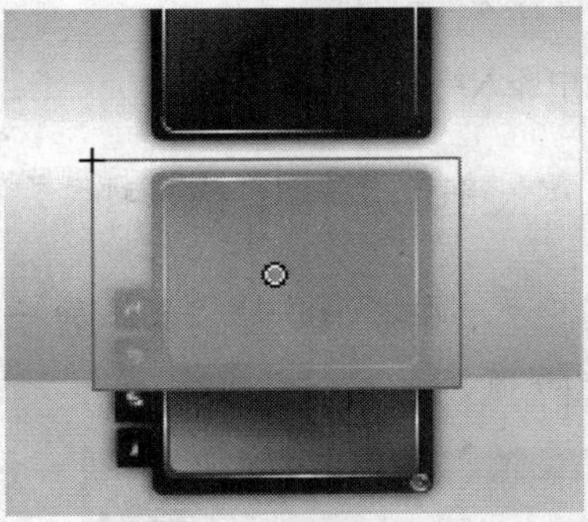

图 4-70 制作倒影

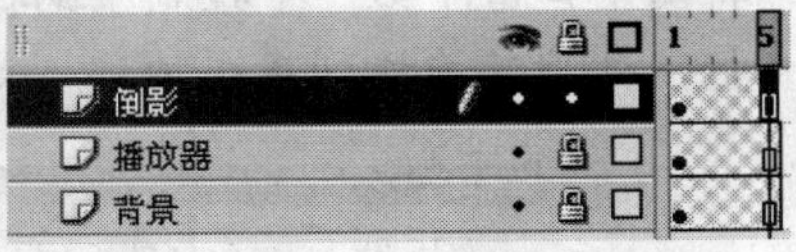

图 4-71 在第 5 帧中插入普通帧

43. 锁定"倒影"图层，在"倒影"图层上方插入一个新图层，命名图层为"目录"。

44. 在第 1 帧中输入如图 4-72 所示的文本。在图层第 2 帧中插入空白关键帧。锁定"目录"图层。

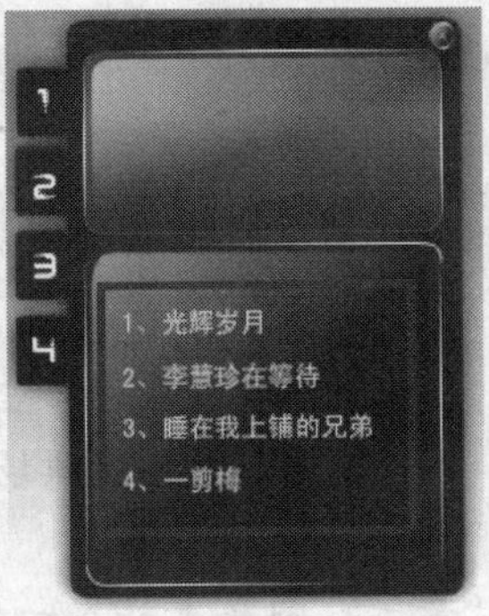

图 4-72 输入"目录"文本

- **制作音乐剪辑元件**

45. 在"目录"图层上方插入一个新图层，命名为"音乐"。

46. 将随书光盘中“调用文件/第四课”中的“光辉岁月.mp3”、“李慧珍在等待.mp3”、“睡在我上铺的兄弟.mp3”、“一剪梅.mp3”导入库中。
47. 在图层第 2 帧中插入空白关键帧。
48. 选择“插入”/“新建元件”命令，新建一个影片剪辑元件，命名为“音乐 1”，进入“音乐 1”元件的编辑状态。
49. 将图层 1 改名为“音乐”，选择第 1 帧，打开“属性”面板，打开“声音”选项，从列表中选择“光辉岁月.mp3”，如图 4-73 所示。

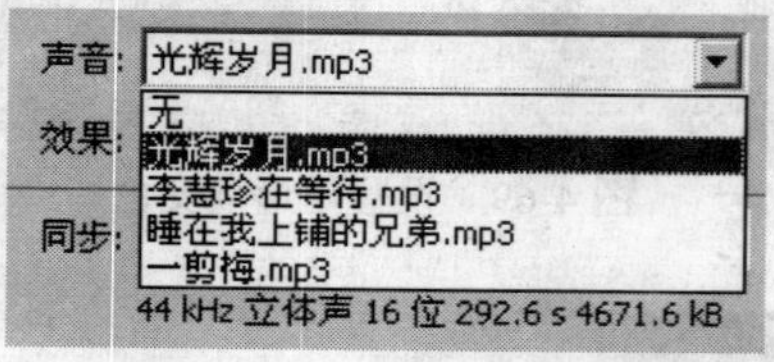

图 4-73　在帧中插入声音

50. 选择“同步”为“数据流”，重复 1 次。单击 编辑... “编辑封套”按钮，打开“编辑封套”对话框。
51. 将两个声道中第一个控制手柄拉到最下方，在第 100 帧位置添加一个控制手柄，并将其拖拽到声道顶部，如图 4-74 所示。

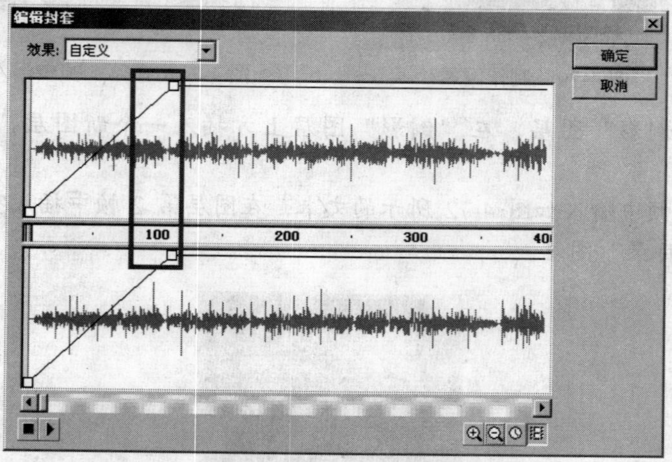

图 4-74　编辑“光辉岁月.mp3”声音封套

52. 单击 确定 按钮，回到“音乐 1”元件编辑场景。在“音乐”图层第 3516 帧插入空白关键帧。
53. 锁定“音乐”图层。在“音乐”图层上插入一个新图层，命名为“标签”。
54. 按 Enter 键预览音乐，在“标签”图层歌词切换的位置插入一个空白关键帧，并添加帧标签，如图 4-75 所示。
55. 锁定“标签”图层，在图层上插入一个新的图层，命名为“歌词”。

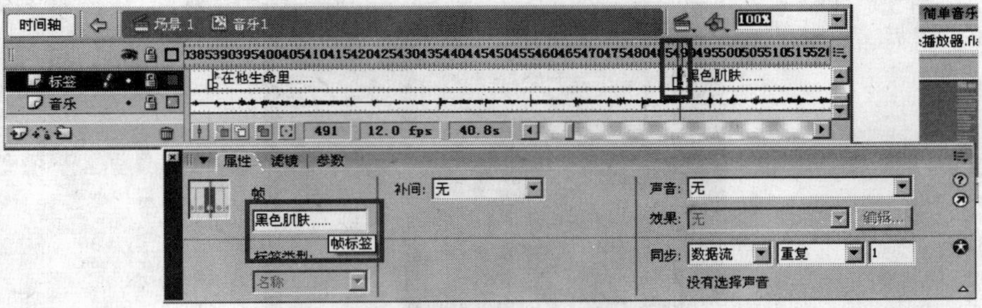

图 4-75　标记歌词位置

56. 使用“文本”工具，输入歌曲“光辉岁月”的歌词，字体为 Despair，字号为 12，颜色为灰色（#CCCCCC）。将歌词转换为影片剪辑元件，命名为“光辉岁月歌词”，如图 4-76 所示。

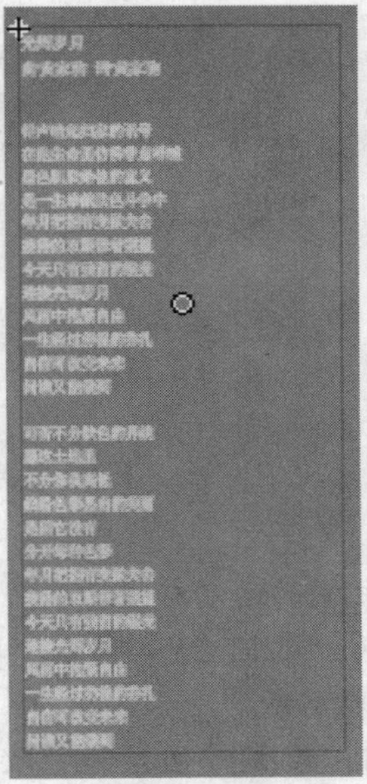

图 4-76　“光辉岁月歌词”元件

57. 在“属性”面板中，将“光辉岁月歌词”元件的坐标“X”和“Y”设置为 0。
58. 单击“场景 1”标签，回到主舞台场景，选择“音乐”图层第 2 帧，将“音乐 1”元件拖拽到舞台上，移动到“播放器”下方的灰色矩形上，如图 4-77 所示。
59. 再次双击“音乐 1”元件，进入“音乐 1”元件编辑场景。
60. 选择“歌词”图层第 1 帧中的元件，参照背景中的“播放器”，将元件垂直向下移动到“播放器”下方位置，如图 4-78 所示。
61. 在“歌词”图层第 1983 帧插入关键帧，选择第 1983 帧中的元件，将“歌词”垂直向上移动，将歌词结束位置移到“播放器”下方位置，如图 4-79 所示。

图 4-77　“音乐 1”在主场景中的位置

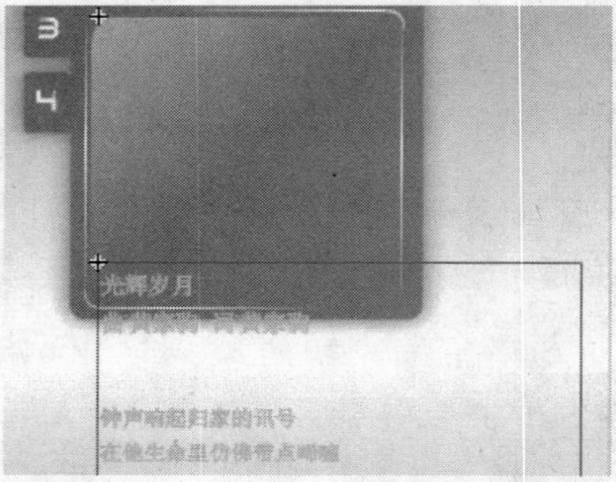

图 4-78　“歌词”元件在第 1 帧中的位置

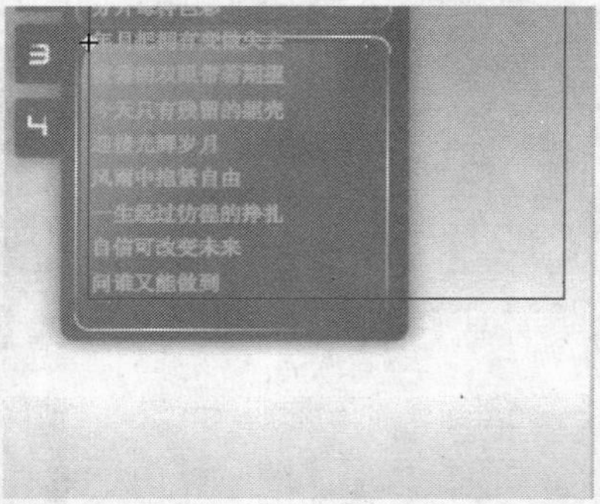

图 4-79　“歌词”元件在第 1983 帧中的位置

62. 创建第 1 帧到第 1983 帧之间的运动补间动画。
63. 新插入一个图层，命名为“歌词 2”，复制“歌词”图层中的所有帧，在“歌词 2”图层第 1 帧中粘贴帧。
64. 锁定“歌词 2”图层，在“歌词”图层和“歌词 2”图层之间插入一个图层，命名为 mask。
65. 在 mask 图层中，在与“标签”图层中第一个标签相对应的位置插入关键帧。
66. 使用矩形工具绘制一个矩形长条，将相对应的歌词挡住，颜色为绿色。将矩形转换成影片剪辑元件，命名为“彩条”。选择“任意变形”工具，将注册点移动到左侧，如图 4-80 所示。
67. 在 mask 图层与“标签”图层第二个标签的前一帧相对应的帧中插入关键帧，选择帧中的元件。将元件上移，挡住在开始时挡住的歌词，如图 4-81 所示。
68. 选择 mask 图层第一标签位置上的元件，使用“任意变形”工具，将其向左侧缩小，如图 4-82 所示。
69. 创建第一标签位置帧到第二标签位置前一帧之间的运动补间动画。

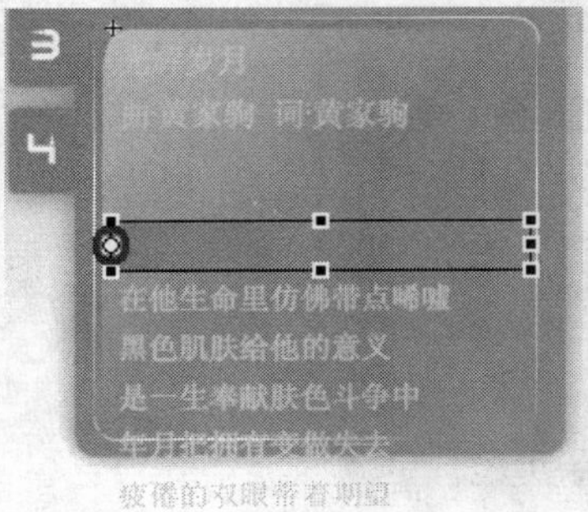

图 4-80　绘制遮罩彩条

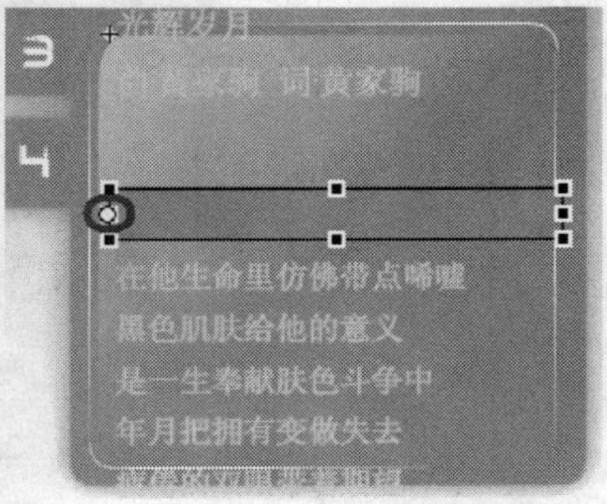

图 4-81　彩条位置

70. 再使用相同方法制作第二标签位置帧到第三标签位置前一帧之间的第二句歌词的彩条遮罩，依此类推，直到将所有的歌词遮罩制作完成。

71. 选择图层“歌词 2”，在图层名称上单击右键，在下拉菜单选择“遮罩层”，如图 4-83 所示。

图 4-82　缩小彩条元件

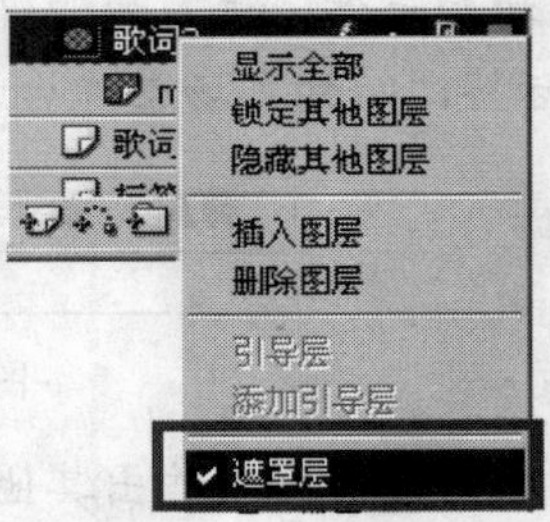

图 4-83　设置图层遮罩

72. 单击场景 1，回到主舞台场景。在“音乐”图层第 3 帧中插入空白帧。新建一个影片剪辑元件，命名为“音乐 2”，按照元件“音乐 1”的制作方法制作出第二首歌的元件，放到主场景舞台，放到“音乐”图层第 3 帧中，然后以相同的方法再制作出第 4 帧、第 5 帧的另外两首歌的元件。

73. 选择“音乐”图层第 2 帧，打开“属性”面板，为帧添加帧标签“no1”；选择“音乐”图层第 3 帧，打开“属性”面板，为帧添加帧标签“no2”；选择“音乐”图层第 4 帧，打开“属性”面板，为帧添加帧标签“no3”；选择“音乐”图层第 5 帧，打开“属性”面板，为帧添加帧标签“no4”。“音乐”图层如图 4-84 所示。

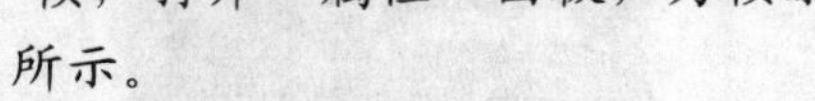

图 4-84　“音乐”图层

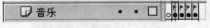

74. 锁定“音乐”图层，在其上方插入一个新的图层，命名为“音乐 mask”。

75. 在第 1 帧中使用矩形工具绘制一个与播放器下方灰矩形大小差不多的无边框矩形，颜色随意，如图 4-85 所示。

图 4-85　绘制矩形

76. 右键单击“音乐 mask”图层名称，在下拉列表中选择“遮罩层”。锁定图层，在“音乐 mask”图层上插入一个图层，命名为“按钮”。
77. 使用矩形工具在舞台中“播放器”左侧第一个小矩形上绘制一个矩形，颜色随意。按 F8 键将其转换为按钮元件。
78. 双击按钮元件，进入按钮编辑场景，将第 1 帧拖拽到最后一帧，单击“场景 1”标签，回到主场景舞台，如图 4-86 所示。

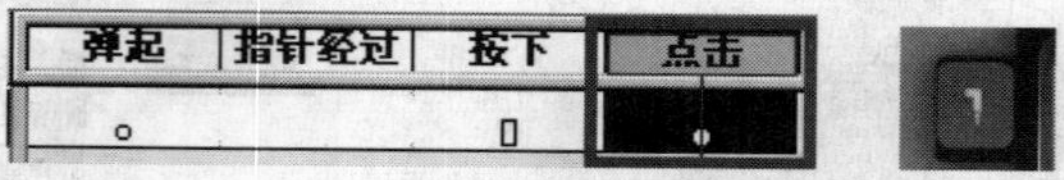

图 4-86　编辑按钮元件

79. 使用相同方法再制作出其他三个小标签的按钮，以及目录文本上方的字体和“播放器”右上角的“X”号上的按钮。效果如图 4-87 所示。

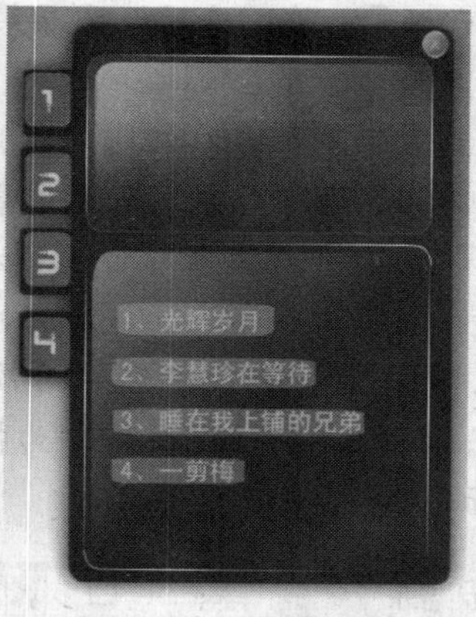

图 4-87　“播放器”上的按钮

80. 右键单击“1”号标签上的按钮，在下拉列表中选择“动作”命令，打开“动作”面板，在面板中输入如图 4-88 所示的代码。
81. 将该段代码也添加到“播放器目录”中“光辉岁月”位置上的按钮中。
82. 打开“动作”面板，选择“2”号标签，在动作面板中输入如图 4-89 所示的代码。同样将该代码添加到“目录”中第二首歌上的按钮中。

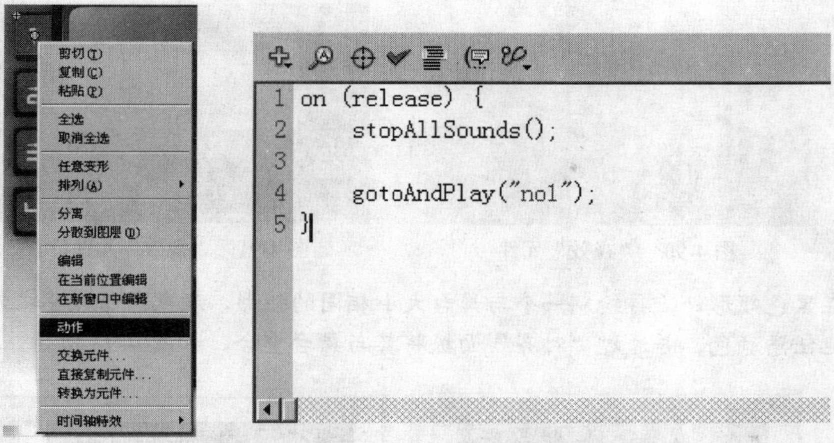

图 4-88　“1”号标签按钮中的代码

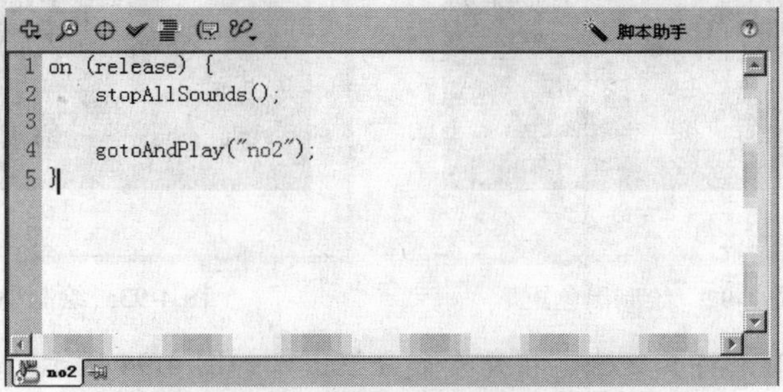

图 4-89　“2”号标签及目录第二首歌名按钮代码

83. 依此类推，将其他两个“标签”的按钮代码，以及“目录”上的按钮代码输入。

> **注意**　在输入代码时，一定要注意修改“gotoandplay()”中引号内帧标签。这样才能使影片正确跳转。

84. 在“按钮”图层第 2 帧插入关键帧，将原本属于“歌曲目录”部分的按钮删除。锁定“按钮”图层。
85. 在“按钮”图层上方新建一个图层，命名为“视效”。
86. 在“视效”图层第 2 帧插入关键帧。随个人喜好制作一个简单动画效果的影片剪辑。本案例中模仿正规播放器视效中的一种长条视效，如图 4-90 所示。
87. 将“视效”元件移到舞台中“播放器”上方的矩形区域中，如图 4-91 所示。
88. 再新建一个图层，命名为 As，在 1 至 5 帧中都插入空白关键帧，并在这五个帧中都添加上“stop();”代码。
89. 锁定 As 图层，在所有图层上方插入一个新的图层，命名为“幕”。
90. 将整个工作区缩放到 25%，在工作区中绘制一个无边框的黑色矩形，如图 4-92 所示。

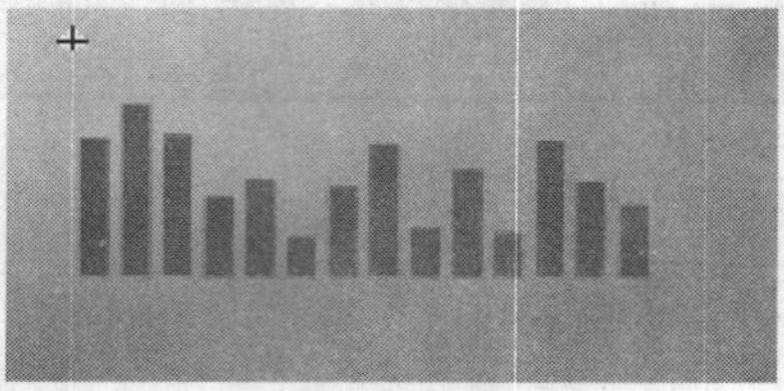

图 4-90 “视效”元件

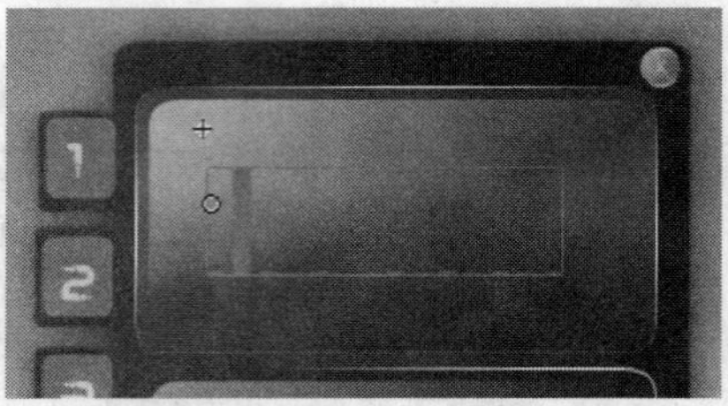

图 4-91 “视效”元件位置

91. 在黑色矩形外，再绘制一个与舞台大小相同的矩形，颜色用除黑色之外的其他任意颜色，并通过“对齐”面板将其与舞台重合，如图 4-93 所示。

图 4-92 绘制黑色矩形

图 4-93 绘制小矩形

92. 选择小矩形，将其删除，将舞台部分抠出，如图 4-94 所示。

图 4-94 抠出舞台

93. 保存文档，完成制作。

4.4 本课小结

本课主要学习在 Flash 中如何导入、添加声音对象，以及如何编辑声音对象。通过几个实例的制作，读者充分地学习了在 Flash 中声音的相关知识和操作。

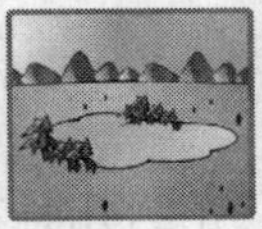

第五课

商用动画设计之应用篇

主要内容

- Flash 广告条
- Flash 网页导航栏的制作
- Flash 表情动画
- Flash 贺卡
- 本课小结

每一部好的 Flash 作品都会有它的商业价值，其商业用途很广泛，如产品展示、广告宣传、动画影片等。Flash 作品占用的资源少，被广泛地用于网页中，这也提升了 Flash 作品的商业价值。

本课中，我们将以网络作为平台，介绍几种在网络、网页中不同作用的 Flash 动画实例。通过本章实例的制作，起到一个抛砖引玉的作用，能让读者朋友了解更多这方面的知识。

5.1 Flash 广告条

Flash 作品在网页中最经常出现的方式就是广告，根据不同产品的不同要求，在网页中会有多个广告条。就如同在报纸、杂志上刊登的广告性质一样，Flash 动画作品的质量和尺寸大小与它的商业价值成正比。

下面就介绍一个时下比较热门的跑车广告条的制作过程。

操作指南 跑车广告条

- **使用 Photoshop 对素材图片进行处理**

1. 打开 Photoshop 软件，执行“文件”/“打开”命令，打开随书光盘中“调用文件/第五课/原图”中的 3 个图片，如图 5-1 所示。
2. 执行“文件”/“新建”命令，创建一个大小为 350×250 像素，分辨率为 300 像素/英寸的图像，如图 5-2 所示。

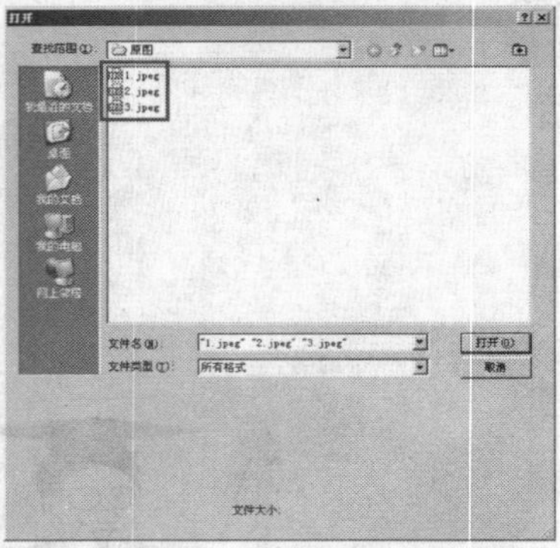

图 5-1 选择打开的图片

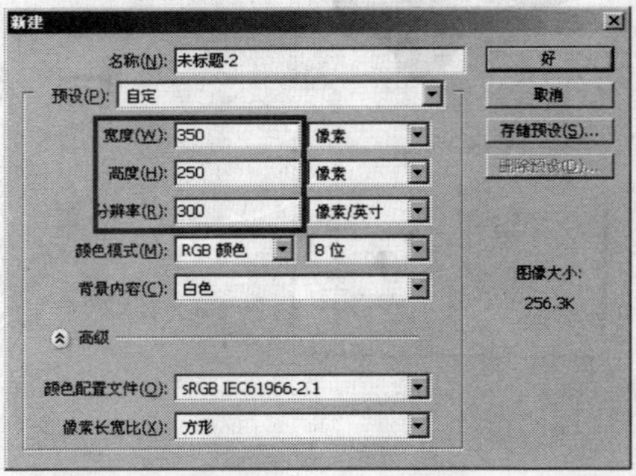

图 5-2 新建图像

3. 拖动其中的一个图像到新建的图像中，按 Ctrl + T 键调整图片大小到合适，调好后按 Enter 键确认，如图 5-3 所示。
4. 激活一个图像，在“图层”面板上选择图片所在的图层，单击“图层”面板上的 “创建新的填充或调整图层”按钮。在下拉列表中选择“曲线”选项，调整图片效果到合适，如图 5-4 所示。

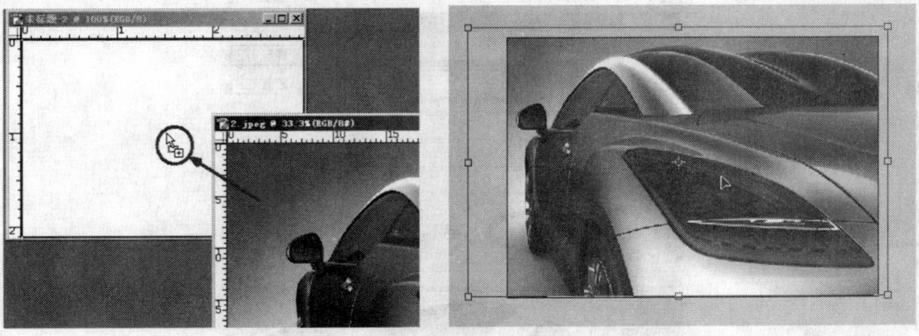

图 5-3　调整图形大小

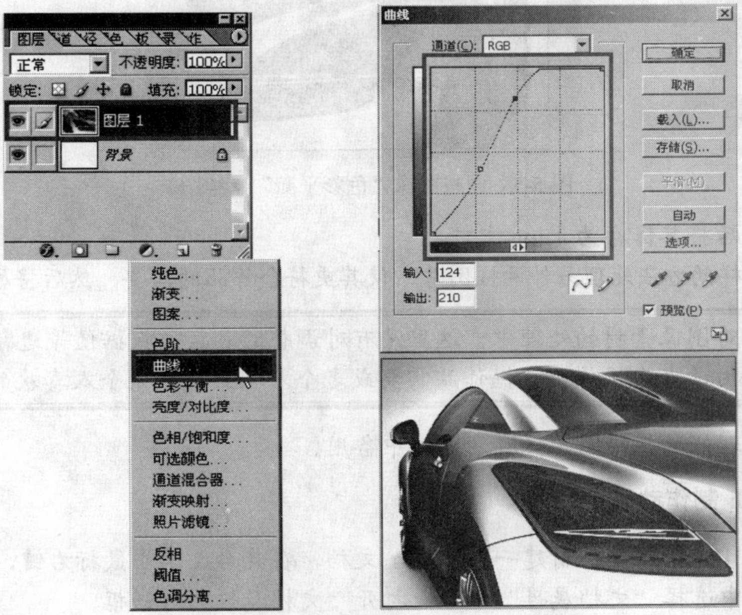

图 5-4　调整图像曲线

5.　调整好曲线后，单击 确定 按钮，关闭“曲线”对话框。

6.　选择图像所在图层，选择“色彩平衡”命令，调整图层，调整图像色彩到满意，如图 5-5 所示。

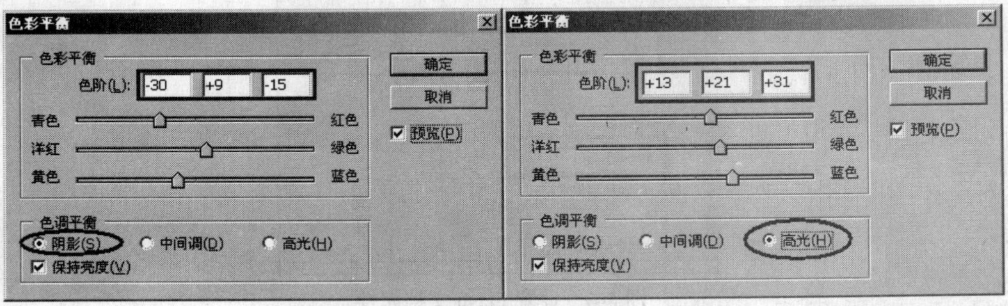

图 5-5　调整图像“色彩平衡”

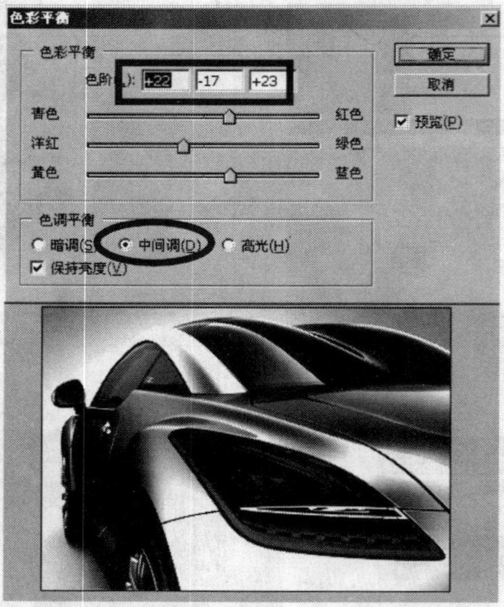

图 5-5　调整图像“色彩平衡”（续图）

7.　完成后将其保存为 1.jpg 文件。

8.　用同样的方法处理另外两幅图片，使其更符合作品的需要，然后将原图关闭。

> **注意**　在对图像素材的处理中，这里没有对调整的参数、数据值等进行硬性规定，完全由读者在操作中根据作品需要或者个人喜好来调制个人喜欢的风格。

9.　将处理好的三幅图片保存到电脑中备用。

- **使用 Flash 制作动画**

1.　打开 Flash 软件，新建一个 Flash 文档，在舞台上单击鼠标右键，在弹出的菜单中选择“文档属性”命令，打开“文档属性”对话框。

2.　设置尺寸为“350*250” px，帧频设置为 24fps，如图 5-6 所示。

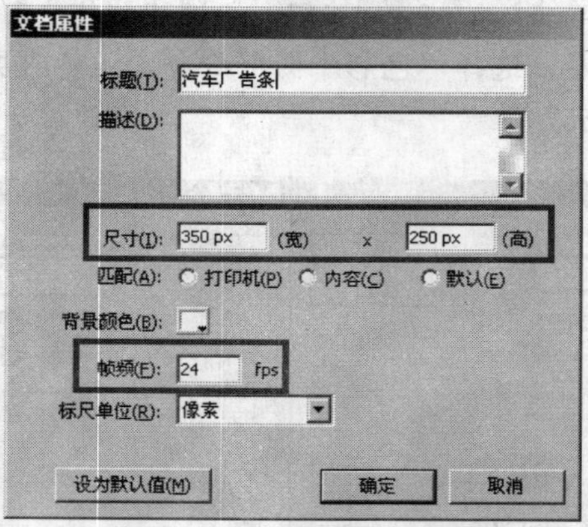

图 5-6　设置 Flash 文档属性

3. 设置好后，单击 确定 按钮，关闭对话框，执行“文件”/“导入”/“导入到库”命令，将前边处理好的三幅图片导入到库中。

4. 打开“库”面板，将黄色色调的图片拖拽到舞台上，打开“对齐”面板，使其与舞台重合，如图 5-7 所示。

图 5-7　拖拽图片到舞台

知识讲解 在制作时，可以利用“辅助线”将舞台的位置标示出来，然后再选择“视图”/“辅助线”/“锁定铺助线”命令，将辅助线固定，以方便在制作过程中使用。

5. 将图层 1 更名为 pic1，选择舞台上的图片，按 F8 键，将图片转换成影片，命名为 pic1。

6. 在第 5 帧和第 10 帧中插入关键帧，选择第 1 帧中的图片，打开“属性”面板，将“颜色”设置为“亮度 100%”，如图 5-8 所示。

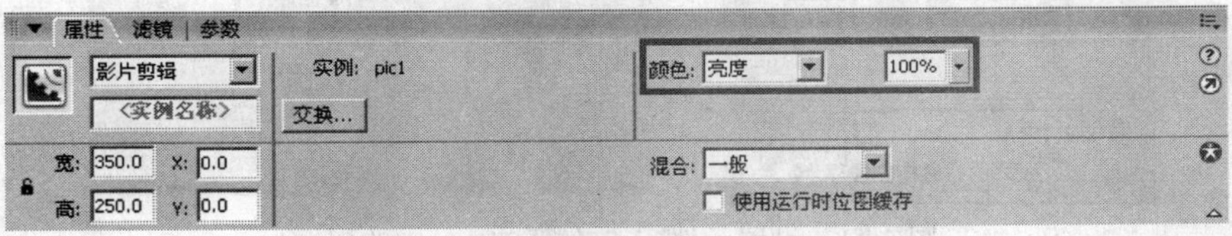

图 5-8　设置元件属性

7. 选择第 5 帧中的图片，打开“属性”面板，将“颜色”设置为“高级”，单击 设置... 按钮，打开“高级效果”对话框，将图片的大色调调成黄色，如图 5-9 所示。

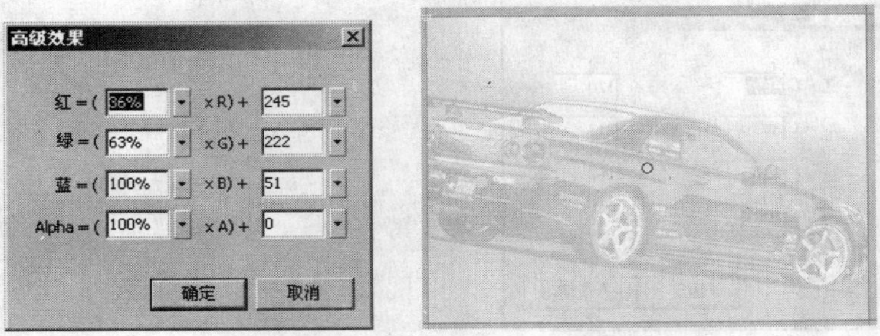

图 5-9　设置第 5 帧中的图片属性

8. 创建第 1 帧到第 5 帧再到第 10 帧之间的运动补间动画。在第 137 帧中插入普通帧。
9. 将图层 pic1 锁定，新建一个图层，命名为 pic2。在图层第 110 帧插入关键帧。
10. 打开“库”面板，将图库中底色为青色的图片拖拽到舞台上，打开“对齐”面板，使其与舞台重合，如图 5-10 所示。

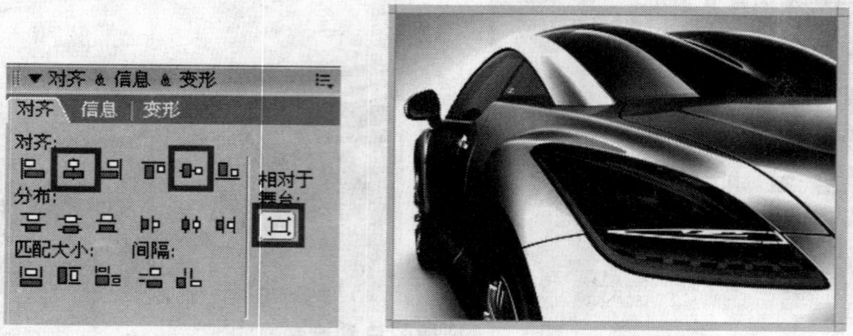

图 5-10　拖拽 pic2 到舞台

11. 选择舞台中的图片，按 F8 键，将图片转换成影片，命名为 pic2。
12. 在第 115 帧和第 120 帧中插入关键帧，选择第 110 帧中的图片，打开“属性”面板，将“颜色”设置为“亮度-82%”，如图 5-11 所示。

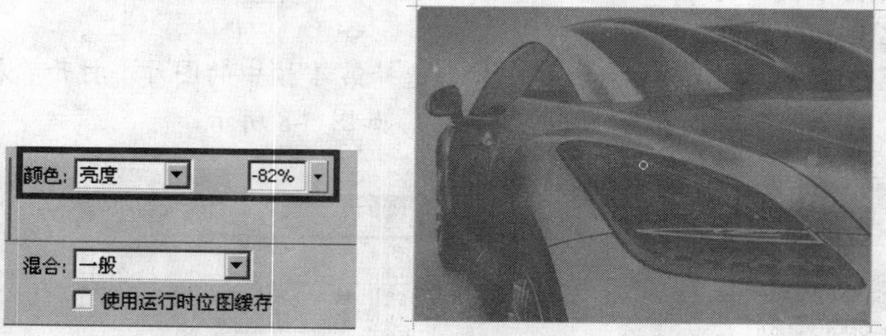

图 5-11　设置元件 pic2 在第 110 帧中的属性

13. 选择第 115 帧中的元件，打开“属性”面板，将“颜色”设置为“高级”，单击 设置... 按钮，打开“高级效果”对话框，将图片的大色调调成黄色，如图 5-12 所示。

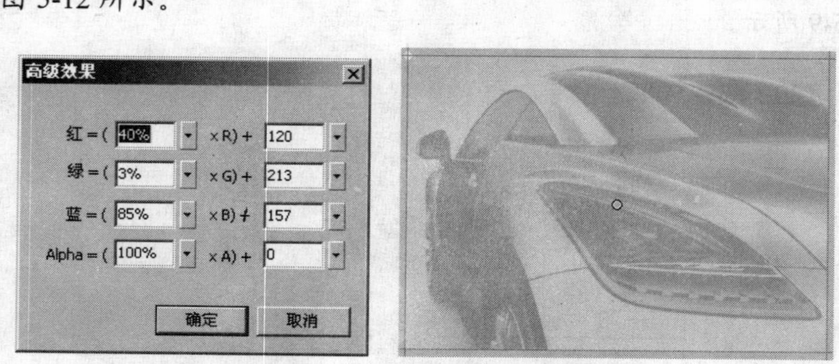

图 5-12　设置元件 pic2 在第 115 帧中的属性

14. 创建第 110 帧到第 115 帧再到第 120 帧之间的运动补间动画。在第 245 帧中插入普通帧。
15. 将图层 pic2 锁定，新建一个图层，命名为 pic3。在图层第 220 帧中插入关键帧。
16. 打开“库”面板，将图库中底色为灰色的图片拖拽到舞台上，打开“对齐”面板，使其与舞台重合，如图 5-13 所示。

图 5-13　拖拽 pic3 到舞台上

17. 选择舞台中的图片，按 F8 键，将图片转换成影片，命名为 pic3。
18. 在图层第 225 帧和第 230 帧上插入关键帧，选择第 220 帧中的图片，打开“属性”面板，将“颜色”设置为“亮度 87%”，如图 5-14 所示。

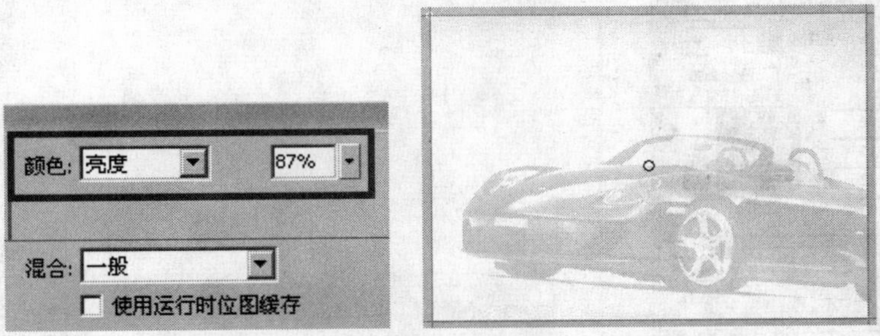

图 5-14　设置元件 pic3 在第 220 帧中的属性

19. 选择第 225 帧中的图片，打开“属性”面板，将“颜色”设置为“色调”，选择颜色为“灰色（#D4D0C8）”，色彩数量为 75%，如图 5-15 所示。

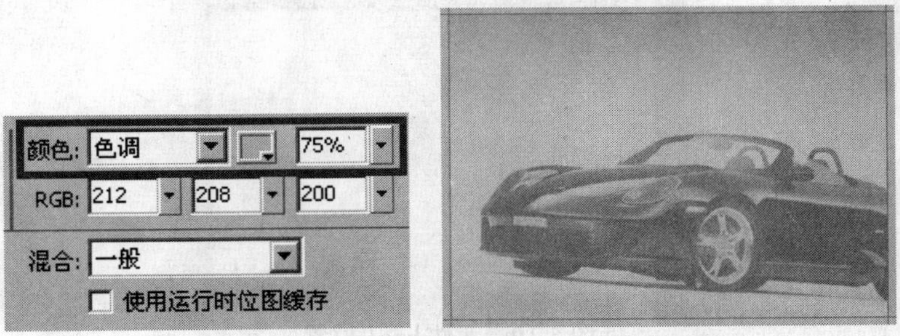

图 5-15　设置元件 pic3 在第 225 帧中的属性

20. 创建第 220 帧到第 225 帧再到第 230 帧之间的运动补间动画，在第 330 帧中插入普通帧。
21. 将图层 pic3 锁定，新建一个图层，命名为“上框”。
22. 单击工具箱中的“矩形工具”按钮，单击下方的“边角半径设置”按钮，打开“矩形设置”对话框，设置“边角半径”为 20 点，如图 5-16 所示。

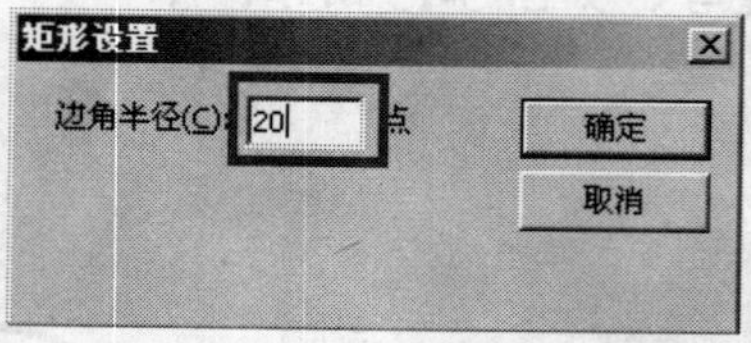

图 5-16　设置矩形边角半径

23. 在第 1 帧上绘制一个长为 365、高为 18 的无边框圆角矩形，颜色随意。
24. 选择绘制好的矩形图形，打开“混色器”面板，选择“填充色”，将“类型”设置为“线性”。设置渐变色为“橙色（#F3881D）”到“黄色（#FCD57A）”，如图 5-17 所示。
25. 单击工具箱中的“填充变形工具”按钮，调整矩形的渐变填充色，如图 5-18 所示。

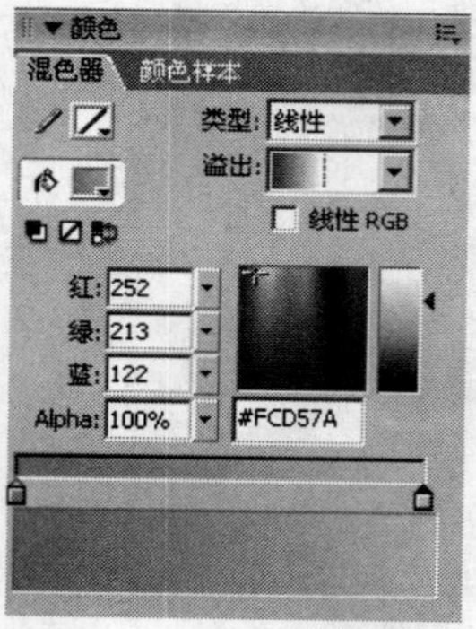

图 5-17　设置矩形渐变色

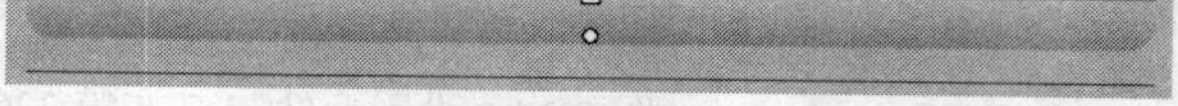

图 5-18　调整渐变色

26. 将矩形移到舞台上方并转换成图形元件，命名为 line1，如图 5-19 所示。

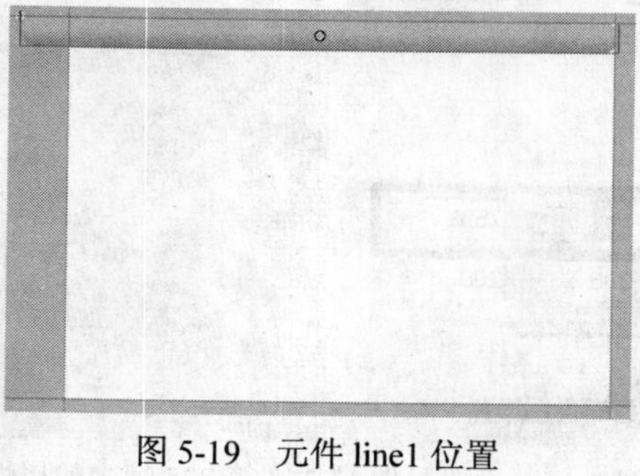

图 5-19　元件 line1 位置

27. 用同样的方法新建一个长条矩形，颜色设置为白色，透明度为 65%，将其转换成图形元件，命名为 line2，移到先前制作的黄色矩形上方，如图 5-20 所示。

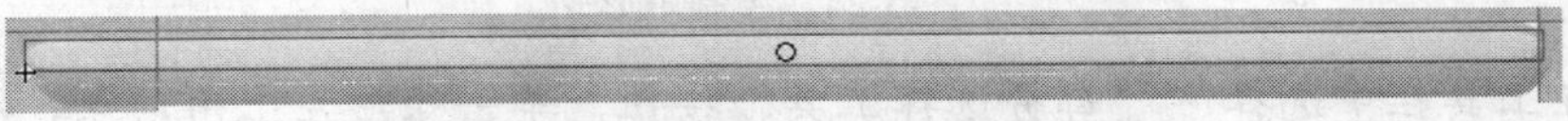

图 5-20　绘制透明的长条矩形

28. 再绘制一个大的圆角矩形，填充橙色（#F3881D）到红褐色（#990000）的渐变色。

29. 在大的矩形的上部再绘制一个小的圆角矩形，在大矩形上抠出缺口，如图 5-21 所示。

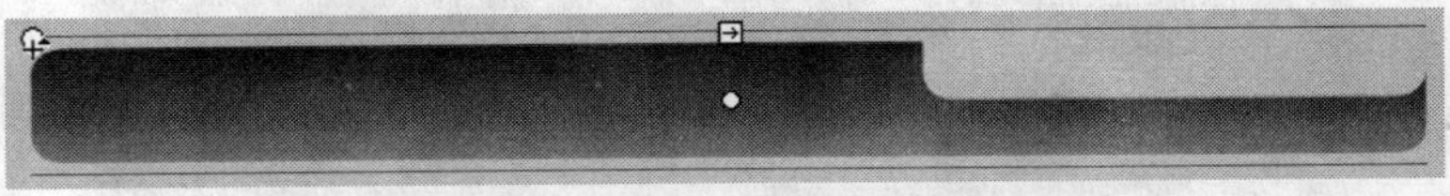

图 5-21　绘制大的渐变色圆角矩形和小圆角矩形

30. 将新建的矩形转换成影片剪辑元件，命名为 line3。选择该元件，打开“滤镜”面板，为元件添加“投影”效果，如图 5-22 所示。

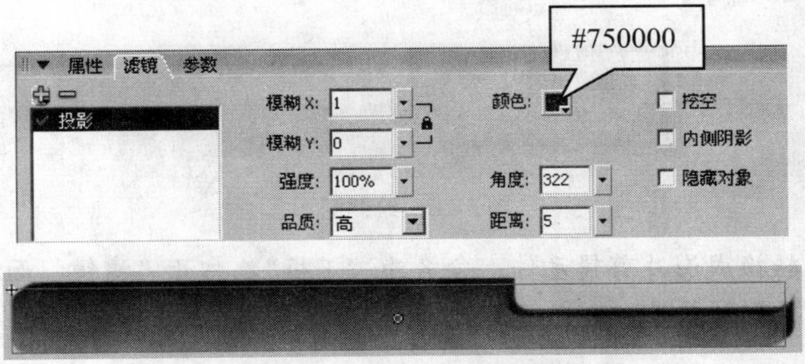

图 5-22　为元件添加滤镜效果

31. 将影片剪辑元件移动到先前制作的两个矩形上方，如图 5-23 所示。

图 5-23　元件位置及效果

32. 在图层第 330 帧中插入普通帧，在第 331 帧中插入空白关键帧。锁定图层“上框”。

33. 在图层“上框”上方插入一个新的图层，命名为“下框”。

34. 双击工具箱中的“矩形工具”按钮，并打开“矩形设置”对话框，将半径改为 0，单击 确定 按钮，关闭对话框。

35. 在舞台第 1 帧中绘制一个尺寸为 350 × 36 的矩形，颜色与元件 line3 相同，如图 5-24 所示。

图 5-24　绘制矩形

36. 在工具栏中选择 “部分选择工具”按钮，单击矩形左上角顶点，将顶点垂直向下移动一点位置。然后再调整右上侧顶点，效果如图 5-25 所示。

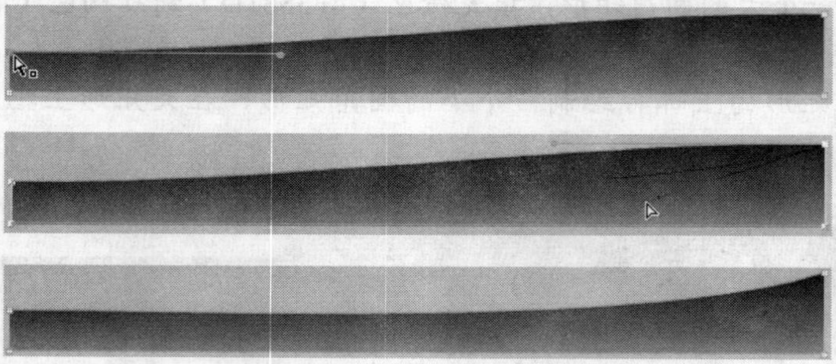

图 5-25　调整矩形

37. 再绘制 3 个尺寸为 20×20 的无边框圆形，将这 3 个圆形移动到矩形左侧，如图 5-26 所示。

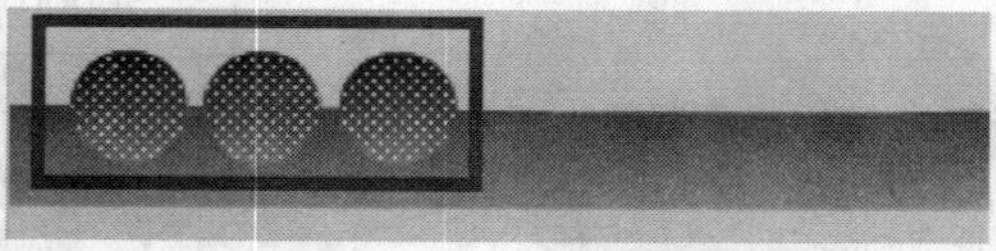

图 5-26　绘制圆形

38. 将图形转换成影片剪辑元件，命名为“下框”，打开“滤镜”面板，为元件添加“投影”效果，如图 5-27 所示。

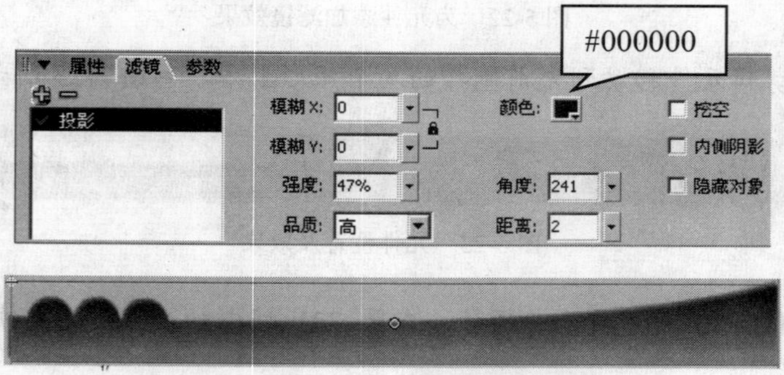

图 5-27　为元件添加“投影”效果

39. 选择元件“下框”，打开“对齐”面板，将其与舞台下方对齐，如图 5-28 所示。

40. 在图层第 330 帧中插入普通帧，在第 331 帧中插入空白关键帧。

41. 锁定图层“下框”，在图层“下框”上方插入新图层，命名为“标题”。

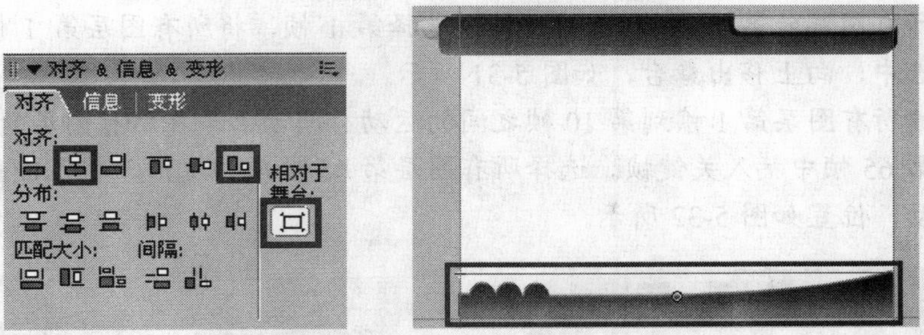

图 5-28　“下框”元件位置

42. 在图层第 1 帧中使用“文本工具”，在舞台上输入“2008 年世界顶级汽车博览会”字样，字体为“汉仪综艺体简”，颜色为白色，字号为 18。
43. 将文本再复制一个，将位于下方的文本字体颜色改为黑色。将两个文本重叠，并搓开一些，形成阴影效果，将这两个文本移动到舞台右下角，如图 5-29 所示。

图 5-29　文本位置

44. 在图层第 330 帧中插入普通帧，在第 331 帧中插入空白关键帧。
45. 锁定图层“标题”，在上方插入一个图层，命名为“滚动字”。
46. 在图层第 1 帧中使用“文本工具”，在舞台上输入“顶级乘骑”，字体为“汉仪圆叠体简”，字号为 12，颜色为黑色，字母间距为 8。
47. 选择该文本，将其转换为图形元件，命名为 1-1，再转换成“影片剪辑”元件，命名为 1。
48. 将该元件移到舞台右上角，如图 5-30 所示。

图 5-30　元件位置

49. 双击该元件，进入元件编辑状态。
50. 在图层 1 上方插入一个图层，在图层第 1 帧中使用“文本工具”，在舞台上输入“至尊享受”，设置与图层 1 中的文本相同。位置与图层 1 中的文本重合。将文本转换成图形元件，命名为 1-2。
51. 在图层 2 上方插入一个图层，在图层第 1 帧中使用“文本工具”，在舞台上输入“卓越品质”，设置与图层 1 中的文本相同。位置与图层 2 中的文本重合。将文本转换成图形元件，命名为 1-3。
52. 在图层 3 上方插入一个图层，在图层第 1 帧中使用“文本工具”，在舞台上输入“彰显成就”，设置与图层 1 中的文本相同。位置与图层 1 中的文本重合。将文本转换成图形元件，命名为 1-4。

53. 在所有图层的第 10 帧插入关键帧，选择第 1 帧，将所有图层第 1 帧中的元件选中，向上移出舞台，如图 5-31 所示。

54. 创建所有图层第 1 帧到第 10 帧之间的运动补间动画。在所有图层的第 55 帧和第 65 帧中插入关键帧。选择所有图层第 65 帧中的元件，将元件垂直向下移动，位置如图 5-32 所示。

图 5-31　文字位置 1（本图以图层 1 为例）

图 5-32　文字位置 2（本图以图层 1 为例）

55. 创建所有图层第 55 帧到第 65 帧中的运动补间动画。

56. 选择图层 2 第 1 帧到第 65 帧之间所有的帧，将这些帧向后移动，使原来的第 1 帧移动到第 55 帧的位置上。

57. 选择图层 3 第 1 帧到第 65 帧之间所有的帧，将这些帧向后移动，使原来的第 1 帧移动到第 110 帧的位置上。

58. 选择图层 4 第 1 帧到第 65 帧之间所有的帧，将这些帧向后移动，使原来的第 1 帧移动到第 165 帧的位置上。

59. 复制图层 1 第 1 帧到第 10 帧，在图层 4 上方插入新图层，在新图层第 220 帧上粘贴帧。

60. 在图层 5 上再插入一个新图层，选择第 1 帧，使用“矩形”工具在文本的位置上绘制一个无边框矩形，颜色随意，如图 5-33 所示。

61. 右击图层名称，在菜单中选择“遮罩层”命令，将图层设置为遮罩层。

62. 将图层 1、图层 2、图层 3 和图层 4 都拖到遮罩层的作用范围内，如图 5-34 所示。

图 5-33　绘制的矩形

图 5-34　设置遮罩图层

63. 在所有图层上方新插入一个图层，命名为 AS，在图层第 230 帧上插入关键帧。选择第 230 帧，打开“动作”面板，在面板中输入“gotoAndPlay(10);”，如图 5-35 所示。

图 5-35　添加动作代码

64. 单击时间轴上方的“场景 1”标签，切换到主场景舞台。在图层“滚动字”

第 330 帧上插入普通帧，在第 331 帧中插入空白关键帧。

65. 锁定图层“滚动字”，在其上方新插入一个图层，命名为“按钮”。
66. 在图层第 1 帧中绘制一个 20×20 的有边框圆形，边框颜色为橘红（#FF6600），填充色为橘黄（#F3881D）。
67. 将圆形复制两次，将三个圆形移动到“下框”中三个圆上，如图 5-36 所示。

图 5-36 圆形位置

68. 使用“文本工具”，输入“1”，字号为 12，字体为“汉仪综艺体简”，颜色为“白色”，将其移动到第一个圆中。
69. 使用“文本工具”，输入“2”，字号为 12，字体为“汉仪综艺体简”，颜色为“白色”，将其移动到第二个圆中。
70. 使用“文本工具”，输入“3”，字号为 12，字体为“汉仪综艺体简”，颜色为“白色”，将其移动到第三个圆中，效果如图 5-37 所示。
71. 再绘制一个 20×20 的无边框圆形，颜色随意。将其转换成按钮元件，命名为 bt。
72. 双击按钮元件，进入其编辑状态。将时间轴中的第一帧拖拽到最后一帧中，如图 5-38 所示。

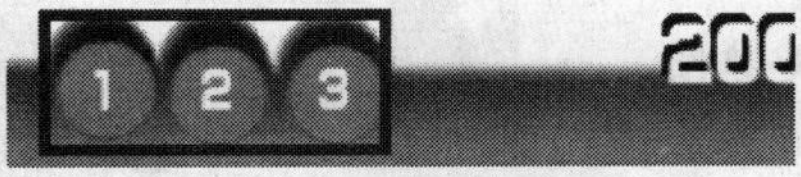

图 5-37 数字位置

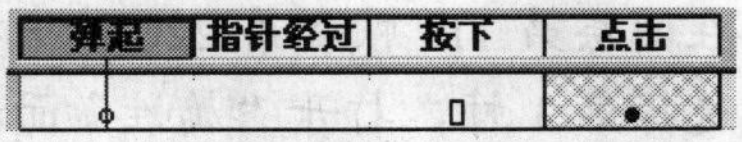

图 5-38 按钮时间轴

73. 单击时间轴上方的“场景 1”标签，切回主场景舞台。
74. 再复制两个按钮元件，分别移到前边绘制的圆形上方，如图 5-39 所示。

图 5-39 按钮位置

75. 右键单击位于“1”上的按钮元件，从菜单中选择“动作”命令，打开“动作”面板，在面板中输入：

```
on(rollOver)
{
  gotoAndPlay("pic1");

  }
```

76. 右键单击位于“2”上的按钮元件，从菜单中选择“动作”命令，打开“动作”面板，在面板中输入：

```
on(rollOver)
{
  gotoAndPlay("pic3");
}
```

77. 右键单击位于“3”上的按钮元件，从菜单中选择“动作”命令，打开“动作”面板，在面板中输入：

```
on(rollOver)
{
  gotoAndPlay("pic2");

}
```

78. 在图层第 120 帧、第 212 帧、第 220 帧插入关键帧。
79. 选择第 1 帧，将数字“1”上的按钮元件删除。将数字“2”、数字“3”位置上的圆形中的填充色删除。
80. 选择第 120 帧，将数字“2”上的按钮元件删除。将数字“1”、数字“3”位置上的圆形中的填充色删除。
81. 选择第 220 帧，将数字“3”上的按钮元件删除。将数字“1”、数字“2”位置上的圆形中的填充色删除。
82. 锁定图层“按钮”，在其上方插入一个新图层，命名为“帧标签”。
83. 在图层第 111 帧和第 220 帧中插入关键帧，选择第 1 帧，打开“属性”面板为帧添加帧标签为 pic1，如图 5-40 所示。

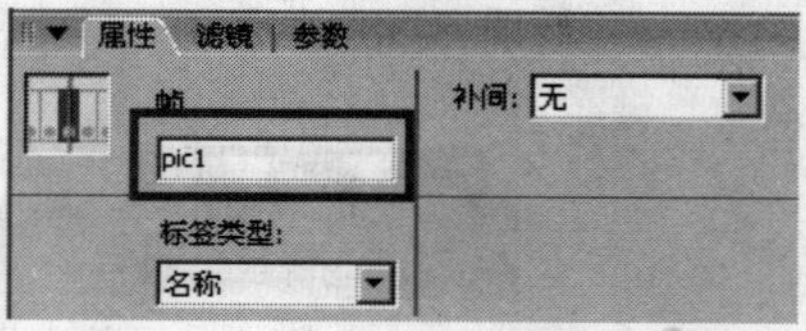

图 5-40 添加第 1 帧帧标签

84. 选择第 111 帧，打开“属性”面板，添加帧标签 pic2；选择第 220 帧，打开“属性”面板，添加帧标签 pic3。
85. 在所有图层上方插入一个图层，命名为 mask。
86. 将工作区缩放到 25%，在舞台周围使用矩形工具围绕舞台绘制 4 个矩形，如图 5-41 所示。

图 5-41 绘制遮罩用的矩形

87. 保存调试文档，完成制作。

5.2　Flash 网页导航栏的制作

Flash 在网页中除了制作广告条之外，还多用于网站的导航，使用 Flash 制作出来的导航栏、导航按钮动感十足，很能引吸浏览者的眼球。

制作导航栏是 Flash 在网络中应用的另一个重要领域，由于 Flash 的表现力极强，可以更好地激发浏览者的浏览欲望，能起到一个很好的宣传作用。本节介绍一个导航栏的制作过程，从中介绍 Flash 导航栏的一般制作流程和一些用到的技巧。

操作指南　### 导航栏的制作

- **使用 Painter 制作素材**

1. 打开 Painter 软件，新建一个大小为 120×120，背景颜色为“土黄色”的文件，如图 5-42 所示。

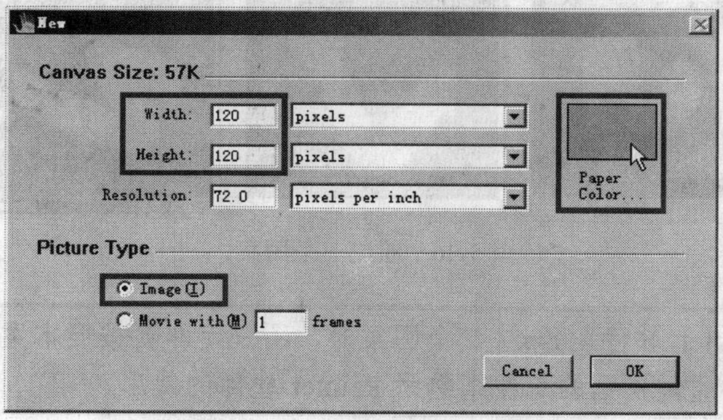

图 5-42　在 Painter 中新建一个文件

2. 将新建的文档窗口调整到方便操作的大小。在笔刷栏中选择“Acrylics（丙烯）”笔，笔触中选择“Captured Bristle（分叉毛笔）”，如图 5-43 所示。

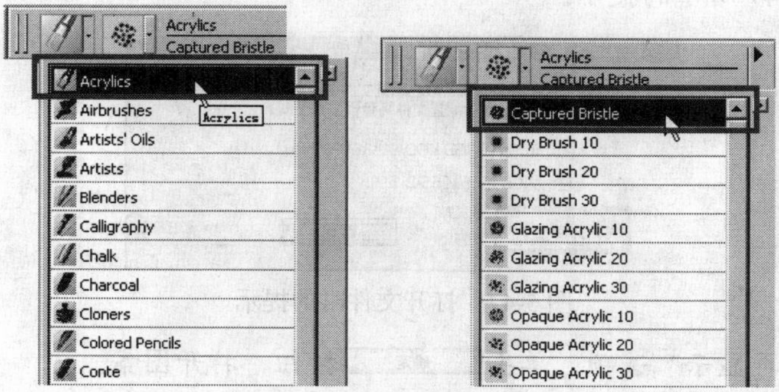

图 5-43　选择笔刷

3. 双击前景色，将前景色设为白色，如图 5-44 所示。
4. 在画布上绘制出需要的图案，如图 5-45 所示。

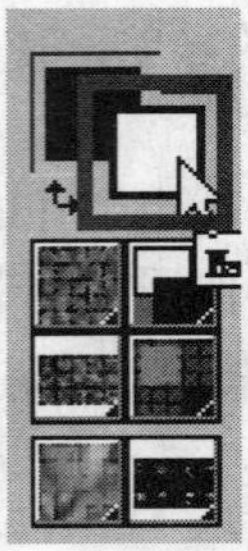

图 5-44 设置前景色

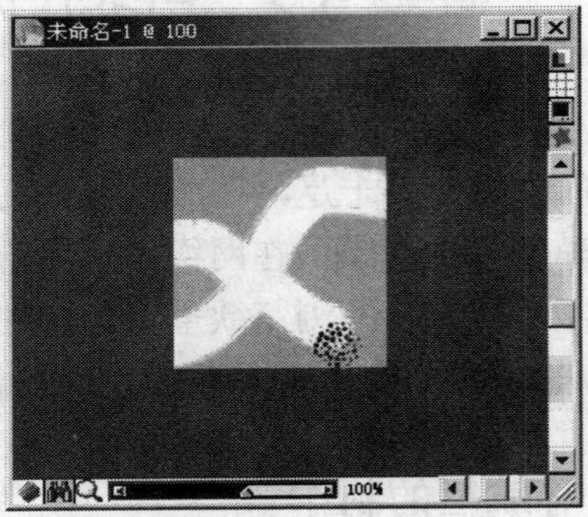

图 5-45 绘制图案

5. 将绘制好的图案以 PSD 格式保存后备用，保存时选择“RGB”。按照同样的方法再制作三个图案，分别为红色背景色、绿色背景色及蓝色背景色，如图 5-46 所示。同样以 PSD 格式保存备用。

图 5-46 绘制三个图案

知识讲解 在使用 Painter 软件制作这 4 个图案时，不一定非要按照本案例中的图案来进行制作，可以通过自己的想像来熟悉 Painter 软件的使用。

- **使用 Photoshop 处理素材**

1. 打开 Photoshop 软件，打开前边制作好的 4 个图案文件，在打开时可能会出现如图 5-47 所示的提示。

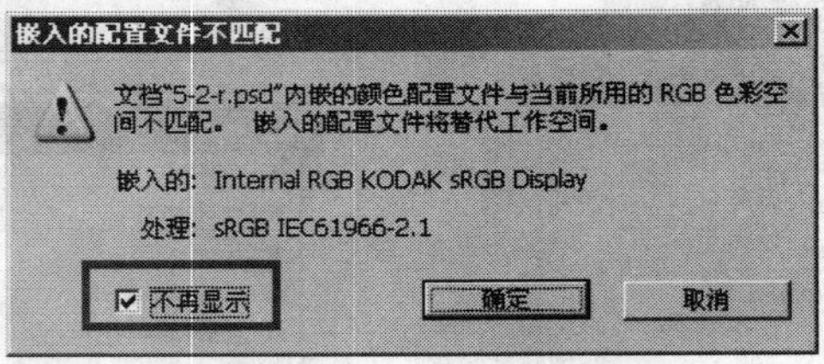

图 5-47 打开文件时的提示

2. 勾选“不再显示”选项，单击 确定 按钮，打开图案。
3. 在“图层”面板中，在背景图层上方新建一个图层，选择工具箱中的

“圆角矩形工具”按钮，并在属性栏中选择“填充像素”选项。

4. 使用“圆角矩形工具”，在画面上绘制一个圆角矩形，颜色随意，如图 5-48 所示。按住Ctrl键单击圆角矩形所在的图层，选出圆角矩形区域。

图 5-48　绘制一个圆角矩形

5. 按Delete键将圆角矩形删除（保留画面中的选区），如图 5-49 所示。

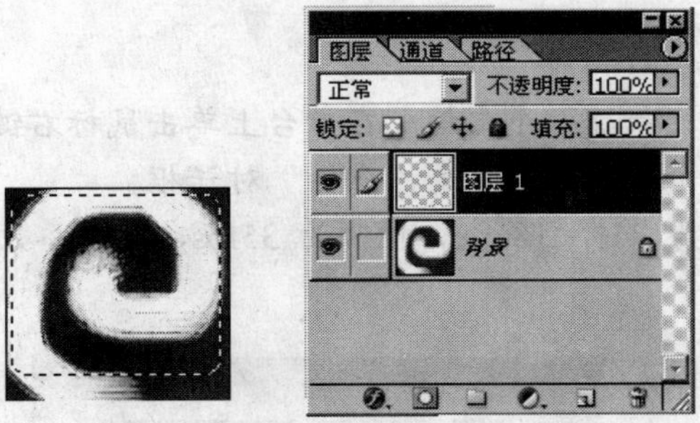

图 5-49　制作选区

6. 单击工具箱中的“渐变工具”按钮，单击工具选项栏中的渐变样式，打开“渐变编辑器”对话框，设置如图 5-50 所示。

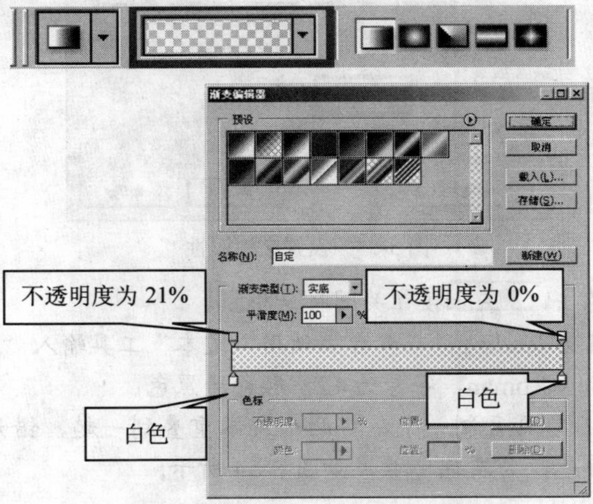

图 5-50　“渐变编辑器”对话框

7. 设置完成后单击 确定 按钮关闭该对话框，然后在空白图层上由上到下填充选择的区域，如图 5-51 所示。
8. 多次对选择的区域进行填充，直到达到图 5-52 所示的效果。

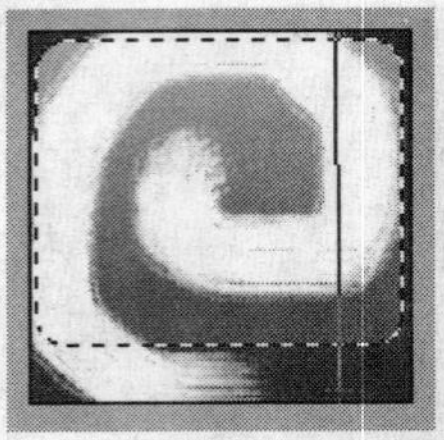
图 5-51　填充渐变色

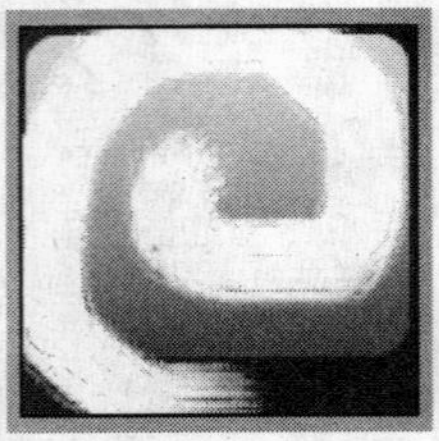
图 5-52　图案效果

9. 制作好图案后，将图案另存为 JPG 格式、品质为 8 的文件，备用。
10. 使用同样的处理方法，将另外三个图案也制作成这种效果，都存为 JPG 格式备用。

- **Flash 制作**

1. 打开 Flash 软件，新建一个文档。在舞台上单击鼠标右键，在右键菜单中选择“文档属性”命令，打开“文档属性”对话框。
2. 将舞台尺寸设置为 766 × 186px，帧频为 35fps，其他参数为默认，如图 5-53 所示。

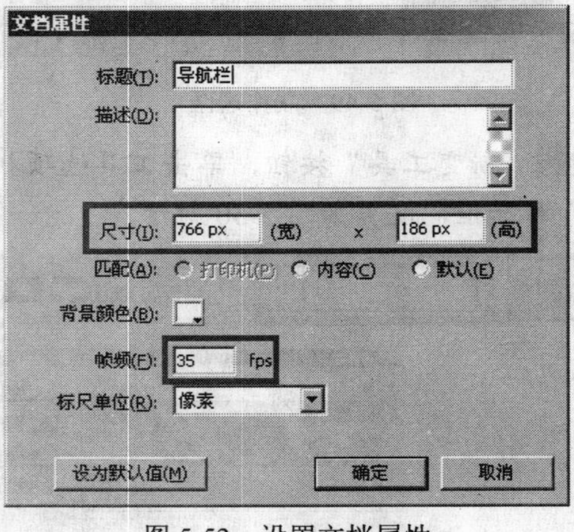

图 5-53　设置文档属性

3. 设置完成后单击 确定 按钮关闭对话框。
4. 将图层 1 更名为 loading，在舞台上使用“文本”工具输入“Loading…”。字体为 Times New Roman，字号为 12，颜色为黑色。
5. 将“Loading…”再复制一个，将两个文本重叠到一起，错开一点，将位于下层的文本颜色改为灰色，效果如图 5-54 所示。

图 5-54　文本效果

6. 将两个文本全部选择，按 F8 键，将选择的两个文本转换为一个影片剪辑元件，命名为 Loading。
7. 双击影片剪辑 Loading，进入元件编辑模式。将图层 1 更命为 Text，在图层第 100 帧上插入普通帧。
8. 锁定图层 Text，在该图层上方新插入一个图层，命名为 Bar。
9. 单击工具箱中的"矩形工具"按钮，设置笔触为无色，填充色为橙色（#FF9900），绘制一条 272.9 × 6 的长条，并将其移动到"Loading…"的下方，如图 5-55 所示。

图 5-55　绘制长条

10. 在第 100 帧中插入关键帧，单击工具箱中的"任意变形工具"按钮，单击长条，将长条中间的注册点移动到左侧边缘中间位置。
11. 选择第 1 帧中的长条，选择"任意变形工具"按钮，将长条中央的注册点也移动到左侧边缘中间位置，并将长条向左侧缩放，如图 5-56 所示。

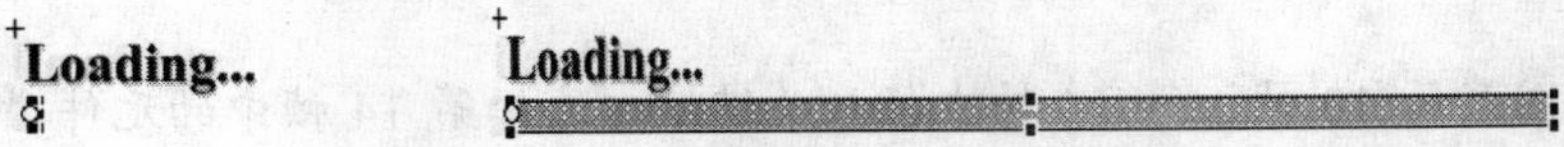

图 5-56　第 1 帧（左）和第 100 帧（右）中的元件

12. 创建第 1 帧到第 100 帧的补间动画，打开"属性"面板，选择补间为"形状"。再插入一个新图层，命名为 As，在第 2 帧中插入一个空白关键帧，选择第 1 帧，打开"动作"面板，在面板中输入如下代码：

```
Stop();
```

13. 单击时间轴上方的"场景 1"标签，回到主场景舞台。
14. 选择元件 Loading，打开"属性"面板，设置 X 为 268.9，Y 为 93.5，如图 5-57 所示。

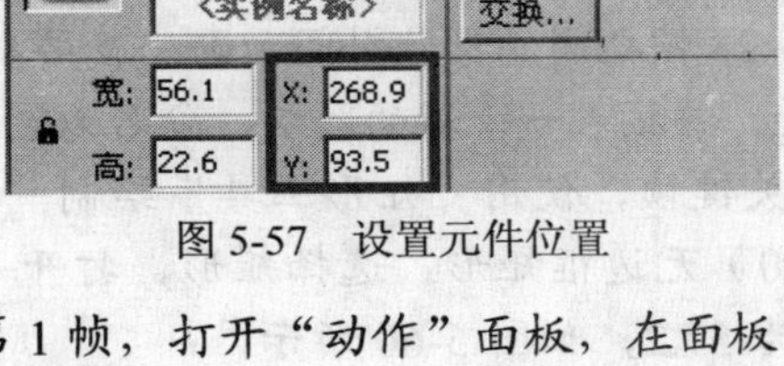

图 5-57　设置元件位置

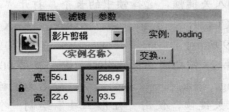

15. 在时间轴上选择第 1 帧，打开"动作"面板，在面板中输入如下代码：

```
Stop();
```

16. 在第 2 帧中插入关键帧，将帧中的元件删掉，按照元件 Loading 最后 1 帧再绘制如图 5-58 所示的图形。

图 5-58　绘制图形

17. 将图形换为图形元件。选择第 1 帧中的元件，在元件上右击鼠标，在菜单中选择“动作”命令，打开“动作”面板，在面板中输入如下代码：

```
onClipEvent (load)
{
   total = _root.getBytesTotal();
}
onClipEvent (enterFrame)
{
   loaded = _root.getBytesLoaded();
   percent = int(loaded / total * 100);
   text = percent + "%";
   gotoAndStop(percent);
   if (loaded == total)
   {
      _root.gotoAndPlay(2);
   }
}
```

18. 在图层第 10 帧、第 14 帧中插入关键帧，选择第 14 帧中的元件，打开“属性”面板，将 X 设置为 269.2，将 Y 设置为 155.1。
19. 创建第 10 帧到第 14 帧之间的“运动补间”动画。在第 15 帧中插入关键帧。
20. 在第 15 帧中，使用“矩形工具”绘制一个与 Loading 中相同的橙色长条。位置与当前帧中 Loading 元件长条的位置相同。
21. 选择第 15 帧中的 Loading 元件，将其删除。

技巧宝典　由于绘制的长条与元件 Loading 重合，所以在选择元件 Loading 时要注意，单击元件 Loading 中的文字即可选中元件 Loading。

22. 在第 28 帧中插入关键帧，选择帧中的长条，打开“属性”面板，设置颜色为灰色（#CCCCCC），将宽设置为 720.6，设置 X 为 22.7，设置 Y 为 180.0，如图 5-59 所示。
23. 创建第 15 帧到第 28 帧之间的形状补间动画。在第 90 帧中插入普通帧。
24. 锁定图层 Loading，再插入一个新的图层，命名为“标题-Bg”。
25. 在第 13 帧插入关键帧，使用“矩形工具”绘制一个宽为 4.4，长为 34.6 的橙色（#FF6600）无边框矩形。选择矩形，打开“属性”面板，设置 X 为-0.1，设置 Y 为 57.2，如图 5-60 所示。

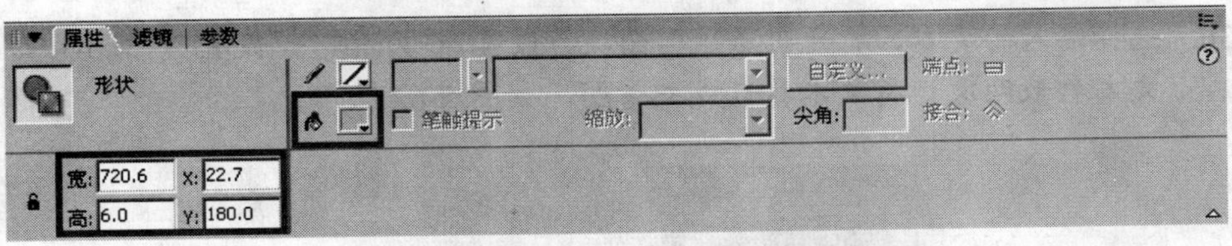

图 5-59　设置第 28 帧中元件的属性

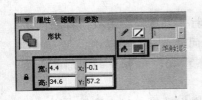

图 5-60　第 13 帧的元件

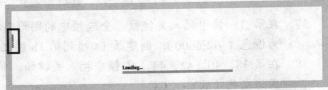

26. 在第 14 帧中插入关键帧，选择帧中的图形，打开“属性”面板，设置宽为 82.8。
27. 在第 18 帧中插入关键帧，选择第 18 帧中的图形，打开“属性”面板，设置 X 为 142.8，设置 Y 为 56.1，创建第 14 帧到第 18 帧之间的形状补间动画。
28. 在第 19 帧、第 21 帧中插入关键帧，选择第 21 帧中的图形，打开“属性”面板，设置 X 为 160.4。创建第 19 帧到第 21 帧中的形状补间动画。
29. 在第 23 帧、第 28 帧中插入关键帧，选择第 28 帧中的图形，打开“属性”面板，设置 X 为 163.8，设置 Y 为 91.3，设置宽为 108.8，创建第 23 帧到第 28 帧之间的形状补间动画。
30. 在第 32 帧插入关键帧，选择帧中的图形，选择“任意变形工具”，将图形向上缩小，使其高为 3，再使用“选择工具”将图形调整成一个弧形，如图 5-61 所示。

图 5-61　第 32 帧中的图形

31. 创建第 28 帧到第 32 帧之间的形状补间动画。在第 35 帧，第 38 帧，第 41 帧中插入关键帧。
32. 选择第 35 帧中的图形，将图形调整成向下弯曲的弧线。选择第 41 帧中的图形，单击工具箱下方的“伸直”，将图形拉直。
33. 在第 49 帧、第 52 帧中插入关键帧，选择第 52 帧。打开“属性”面板，设置 X 为 100.5，设置 Y 为 93.5，设置宽为 165.1，设置高为 2，创建第 49 帧到第 52 帧之间的形状补间动画。在第 90 帧上插入普通帧。
34. 锁定图层“标题-Bg”，在其上方插入一个图层，命名为“标题-Keda”。
35. 在第 14 帧中插入关键帧，使用“文本”工具，在舞台上输入 Keda，字体为 Arial Black，字号为 40，颜色为白色。

36. 选择输入的文本，打开“属性”面板，设置 X 为 46.1，设置 Y 为 61.5。将文本打散两次，将文本打散成矢量图，如图 5-62 所示。

图 5-62 第 14 帧矢量文本

37. 在第 18 帧中插入关键帧，全选帧中的图形，打开“属性”面板，将颜色改为橙色（#FF6600），创建第 14 帧到第 18 帧之间的形状补间动画。
38. 在第 38、40、42、44、46 帧中插入关键帧，将第 40、44 帧中的图形颜色设置为灰色（#CCCCCC）。
39. 在第 52 帧中插入关键帧，将帧中的图形颜色换为黑色。创建第 46 帧到第 52 帧之间的形状补间动画。在第 90 帧中插入普通帧。
40. 锁定图层“标题-Keda”，然后在该图层上方插入新图层，命名为“标题-Shop”。
41. 在图层第 19 帧插入关键帧，使用“文本工具”在舞台上输入 Shop，字体为 Baby Blocks，字号为 20，颜色为白色。
42. 选择文本，打开“属性”面板，设置 X 为 170.6，设置 Y 为 98.6。将文本打散成矢量图，如图 5-63 所示。

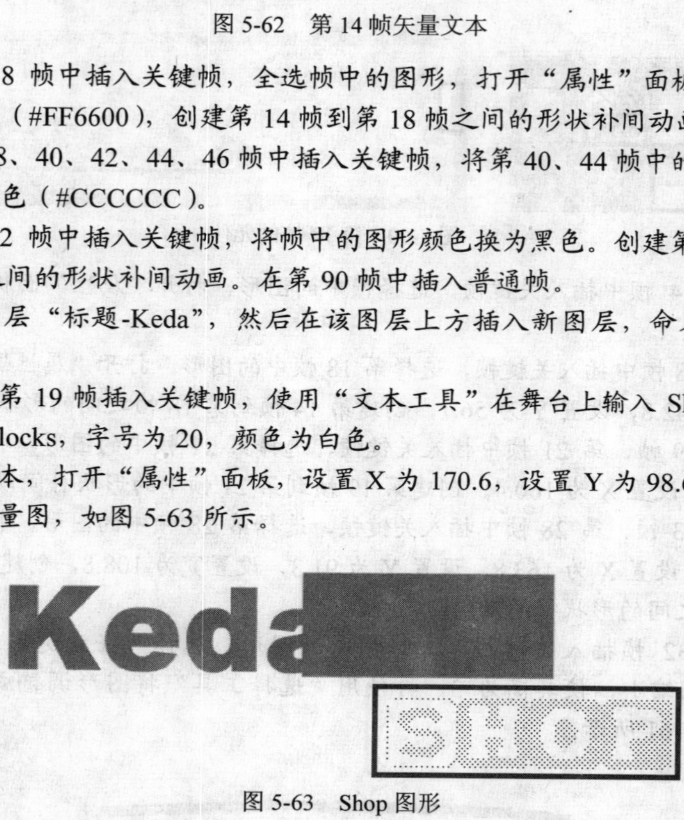

图 5-63 Shop 图形

43. 在第 25 帧、第 30 帧中插入关键帧，选择第 30 帧中的矢量图形，打开“属性”面板，将颜色换为黑色。创建第 25 帧到第 30 帧之间的形状补间动画，在第 90 帧中插入普通帧。
44. 锁定图层“标题-Shop”，在其上方插入一个图层，命名为“搜索栏-文本框”。
45. 在图层第 17 帧中插入关键帧，使用“矩形工具”绘制一个无填充色的灰色圆角矩形框。尺寸为 136 × 17.4，如图 5-64 所示。
46. 选择矩形，打开“属性”面板，设置 X 为 38.1，设置 Y 为 151.8。
47. 在第 25 帧中插入关键帧，选择第 17 帧中的矩形框，使用“任意变形工具”，将其向左侧缩小至宽为 1。

图 5-64　绘制圆角矩形

48. 创建第 17 帧到第 25 帧之间的形状补间动画，设置缓动为-100，混合选择“角形”，如图 5-65 所示。

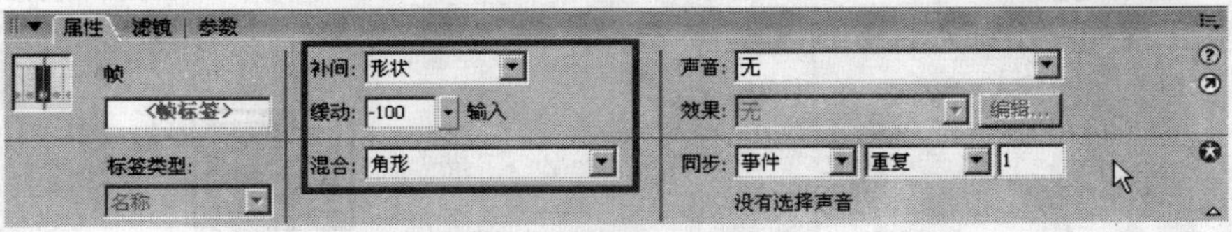

图 5-65　设置动画属性

49. 在第 26 帧中插入关键帧，使用“文本工具”在圆角矩形中绘制一个输入文本框，如图 5-66 所示。

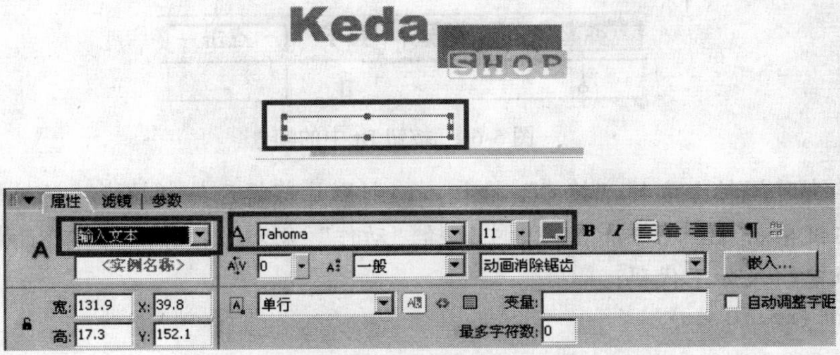

图 5-66　绘制动态文本框

50. 在第 90 帧上插入普通帧，锁定图层“标题－Shop”，在其上方插入新图层，命名为“标题－按钮”

51. 在图层第 32 帧中插入关键帧，使用“文本工具”，在圆角矩形框右侧输入“搜索”。

52. 将文本打散成矢量图形，按 F8 键将元件转换成影片剪辑元件，命名为“搜索”。双击元件“搜索”，进入元件编辑状态。将图层 1 更名为 Text。

53. 将“搜索”字样全部选中，打开“属性”面板，设置颜色为灰色（#999999）。

54. 在第 2 帧、第 5 帧、第 6 帧，第 10 帧中插入关键帧，将第 5 帧和第 6 帧中的“搜索”字样颜色改为黑色，并将第 5 帧、第 6 帧中的字样向左侧移动少许。创建第 2 帧到第 5 帧，第 6 帧到第 10 帧之间的形状补间动画。

55. 在图层 Text 上方插入一个新图层，命名为“帧标签”。
56. 在图层第 2 帧中插入一个关键帧，打开“属性”面板，在帧标签栏中输入 Over。在第 6 帧中插入关键帧，打开“属性”面板，在帧标签栏中输入 Out。
57. 在图层“帧标签”上方新插入一个图层，命名为 As，选择图层第 1 帧，打开“动作”面板，在面板中输入“Stop();”，在图层第 5 帧中插入关键帧，打开“动作”面板，在面板中输入“Stop();”。
58. 在图层 As 上方新建一个图层，命名为 bt。在图层中，在“搜索”字样位置上绘制一个矩形，如图 5-67 所示。

图 5-67　在“热区”中绘制矩形

59. 选择绘制的矩形，按 F8 键将其换为按钮元件，命名为 Bt。双击元件 Bt，进入元件的编辑状态，将位于“弹起”帧上的关键帧拖到“点击”帧的位置，如图 5-68 所示。

图 5-68　按钮 Bt 中的帧

60. 单击时间轴上方的“搜索”按钮，回到影片剪辑元件“搜索”的编辑场景。
61. 右键单击 Bt 元件，在菜单中选择“动作”命令，打开“动作”面板，在面板中输入如下代码：

```
on (rollOver)
{
    gotoAndPlay("over");
}
on (releaseOutside, rollOut)
{
    gotoAndPlay("out");
}
```

注意　“搜索”按钮的功能在网站中一般是用于搜索站内信息，由于搜索功能在本案例中无法实现，因此这里只做了按钮的效果，没有制作实际的搜索功能。

62. 单击“场景 1”标签，回到主场景舞台。在图层“标题－按钮”第 38 帧、第 40 帧和第 42 帧中插入关键帧。
63. 选择第 32 帧中的元件，将其垂直向下移出舞台，如图 5-69 所示。

图 5-69　图层“标题－按钮”第 32 帧中的元件

64. 选择第 40 帧中的元件，将其向上移动少许。在第 90 帧中插入普通帧。
65. 锁定图层“标题－按钮”，在其上方插入一个新图层，命名为“导航 1”。
66. 将前边使用 Photoshop 处理的四张图片导入到“库”中。
67. 在第 53 帧中插入关键帧，打开“库”面板，选择黄颜色的图片，将其拖拽到舞台中。
68. 打开“属性”面板，将图片宽设置为 86.3，高设置为 67。按 F8 键，将图片转换成影片剪辑元件，命名为“导航 1”。
69. 双击元件“导航 1”，进入元件的编辑状态。将图层 1 更名为 pic，在第 10 帧插入普通帧。
70. 单击“插入图层”图标，插入一个新的图层，命名为 bg，并将该图层移动到图层 pic 下方，如图 5-70 所示。

图 5-70　移动图层

71. 在图层 bg 第 1 帧中使用“矩形工具”绘制一个宽为 100，高为 78 的圆角矩形，颜色为黄色（#F3BE32）。将其转换成影片剪辑元件，并使其与图层 pic 中的元件重合，如图 5-71 所示。

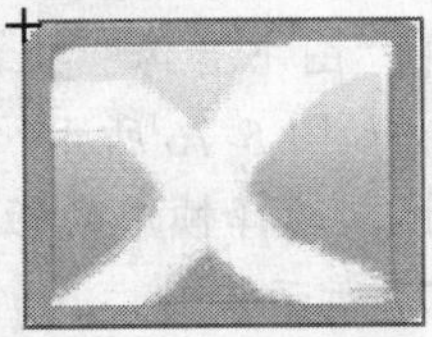

图 5-71　绘制矩形

72. 在图层 bg 第 2 帧、第 6 帧、第 10 帧中插入关键帧，选择第 6 帧中的元件，打开“滤镜”面板，为元件添加“发光”效果，参数如图 5-72 所示。

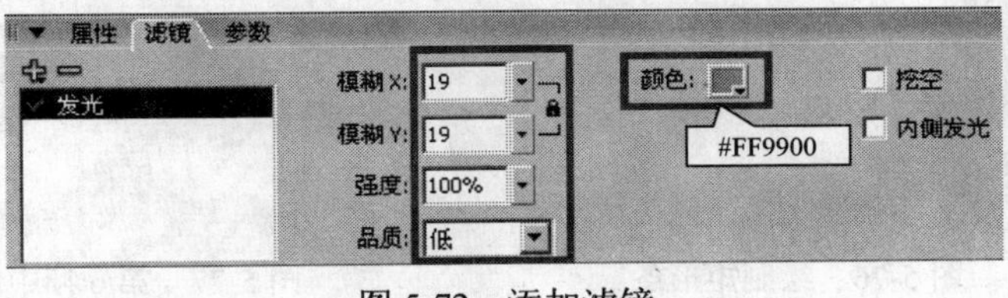

图 5-72　添加滤镜

73. 锁定图层 bg，在该图层上方再插入一个新的图层，命名为 bg1，同样使用“矩形工具”，在第 1 帧中绘制一个灰色矩形，宽为 94.7，高为 74.8。将其移动到 pic 下方，与其重合，如图 5-73 所示。
74. 在所有图层上方插入一个图层，命名为 Text，使用“文本工具”在黄色矩形上方输入“图书音像”字样，将其打散成矢量图，再将字样转换成影片剪辑元件，命名为“图书”，如图 5-74 所示。

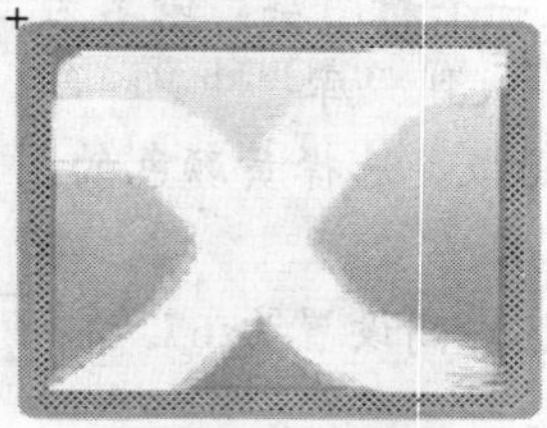

图 5-73　绘制灰色底色

图 5-74　输入文本

75. 在图层 Text 第 2 帧、第 6 帧、第 10 帧中插入关键帧，选择第 6 帧中的元件，打开“属性”面板，设置元件“颜色”属性为白色，如图 5-75 所示。

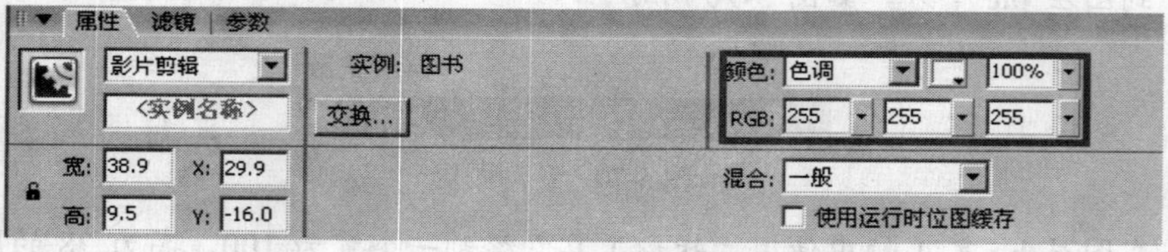

图 5-75　设置元件属性

76. 创建第 2 帧到第 6 帧再到第 10 帧之间的运动补间动画。锁定图层 Text。
77. 在图层 pic 上方插入一个图层，命名为 bg2。在第 2 帧中插入关键帧。
78. 使用“矩形工具”，在字样“图书音像”上方绘制宽为 46，高为 1 的黄色（#F1BF2C）无边框矩形，如图 5-76 所示。
79. 在图层第 6 帧中插入关键帧，选择帧中的矩形条，选择“任意变形工具”将矩形条向下放大，如图 5-77 所示。

图 5-76　绘制矩形条

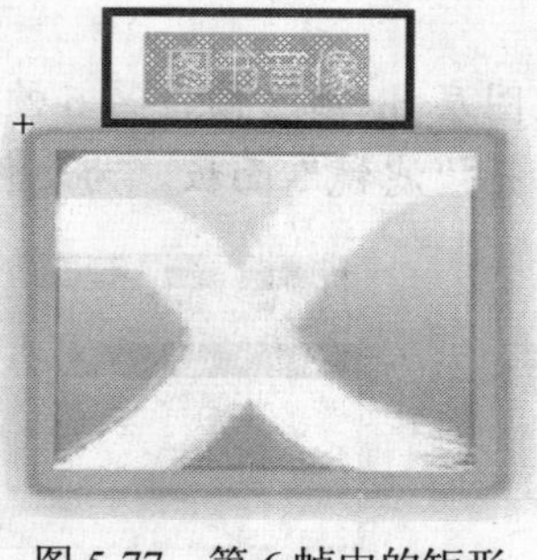

图 5-77　第 6 帧中的矩形

80. 在图层第 10 中插入关键帧，选择帧中的矩形，选择“任意变形工具”，将矩形向下缩放，如图 5-78 所示。

图 5-78 第 10 帧中的矩形

81. 创建第 2 帧到第 6 帧再到第 10 帧之间的运动补间动画。锁定图层 bg2。

82. 打开“库”面板，双击元件“搜索”，进入元件“搜索”的编辑状态。复制图层 As、图层“帧标签”和图层 bt 三个图层中的所有帧，如图 5-79 所示。

83. 在“库”中双击元件“导航 1”，进入元件“导航 1”编辑状态。在所有图层上插入一个新图层，在新图层第 1 帧中粘贴帧，如图 5-80 所示。

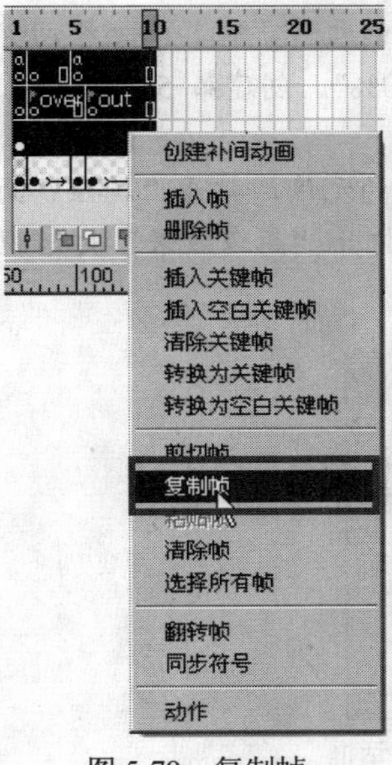

图 5-79 复制帧

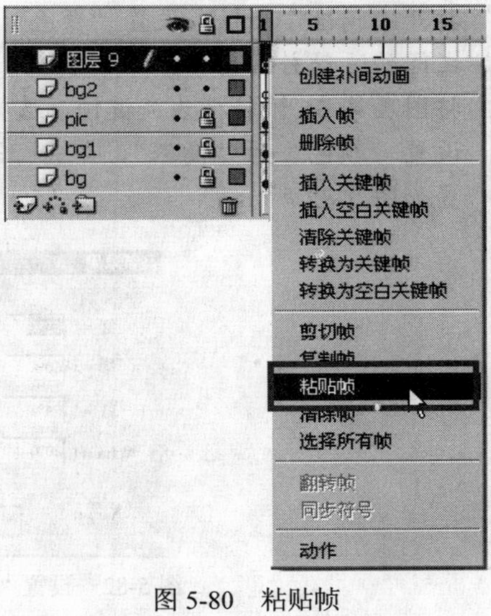

图 5-80 粘贴帧

84. 选择图层 bt 中的元件，将按钮元件大小调整到元件 pic 大小，如图 5-81 所示。

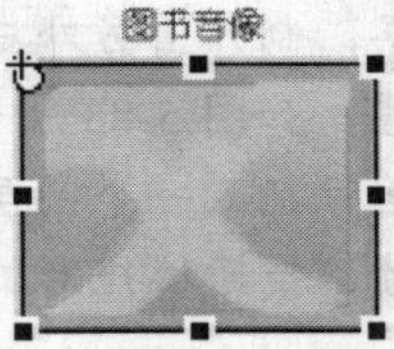

图 5-81 按钮元件大小

85. 选择按钮元件，打开“动作”面板，在面板下方添加如下代码：

```
on (rollOver)
{
   gotoAndPlay("over");
}
on (releaseOutside, rollOut)
{
   gotoAndPlay("out");
}
on (press) {
       getURL("www.163.com");
}
```

注意 代码中的网址“http://www.163.com”需要换为实际情况中的网址，这里只是举例而以。

86. 单击“场景 1”标签，切回主场景舞台。选择图层“导航 1”中的元件，打开“属性”面板，设置 X 值为 304.1，设置 Y 值为 79.7。
87. 在图层第 59 帧中插入关键帧，选择第 53 帧中的元件，将其向上移动少许，打开“属性”面板，设置“颜色”为“Alpha 0%”。创建第 53 帧到第 59 帧之间的运动补间动画。
88. 将图层第 55 帧转换为关键帧，选择第 55 帧中的元件，打开“属性”面板，设置“颜色”为“高级”，单击 设置... 按钮，打开“高级效果”对话框，设置如图 5-82 所示。

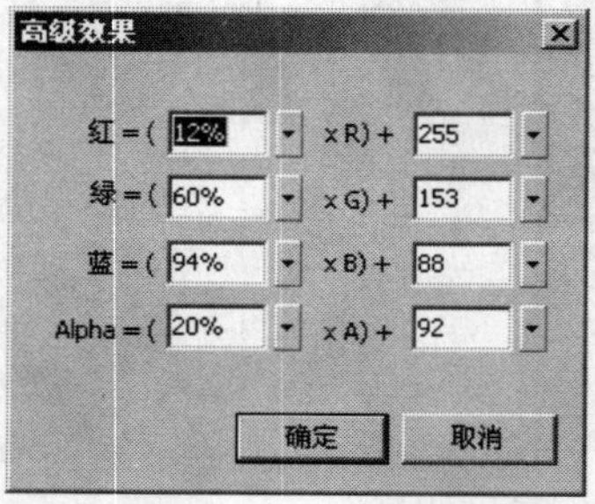

图 5-82　设置“高级效果”对话框

89. 创建第 53 帧到第 55 帧再到第 59 帧之间的运动补间动画。在第 90 帧中插入普通帧。
90. 用同样的方法新插入三个图层，制作出另外三个导航按钮，并将四个导航图层的时间帧错开三个帧的位置，如图 5-83 所示。
91. 锁定所有图层，在所有图层上方插入一个图层，命名为 Topline。
92. 在图层第 57 帧中插入关键帧，使用“矩形工具”绘制一个无边框矩形，宽为 442，高为 10。

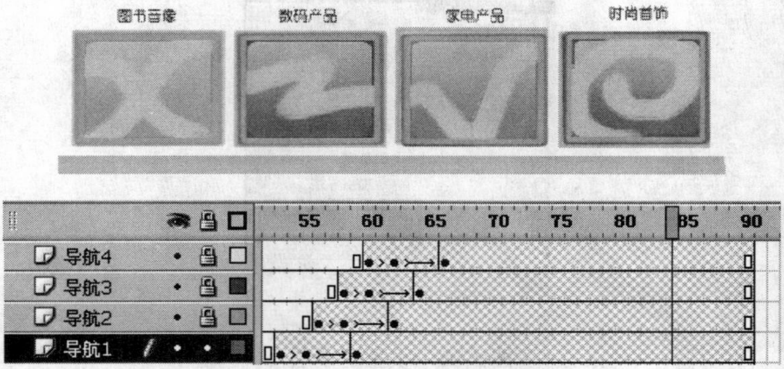

图 5-83 导航按钮及时间帧

93. 将矩形条的颜色设为，一半黑色，一半橙色（#FF9900），并使用白色线条将橙色部分分为四部分，如图 5-84 所示。

图 5-84 绘制矩形条

94. 全部选择矩形条，将其转换为影片剪辑元件，命名为 Topline。
95. 打开“属性”面板，设置元件 Topline 位置 X 为 300.6，Y 为 38.0。
96. 在图层 Topline 上插入一个新的图层，命名为 Mask-top。在图层第 57 帧上插入关键帧，使用“矩形工具”绘制一条可以把 Topline 挡住的矩形，如图 5-85 所示。

图 5-85 绘制遮罩矩形

97. 在图层第 70 帧中插入关键帧，选择第 57 帧中的矩形，使用“任意变形工具”，将其向左缩放到宽为 1。创建第 57 帧到第 70 帧之间的形状补间动画。
98. 选择图层第 65 帧，将该帧转换为关键帧，打开“属性”面板，设置缓动为-100。将图层设置为遮罩层，如图 5-86 所示。
99. 在图层第 71 帧中插入空白关键帧。
100. 在图层 Mask-top 上方插入一个图层，命名为 E-mail。
101. 在图层第 71 帧中插入关键帧，使用“文本工具”在舞台上输入 E-mail，字体为 Baumarkt，字号为 10，颜色为白色。
102. 将其打散为矢量图形并转换为影片剪辑元件，命名为 E-mail。将元件移动到 Topline 元件最后一个橙色框的位置上，如图 5-87 所示。双击进入元件 E-mail 的编辑状态。

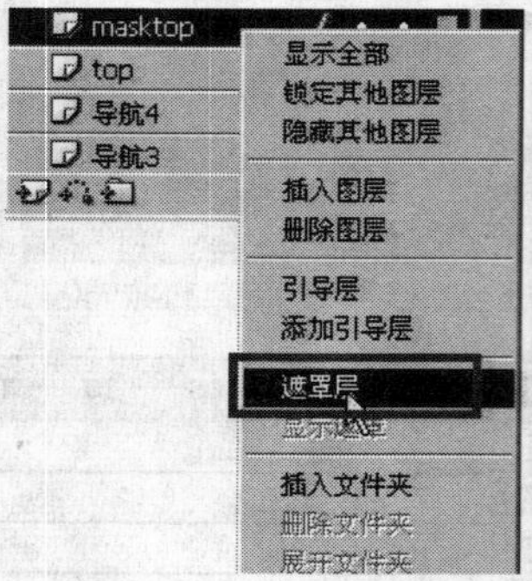

图 5-86　设置遮罩层

图 5-87　元件 E-mail 的位置

103. 参照导航按钮的作法，将 E-mail 也做成按钮。点击“场景 1”标签切换到主场景舞台。
104. 在图层 E-mail 第 78 帧插入关键帧，选择第 71 帧中的元件，将其向右上方移动少许，创建第 71 帧到 78 帧的运动补间动画。
105. 用同样的方法再制作出另外三个小按钮，如图 5-88 所示。

图 5-88　制作另外三个小按钮

106. 将这四个按钮所在的图层时间帧错开，如图 5-89 所示。

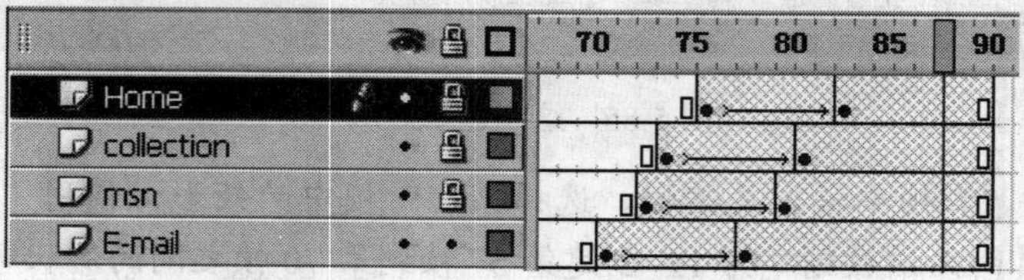

图 5-89　按钮时间轴

107. 在所有图层上方插入一个图层，在第 90 帧中插入关键帧，打开“动作”面板，在面板中输入如下代码：

```
Stop();
```

108. 保存文档，完成制作。

5.3　Flash 表情动画

上网与网友交流的方式很多，最常用的方式就是文字交流，但由于语言的表达方式不同，仅通过文字不能准确地传达真实的意思。因此，网络上就出现了“表情”。

“表情”其实就是用于表达某种情绪的图片，在刚开始，出现的只有很少、很简单的“表情”。随着网络文化及网络通信技术的发展，更多更有趣的表情不断地出现在网络上。表情也从原先单一的静态图片发展到了动态图片，而单一的静态图片也在内容和表现形式上发生了根本的变化，如图 5-90 所示。

图 5-90　网络上的“表情”

用于制作“表情”的软件很多，这一节就介绍如何使用 Flash 软件制作用于 QQ、MSN 等通讯软件上的表情。

操作指南　系列 Flash 表情动画

- **表情 1**

1. 打开 Flash 软件，在舞台上单击右键，选择“文档属性”命令。参数设置如图 5-91 所示。
2. 调整舞台显示比例为“符合窗口大小”，如图 5-92 所示。

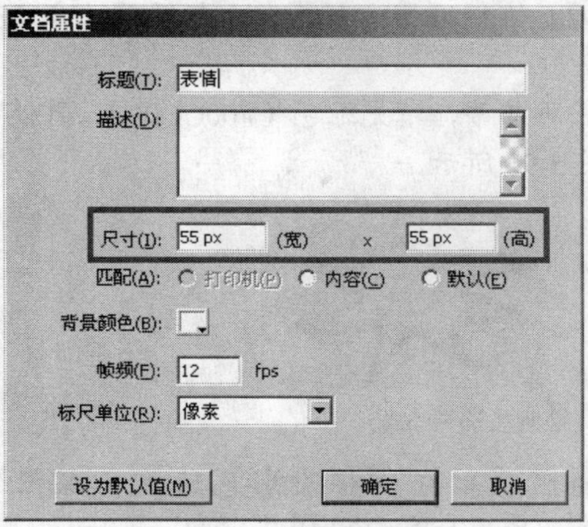

图 5-91　设置文档属性

图 5-92　调整舞台显示比例

3. 使用“椭圆工具”在舞台中心绘制一个圆形，边框为黑色，笔触大小为“1”。

4. 打开“混色器”面板，设置填充色类型为“放射状”，设置渐变色为红色（#FF0000）到粉红色（#FE7070），如图 5-93 所示。
5. 将填充色填至图形，并使用“填充变形工具”进行调整，如图 5-94 所示。

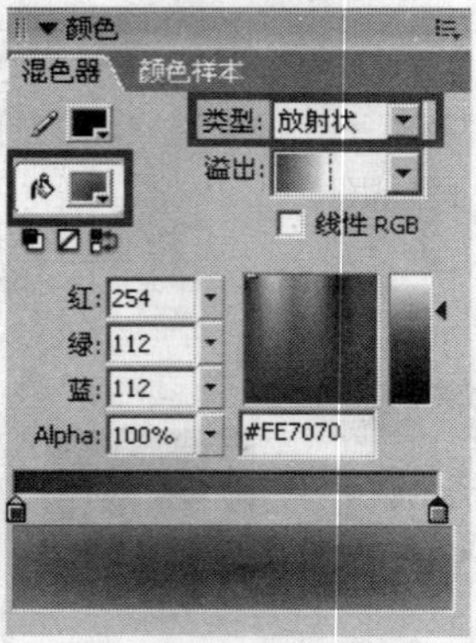

图 5-93 设置渐变填充色

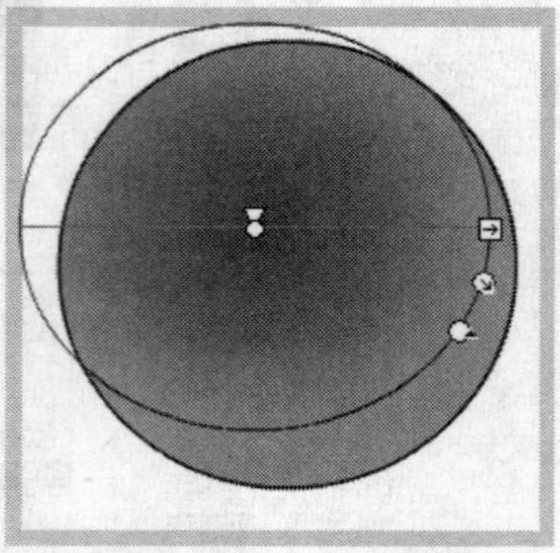

图 5-94 填充调整图形渐变色

6. 使用“选择工具”调整图形边框，将图形调整成一个不规则圆形，如图 5-95 所示。

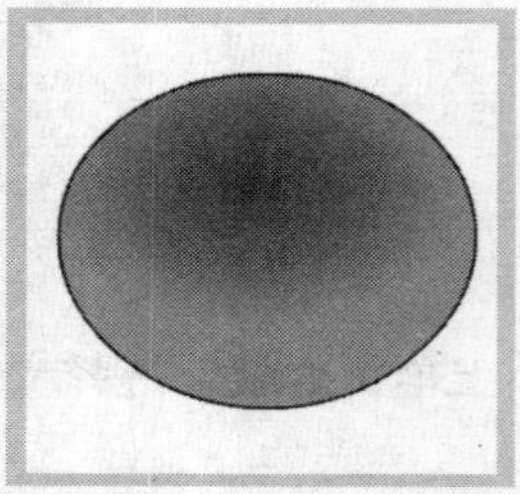

图 5-95 调整图形形状

7. 将图层 1 更名为 body，锁定图层，在图层上方插入一个新图层，命名为 hair。
8. 使用“线条工具”在舞台上绘制出番茄蒂，填充绿色（#00CC00），再使用“选择工具”对其进行调整，如图 5-96 所示。

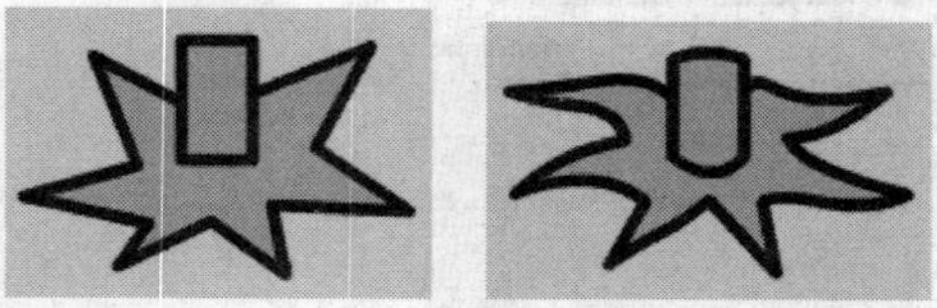

图 5-96 绘制番茄蒂

9. 使用线条工具绘制出番茄蒂的阴影部分，将阴影色填充为深绿色（#63C102），最后将勾阴影的线条删掉，如图 5-97 所示。
10. 将绘制完成的番茄蒂移到前边绘制的圆形上方，如图 5-98 所示。到这里表情的主体部分就绘制完成了。

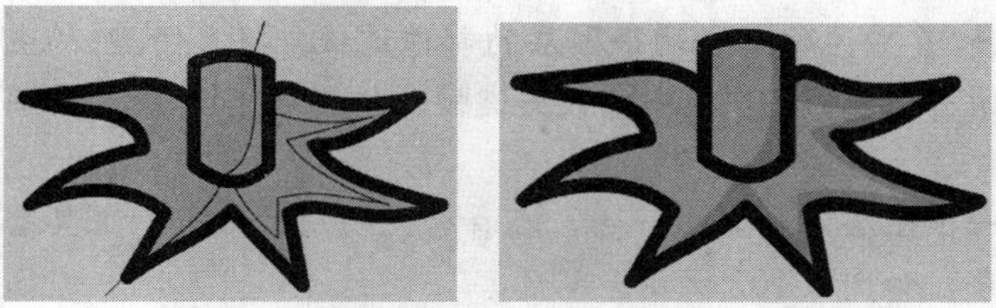

图 5-97　绘制阴影

图 5-98　表情的主体

11. 锁定图层，再插入一个图层，命名为 eyes。在舞台上绘制出眼睛。眼睛以白色为填充色，如图 5-99 所示。
12. 在所有图层第 25 帧上插入普通帧，将图层 eyes 第 5 帧转换为关键帧。
13. 选择第 5 帧，将第 5 帧中眼睛中间的小黑点删掉，使用“线条”工具重新绘制，效果如图 5-100 所示。

图 5-99　绘制眼睛

图 5-100　重新绘制眼睛

14. 复制第 1 帧，将其粘贴到第 6 帧；再复制第 5 帧和第 6 帧，粘贴到第 7 帧；再复制第 5 帧到第 8 帧，粘贴到第 15 帧。将该图层第 25 帧之后的帧删掉，如图 5-101 所示。

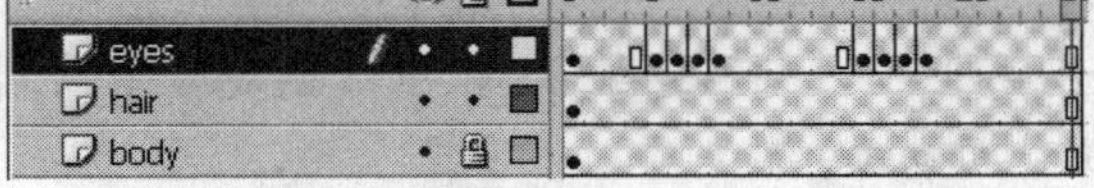

图 5-101　时间轴

15. 保存文档，完成制作

- **表情 2**

1. 新建一个文档，尺寸为 150 × 150。

2. 重复表情 1 中主体部分两个图层的制作过程，将表情 2 的主体部分制作出来。在所有图层第 31 帧中插入关键帧。将图层 hair 中的番茄蒂转换成影片剪辑元件。
3. 新插入一个图层，命名为 eyes，在舞台上使用“线条”工具绘制两条呈八字状的线条，如图 5-102 所示。
4. 将图层 eyes 第 10 帧转换为关键帧，选择图层 eyes 第 10 帧的图形，将其向下移动一段位置，调整其效果，如图 5-103 所示。

图 5-102　绘制线条

图 5-103　第 10 帧中的 eyes

5. 复制图层 eyes 第 1 帧，在图层第 31 帧中粘贴帧，创建第 1 帧到第 10 帧再到第 31 帧之间的形状补间动画。
6. 将图层 hair 第 10 帧转换为关键帧，选择第 10 帧中的元件，将其向下移动少许，使用“任意变形工具”调整形状，使番茄蒂扁一点，如图 5-104 所示。
7. 复制图层 hair 第 1 帧，粘贴到该图层第 31 帧，创建第 1 帧到第 10 帧再到第 31 帧之间的运动补间动画。
8. 将图层 body 第 10 帧转换为关键帧，选择第 10 帧中的图形，使用“任意变形工具”将 body 中的图形压扁一点，如图 5-105 所示。

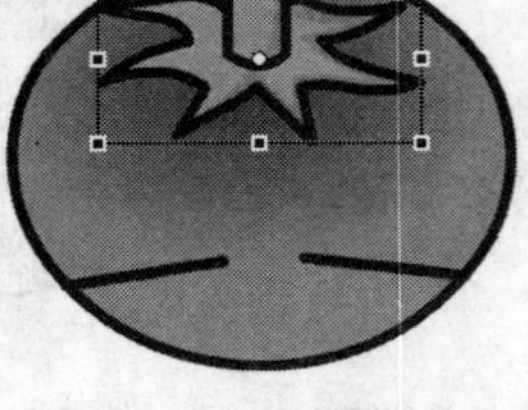

图 5-104　调整元件

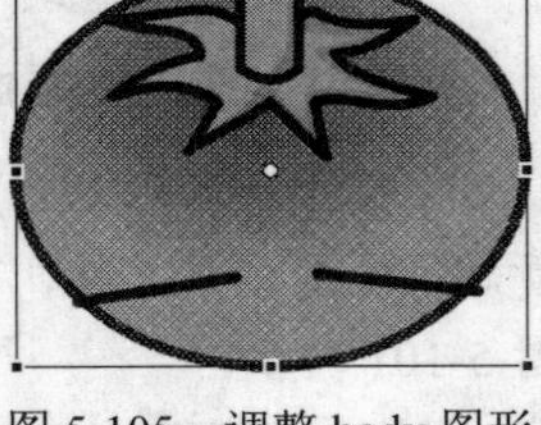

图 5-105　调整 body 图形

9. 复制图层 body 第 1 帧，粘贴到第 31 帧中，创建第 1 帧到第 10 帧再到第 31 帧之间的形状补间动画。
10. 保存文档，完成制作。

以上两个表情的制作是一个基本的制作流程，要想做一套好的表情，还需要读者自己去想去做。从上边的实例可以看出，表情的制作在技术上没用什么特别的，仅仅是利用基本的 Flash 制作手法和帧动画的基本制作。而一个成功的表情，还需要来自于灵感和创意。

5.4　Flash 贺卡

Flash 作为当前主流的多媒体形式，在各种场合、各种情况下都可以通过 Flash 制作的影片来表达、展示信息，其中就包括 Flash 贺卡。

中国在传统上很注重礼尚往来，很早的时候就通过各种方式在不同的节日、庆典向对方表达心意。贺卡就是这种情况下的产物，在网络发展如此进步的今天，贺卡同样也以 Flash 的形式在生活中、在网络中得到了延续。

这一节就来做一个简单的 Flash 贺卡。通过这个实例来介绍 Flash 制作贺卡的基本流程。

操作指南　Flash 贺卡

1. 新建一个文档，打开“文档属性”对话框，设置参数如图 5-106 所示。
2. 将图层 1 改名为 bg，在舞台上使用“矩形工具”绘制一个与舞台大小相同的无边框矩形，并使其与舞台重合。
3. 打开“混色器”面板，将填充色类型设置为“放射状”，将渐变色设置为淡蓝色（#E6F5FF）到蓝色（#00CCFF）渐变，如图 5-107 所示。

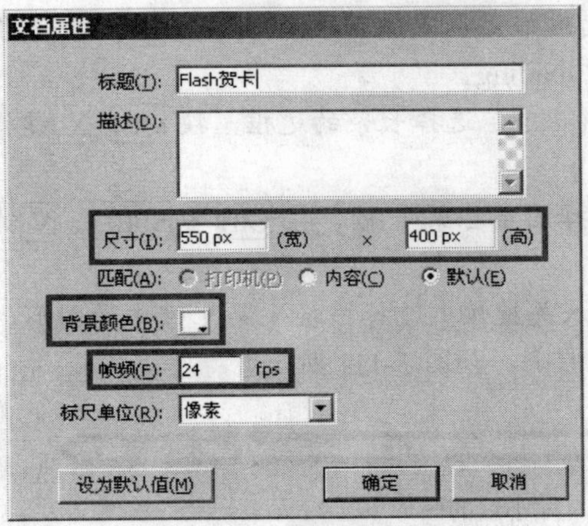

图 5-106　设置文档属性

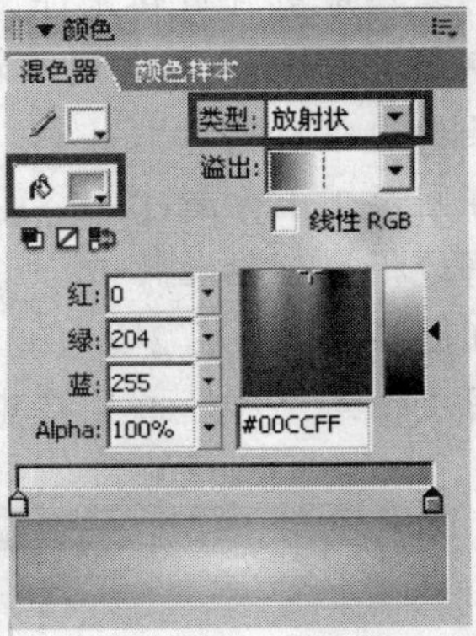

图 5-107　设置渐变色

4. 选择“颜料桶工具”，为矩形添加渐变色，再使用“填充变形工具”调整填充色，效果如图 5-108 所示。
5. 在图层第 6 帧和第 15 帧中插入关键帧，选择第 15 帧，使用“填充变形工具”，将矩形填充色调整如图 5-109 所示。
6. 创建第 6 帧到第 15 帧之间的形状补间动画。在图层第 187 帧插入普通帧。
7. 锁定 bg 层，并在上方插入一个新的图层，将图层命名为 loading。
8. 双击“矩形工具”按钮，在打开的“矩形设置”对话框中设置“边角半径”为 80。

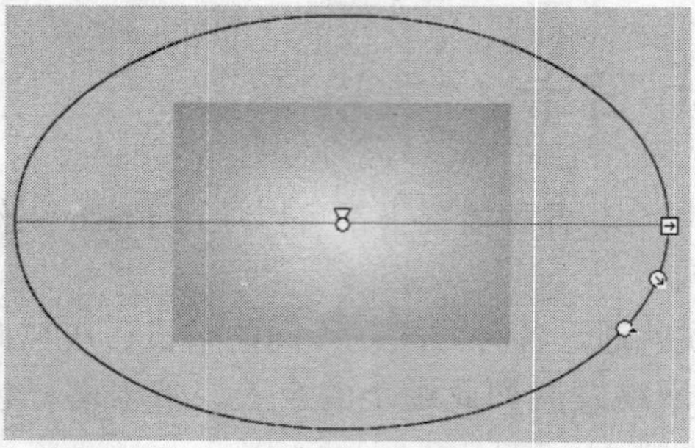

图 5-108　渐变色效果

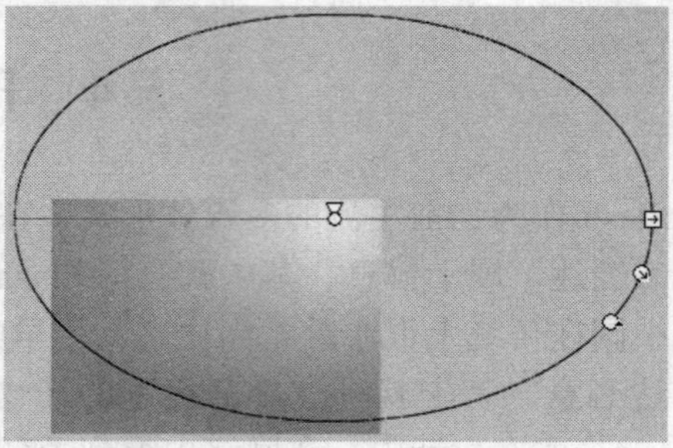

图 5-109　调整渐变色

9. 在舞台中央位置上绘制一个带边框长条矩形，宽为 334.8，高为 8.6，边框笔触为 3。
10. 打开“混色器”面板，设置类型为“线性”，渐变色为蓝色（#0295D2）到淡蓝色（#00CCFF）再到蓝色（#0295D2），使用“颜料桶工具”填充到长条矩形中的填充色部分，并使用“填充变形”工具进行调整，如图 5-110 所示。

图 5-110　长条矩形

11. 在图层第 2 帧中插入关键帧，选择第 1 帧中的长条矩形，按 F8 键将长条矩形转换成影片剪辑元件，命名为 loading。
12. 双击元件 loading，进入元件编辑状态。选择长条的边框，按 Ctrl+X 键将长条的边框剪切掉。
13. 在图层 1 上方新建一个图层，选择图层 2 第 1 帧，按 Ctrl + Shift + V 键，将边框原位粘贴。
14. 在图层 1、图层 2 第 100 帧中插入关键帧。选择图层 1 第 1 帧中的图形，使用“任意变形”工具将其向左侧缩小，如图 5-111 所示。

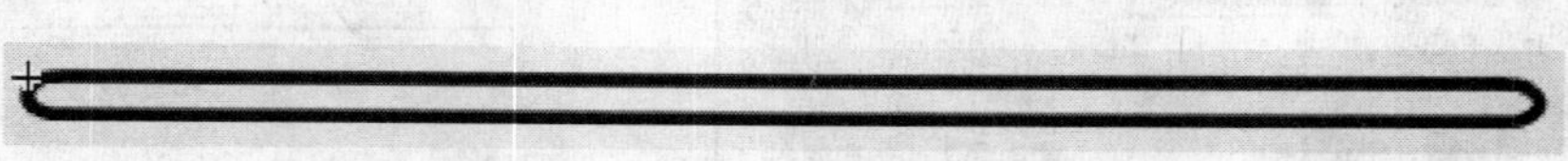

图 5-111　缩小后的图形

15. 创建第 1 帧到第 100 帧之间的“形状补间”动画。在图层 2 上方插入一个新的图层。
16. 使用“文本工具”在长条上方中央位置上单击，创建一个文本框，打开“属性”面板，设置如图 5-112 所示。
17. 在图层第 100 帧中插入普通帧。在图层 3 上方新插入一个图层，在图层第 1 帧和第 100 帧中插入空白关键帧。分别在这两帧中输入“动作”代码如下：

```
Stop();
```

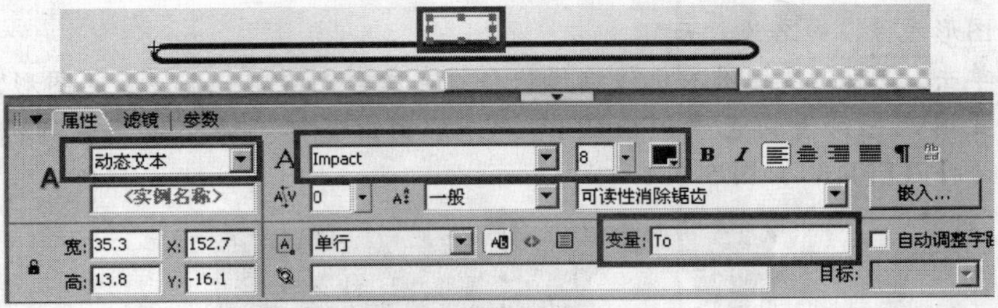

图 5-112　设置文本框的属性

18. 单击时间轴上方的“场景 1”标签，回到主场景舞台。单击选择第 1 帧中的元件 loading，打开“动作”面板，在面板中输入如下代码：

```
onClipEvent (load)
{
    total = _root.getBytesTotal();
}
onClipEvent (enterFrame)
{
    loaded = _root.getBytesLoaded();
    percent = int(loaded / total * 100);
    To = percent + "%";
    gotoAndStop(percent);
    if (loaded == total)
    {
        _root.gotoAndPlay(2);
    }
}
```

19. 在图层 loading 第 5 帧中插入关键帧，将第 5 帧中的长条矩形全部选择，将其向下移动一点儿，打开“混色器”面板，将“笔触”和“填充色”的 Alpha 值设置为 0，如图 5-113 所示。

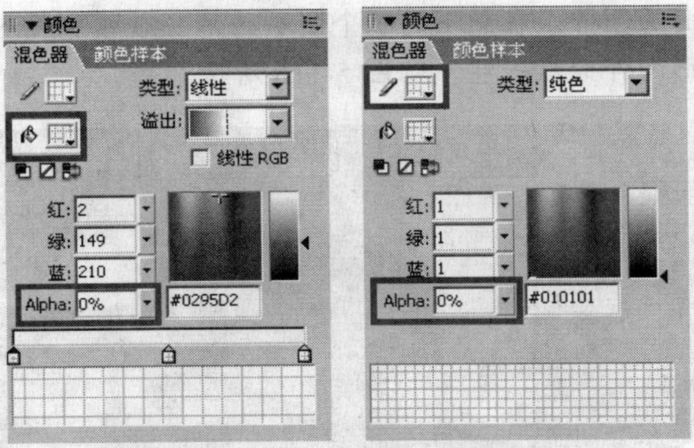

图 5-113　设置长条矩形的颜色

20. 创建第 2 帧到第 5 帧的“形状补间”动画。在第 6 帧中插入空白关键帧。

21. 在图层 loading 上方插入一个图层，命名为“云”。按 Ctrl + F8 键新建一个图形元件，命名为“云”。

22. 单击 确定 按钮进入元件编辑状态，在舞台上绘制一个“云的图形”。设置填充色为青白色（#E6FBFF），并绘制出亮部，调整填充色近似白色（#F7FFFF），如图 5-114 所示。

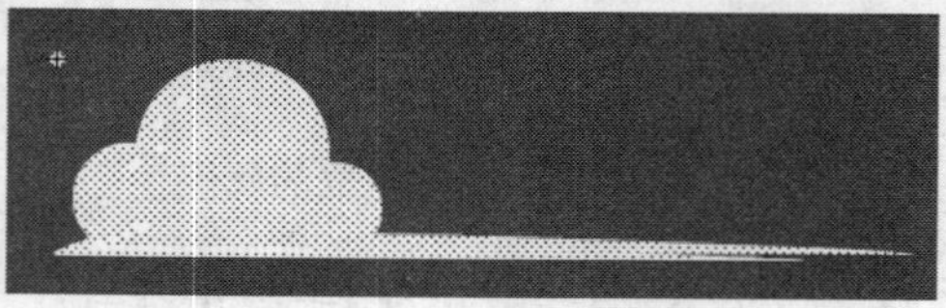

图 5-114 “云”图形

知识讲解 由于云彩色很淡，近于背景色，所以在绘制时将文档的背景色改为深色，以方便制作，制作好后再将背景色换回即可。

23. 按 Ctrl + F8 键再新建一个影片剪辑元件，命名为“云 1”。单击 确定 按钮进入编辑状态。

24. 打开“库”，从“库”中将图形“云”拖拽到舞台上，复制两个，再使用“任意变形工具”将三个图形调整成不同大小，如图 5-115 所示。

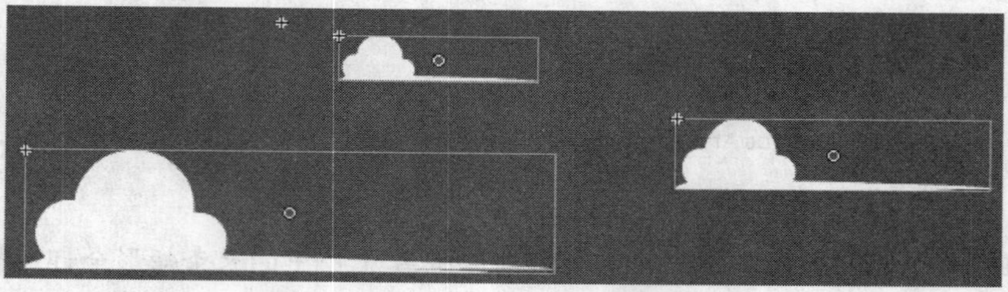

图 5-115 “云 1”元件中的“云”

25. 全选这三个图形，单击右键，在菜单中选择“分散到图层”命令。

26. 将多出的空图层删掉。在剩下的三个图层的第 240 帧中插入关键帧，将该帧中的三个图形向外分散一些，如图 5-116 所示。

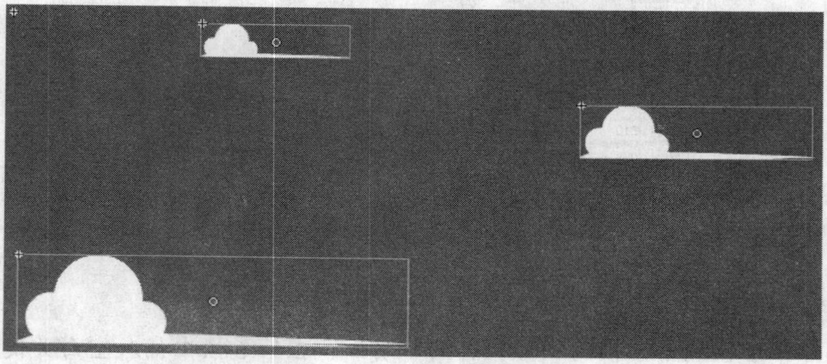

图 5-116 第 240 帧中的元件

27. 复制这三个图层的第 1 帧，粘贴到第 500 帧，创建这三个图层第 1 帧到第 240 帧再到第 500 帧之间的“运动补间”动画。
28. 单击时间轴上方的“场景 1”标签，回到主场景舞台。在图层“云”第 8 帧中插入关键帧。
29. 打开“库”面板，将元件“云 1”拖拽到舞台上，如图 5-117 所示。

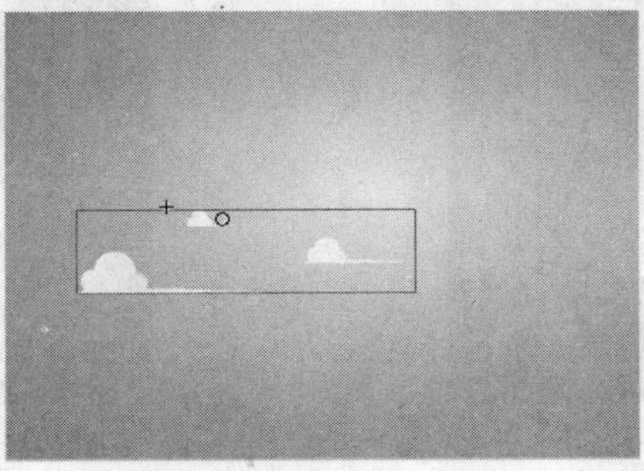

图 5-117　元件“云”的位置

30. 在图层第 15 帧中插入关键帧，选择第 8 帧中的元件，将元件向左下方移出舞台，创建第 8 帧到第 15 帧之间的“运动补间”动画。
31. 在图层第 161 帧、第 170 帧中插入关键帧，选择 170 帧中的元件，将其向上移出舞台。创建第 161 帧到第 170 帧之间的“运动补间”动画。在图层第 171 帧中插入空白关键帧。
32. 在图层“云”上方新插入一个图层，命名为“光晕”。
33. 按 Ctrl + F8 键再新建一个影片剪辑元件，命名为“光晕”。单击 确定 按钮进入编辑状态。
34. 先插入两个图层，在图层 1 中绘制一个无填充的灰白色（#E6FBFF）圆环，在图层 2 中绘制一个无边框灰白色（#E6FBFF）圆形，填充色的 Alpha 值设置为 17。在图层 3 中绘制一个无边框的灰白色（#E6FBFF）五边形，填充色的 Alpha 值设置为 90，如图 5-118 所示。
35. 在三个图层的第 15 帧中插入关键帧，将各帧中元件调整到如图 5-119 所示的位置。

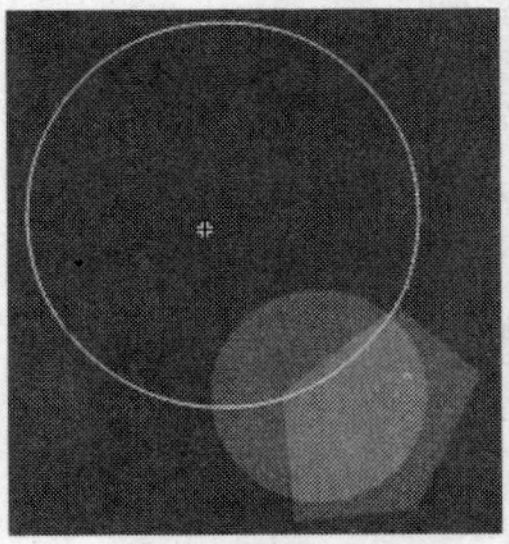

图 5-118　元件第 1 帧中的元件

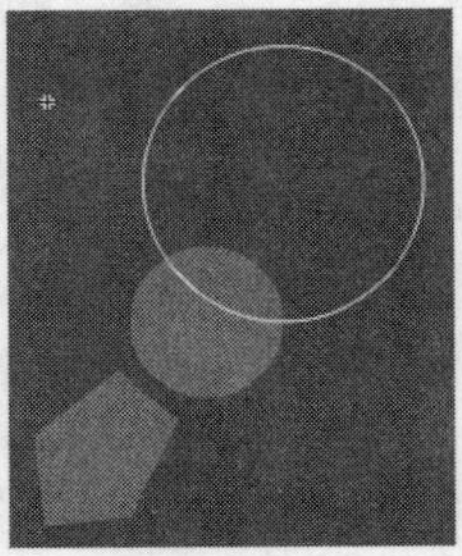

图 5-119　第 15 帧中的元件位置

36. 在三个图层的第 45 帧中插入关键帧，将三个图层中的三个图形全部选中，选择“任意变形工具”，将位于图形中心位置的注册点移动到右上角，如图 5-120 所示。

37. 使用“任意变形工具”控制左下角的控制手柄向右旋转少许，如图 5-121 所示。

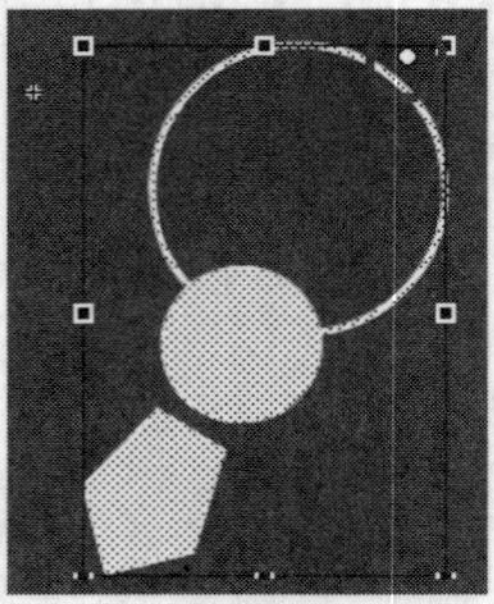
图 5-120　移动注册点

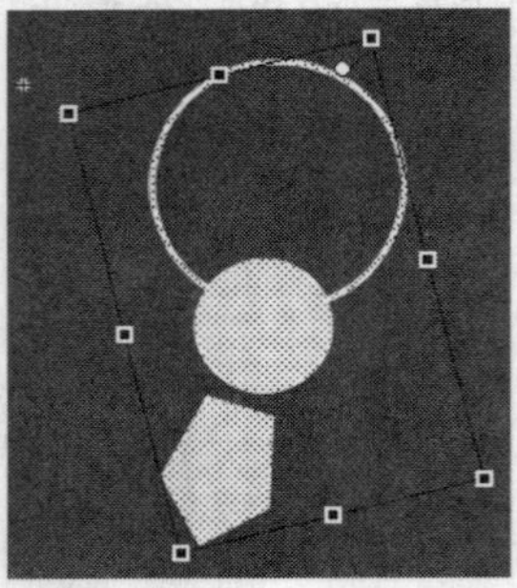
图 5-121　旋转图形

38. 复制这三个图层的第 15 帧，粘贴到图层第 90 帧中。创建这三个图层几个关键帧之间的“形状补间”动画。

39. 在这三个图层上方再插入一个图层，命名为 AS。在图层第 16 帧中插入关键帧，选择第 16 帧，打开“属性”面板，设置帧名称为 n1，如图 5-122 所示。

图 5-122　设置帧名称

40. 在图层第 90 帧中插入关键帧，选择第 90 帧，打开“动作”面板，输入如下代码：

```
gotoAndPlay("n1");
```

41. 单击时间轴上方的“场景 1”标签，回到主场景舞台。在图层“光晕”第 8 帧中插入关键帧，从“库”中将元件“光晕”拖拽到舞台上，如图 5-123 所示。

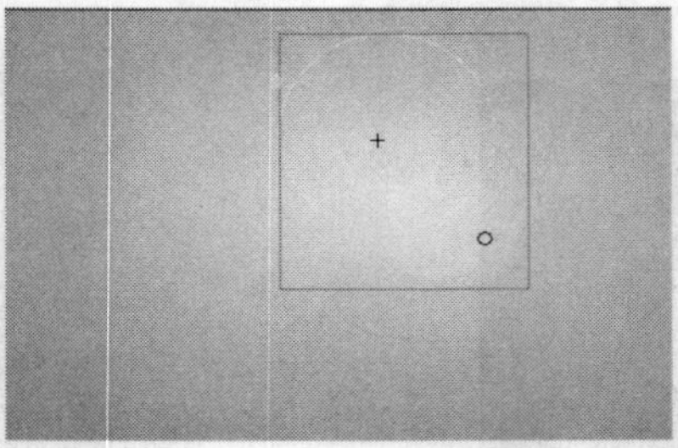
图 5-123　元件“光晕”的位置

42. 在图层第 11 帧插入关键帧，选择第 8 帧中的元件，打开“属性”面板，设置“颜色”选项的 Alpha 值为 0。

43. 创建第 8 帧到第 11 帧之间的“运动补间”动画。在图层第 161 帧、第 170 中插入关键帧，选择第 170 帧中的元件，将其向左上方移出舞台，并使用“任意变形工具”向左旋转少许。

44. 创建第 161 帧到第 170 帧之间的“运动补间”动画。在图层第 171 帧中插入空白关键帧。

45. 在图层“光晕”上新插入一个图层，命名为“飞机”，在图层第 17 帧中插入关键帧。

46. 选择“文件”/“导入”/“导入到库”命令，将随书光盘中“调用文件/第五课”文件夹中的“飞机.swf”导入到库中。

47. 选择图层“飞机”第 17 帧，从“库”中将元件“飞机.swf”拖拽到舞台上。选择“飞机.swf”，按 F8 键，将元件转换成影片剪辑元件，命名为“飞机 1”。双击元件，进入元件“飞机 1”的编辑状态。

48. 在图层 1 第 15 帧中插入空白关键帧，在图层 1 上方插入一个新图层，使用“椭圆工具”在飞机尾部绘制一个无边框灰色椭圆形，如图 5-124 所示。

图 5-124 绘制椭圆

49. 选择椭圆图形，按 F8 键将其转换成影片剪辑元件，命名为“尾气”，双击元件进入元件“尾气”的编辑状态。

50. 在图层 1 第 15 帧中插入关键帧，选择“任意变形工具”将第 15 帧中的图形正比放大少许，在“混色器”面板中把填充色的 Alpha 值设置为 0，如图 5-125 所示。

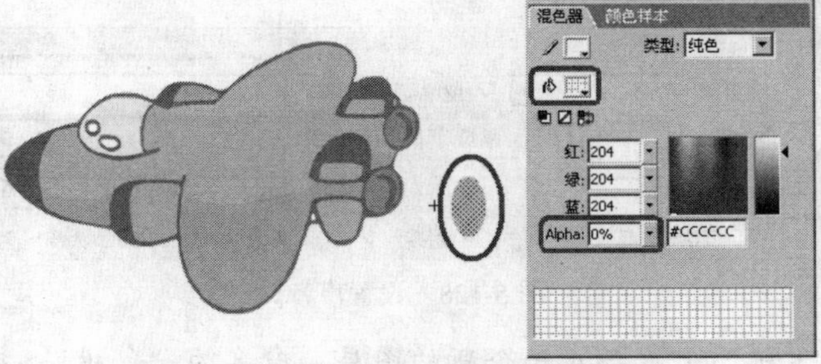

图 5-125 设置第 15 帧中的图形

51. 创建第 1 帧到第 15 帧之间的“形状补间”动画。单击时间轴上方的“飞机 1”标签，切换到“飞机 1”编辑状态。

52. 将元件“尾气”再复制一个，放到另一个飞机喷气孔处，如图 5-126 所示。

图 5-126　复制元件“尾气”

53. 复制图层 2 第 1 帧，在图层 2 上方新插入一个图层，在图层 3 第 8 帧中粘贴帧。
54. 单击时间轴上的“场景 1”元件，切换到主场景舞台。
55. 选择图层“飞机”第 17 帧中的元件，将其调整到舞台右侧。在图层第 155 帧中插入关键帧，选择第 155 帧中的元件，将其调整到舞台左侧，如图 5-127 所示。

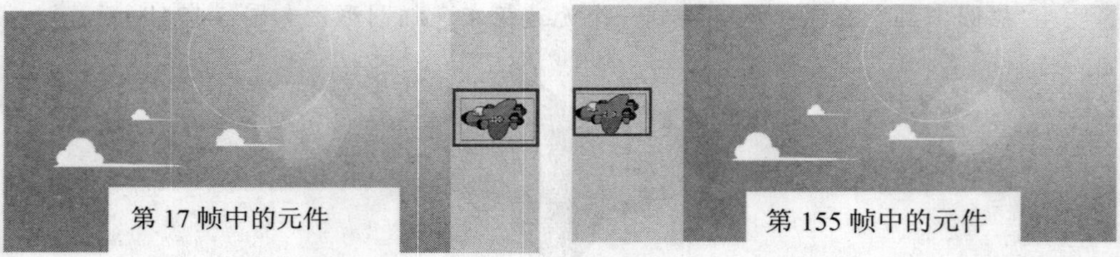

图 5-127　飞机图形的位置

56. 创建第 17 帧到第 155 帧之间的“运动补间”动画。在图层第 156 帧中插入空白关键帧。
57. 选择“文件”/“导入”/“导入到库”命令，将随书光盘中“调用文件/第五课”文件夹中的“flyby2.wav”导入到库中。
58. 选择图层“飞机”第 17 帧，打开“属性”面板，在“声音”选项中选择 flyby2.wav，如图 5-128 所示。

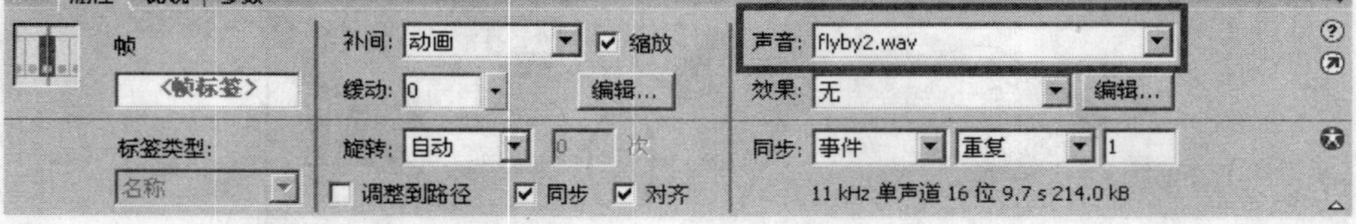

图 5-128　设置声音

59. 在图层“飞机”上方插入一个新的图层，命名为“包袱”。按 Ctrl + F8 键再新建一个影片剪辑元件，命名为“包袱”。单击 确定 按钮进入编辑状态。
60. 在舞台中绘制一个包袱，颜色可根据个人喜好进行设定，如图 5-129 所示。

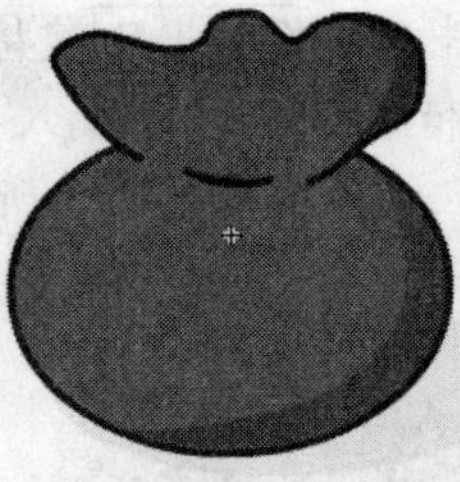

图 5-129　绘制包袱图形

61. 单击时间轴上方的"场景 1"标签，切换到主场景舞台，在图层"包袱"第 81 帧中插入关键帧。
62. 选择第 81 帧，打开"库"面板，将元件"包袱"拖拽到舞台上，使用"任意变形工具"将元件正比缩小，并移到"飞机"下方，如图 5-130 所示。

图 5-130　设置"包袱"元件

63. 在图层第 128 帧中插入关键帧，将元件"包袱"向下移出舞台。创建第 81 帧到第 128 帧之间的"运动补间"动画。
64. 在图层 167 帧中插入关键帧，使用"任意变形工具"将位于舞台外的元件成正比放大，如图 5-131 所示。
65. 在图层第 180 帧中插入关键帧，将元件"包袱"向上移到舞台中间偏下的位置上，如图 5-132 所示。

图 5-131　放大"包袱"元件

图 5-132　第 180 帧中的元件

66. 创建第 167 帧到第 180 帧之间的"运动补间"动画。在第 181 帧中插入关键帧，选择第 181 帧中的元件，按 Ctrl + B 键将元件打散。

67. 在图层第 183 帧、185 帧和第 187 帧中插入关键帧，使用“选择工具”，将这三帧中的元件进行调整，效果如图 5-133 所示。

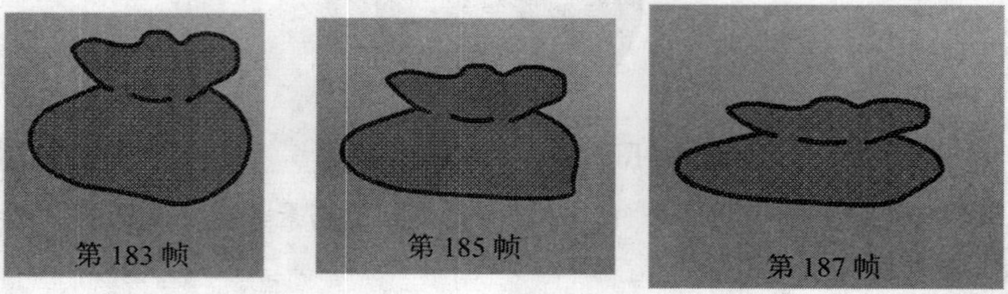

图 5-133　调整图形

68. 选择第 181 帧中的图形，再复制一个图形，选择复制的图形，按 F8 键将元件转换为“按钮”元件，命名为 bt，如图 5-134 所示。

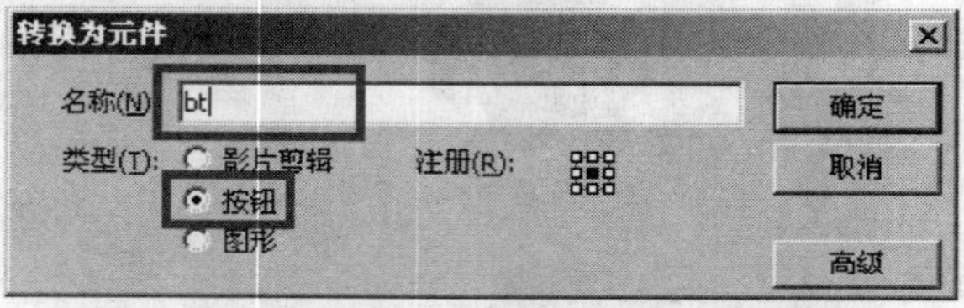

图 5-134　转换元件

69. 双击转换成按钮的元件，进入元件的编辑状态，在时间轴上将位于“弹起”上的关键帧拖拽到“点击”帧上，如图 5-135 所示。

70. 单击时间轴上方的“场景 1”标签，切换到主场景舞台。将按钮元件移到与“包袱”图形重合的位置上，如图 5-136 所示。

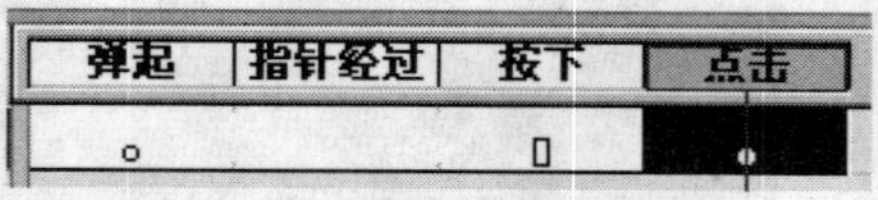

图 5-135　设置按钮关键帧

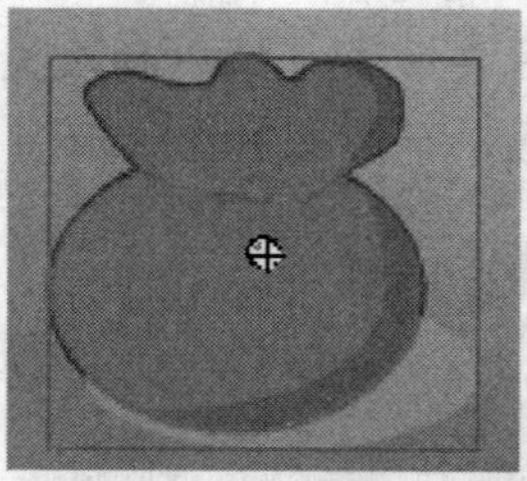

图 5-136　使两个元件重合

71. 右键单击按钮元件，打开“动作”面板，在“动作”面板中输入如下代码：

```
on(press){
gotoAndPlay(181);
}
```

72. 在图层“飞机”和图层“包袱”之间插入一个图层，命名为 bg2。

73. 按 Ctrl + F8 键再新建一个“图形”元件，命名为 bg2。单击 确定 按钮进入编辑状态。

74. 在舞台上绘制出白云、大地的图形，如图 5-137 所示。

图 5-137　绘制 bg2

75. 单击时间轴上方的“场景 1”标签，切换到主场景舞台。在图层 bg2 第 167 帧中插入关键帧。

76. 从“库”中将图形元件 bg2 拖拽到舞台下方，调整大小及位置，如图 5-138 所示。

77. 在图层第 180 帧中插入关键帧，选择第 180 帧中的元件，将元件向上移动到舞台上，如图 5-139 所示。

图 5-138　元件 bg2 的大小及位置

图 5-139　元件在第 180 帧中的大小及位置

78. 创建第 167 帧到第 180 帧之间的“运动补间”动画。在图层第 187 帧中插入普通帧。

79. 在所有图层上方插入一个新图层，命名为“指示”。在图层第 181 帧中插入一个关键帧，在舞台上绘制一个标签的图形，并使用“文本工具”，在标签上输入“点我”字样，全选标签和文本，按 F8 键将其转换成影片剪辑元件，命名为 Text，效果如图 5-140 所示。

80. 双击元件 Text，进入元件的编辑状态，全选舞台中的图形，再按 F8 键将其转换为图形元件，命名为 t1。

81. 在图层 1 第 5 帧中插入关键帧，使用“任意变形工具”，将第 5 帧中的元件向右旋转少许，如图 5-141 所示。

82. 复制第 1 帧，粘贴到第 10 帧。点击时间轴上方的“场景 1”，切换回主场景舞台。

83. 在图层“指示”的第 182 帧中插入空白关键帧。在图层“指示”上插入一个新图层，命名为 Text。

图 5-140　标签样式

图 5-141　旋转元件

84. 在图层 Text 第 182 帧中插入关键帧，选择第 182 帧，打开“动作”面板，在面板中输入代码如下：

```
stopAllSounds();
```

85. 在图层 Text 第 183 帧中插入关键帧，使用“文本工具”在舞台上输入“猪你生日快乐”字样，字体为“文鼎 P O P – 2 繁”，字号为 61，颜色为红色（#FF0000）。将字样转换成影片剪辑元件，命名为 Text1。
86. 双击 Text1 元件，进入元件编辑状态。将文本打散，复制所有文本。使用“墨水瓶”工具为打散的文本添加笔触为 5，颜色为黄色（#FF9900）的边框。
87. 在图层 1 上方插入新图层，按 Ctrl + Shift+V 键原位粘贴文本，如图 5-142 所示。

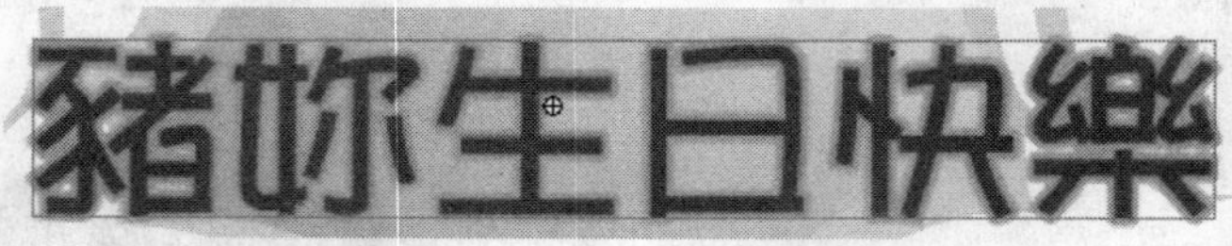

图 5-142　制作的文本

88. 回到主舞台场景。在第 187 帧中插入关键帧，选择第 182 帧中的元件，使用“任意变形工具”将元件正比缩小，并移动到“包袱”口上方。
89. 选择第 183 帧中的元件，打开“滤镜”面板，添加“模糊”滤镜，效果如图 5-143 所示。

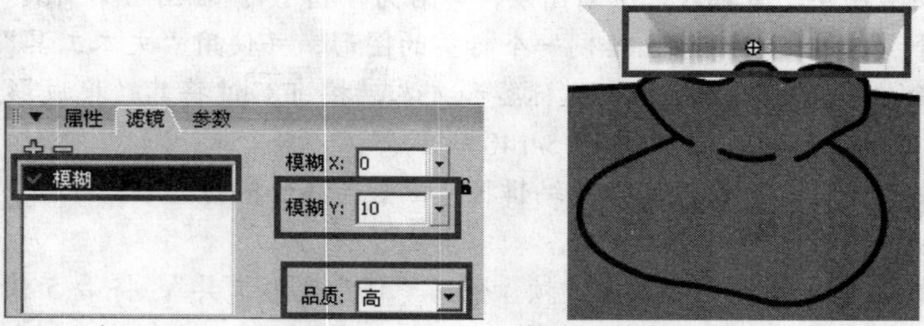

图 5-143　第 183 帧中的元件

90. 创建第 183 帧到第 187 帧之间的“运动补间”动画。将随书光盘“调用文件\第 5 课”中的“生日.mp3”文件导入到“库”面板中。
91. 选择第 182 帧，打开“属性”面板，在“声音”选项中选择“生日.mp3”，如图 5-144 所示。

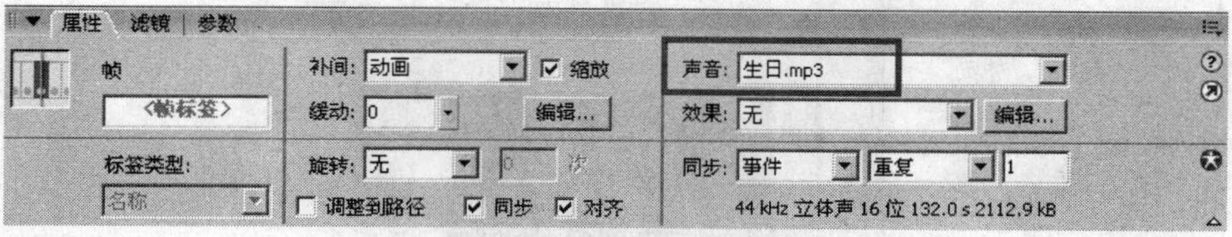

图 5-144　设置声音选项

92. 在图层 Text 上插入一个新的图层，命名为 Replay，在图层第 187 帧中插入关键帧。
93. 执行“窗口”/“公用库”/“按钮”命令，打开“库-按钮”面板，从中选一个按钮，如图 5-145 所示。
94. 将其拖拽到舞台上，双击按钮元件，进入元件编辑状态，选择图层 Text 中的文本，双击文本进入文本元件的编辑状态，将 Enter 改为 Replay，如图 5-146 所示。

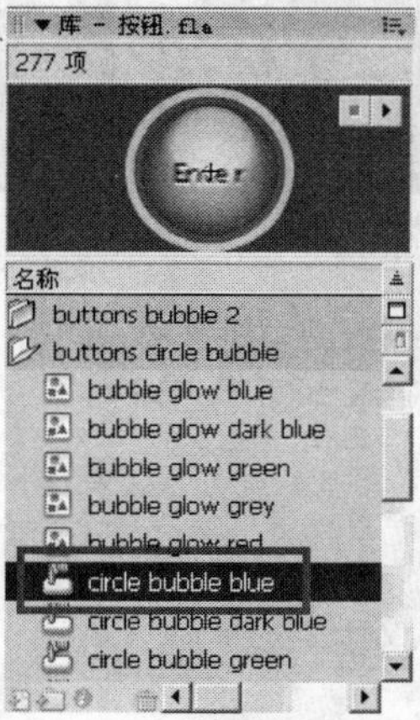

图 5-145　选择按钮

图 5-146　修改文本

95. 切换到主场景舞台，将按钮移到舞台右下角。右键单击按钮元件，打开“动作”面板，在面板中输入如下代码：

```
on(press){
     stopAllSounds();
   gotoandplay(6);
   }
```

96. 在图层 Replay 上再新建一个图层，命名为 Mask。在图层 Mask 第 187 帧中插入关键帧，将舞台缩小到 25%。
97. 选择第 187 帧，使用“矩形工具”，在缩小后的工作区上绘制一个黑色矩形，将工作区遮住，如图 5-147 所示。
98. 在黑色矩形旁边绘制一个与舞台大小相同的其他颜色的矩形。选中与舞台大小相同的矩形，打开“对齐”面板，使其与舞台重合，然后按 Delete 键将其删除，如图 5-148 所示。

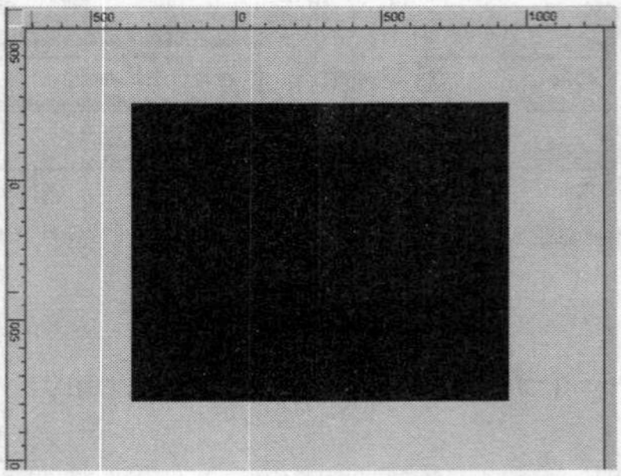

图 5-147　绘制遮避矩形

图 5-148　制作遮罩

99. 在图层 Mask 上方新建一个图层，命名为 AS。在图层第 1 帧、第 181 帧和第 187 帧中入关键帧，并在这三个帧中都输入如下代码:

```
stop ();
```

100. 保存文档，完成制作。

5.5　本课小结

作为最能体现 Flash 作品商业价值的互联网，它是一个多元化的媒体平台。因此，在这个平台上的事物也是多元化的，而 Flash 软件正很好地将多种元素融汇到这个平台上来。

本课介绍了 Flash 在网络上的三种不同的应用方式，当然还有很多短片、片头等方式。Flash 的应用空间还是非常大的，只要能想到就没有做不到的。除了在网络上制作用于网页的 Flash 动画，Flash 动画还可以用于教育和展示等。

第六课

商用动画设计之完结篇

主要内容

- 构思创意
- 素材的制作
- 丽声广告制作
- 本课小结

通过前边几课的学习，相信读者朋友已经掌握了 Flash 动画创作的基本方法和技巧，从中学习到 Flash 图形的绘制、影片动画的创建以及简单 ActionScript 动作代码的使用。

再有就是如何使用 Photoshop 和 Painter 制作 Flash 影片中需要用到的相关素材。本课将会模拟一个产品的 Flash 广告制作全过程，用以学习商用 Flash 影片动画的一般过程。

6.1 构思创意

在正式开始制作 Flash 商用广告之前，还需要一个很重要的工序，那就是构思创意。一个广告不是随心做出来的，一个好的广告更是如此。

在如此的商业浪潮中，创意要远比技术重要得多，如果没有好技术，仅有一个好的创意，做出来的作品一样也是一部好作品。

6.1.1 广告剧本

广告剧本可以理解成对一个广告创意的文字叙述方式。这就如同电影剧本一样，把情节、环境等元素以文字的形式表达出来，为的是使广告客户能够充分地理解广告设计的内容，并根据内容提出相关的意见和建议。

广告剧本一般分为文字剧本和仿古式剧本。文字剧本就是以纯文字的形式，将整个故事内容写下来就可以，在内容表述方法上有些许区别，但形式是一样的；另一种仿古式剧本是将剧本内容分成几个大的场景，使用两栏式的图标标示出图像声音内容。

本案例自然也需要一个剧本，本案例剧本如下：

- **丽声音响广告剧本**
  - 镜头 1：随着《加州旅馆》的背景音乐，镜头划过茫茫沙漠中的一个个沙丘，沙丘分为远景和近景，近景移动要快于远景。
  - 镜头 2：出现一个人的脚步穿过镜头，脚步很缓慢，显得很疲惫。
  - 镜头 3：人物面部特写，抬头看看远方，继续前行。镜头拉到远景，在不远处出现几道破墙。
  - 镜头 4：人物坐靠在破墙上，低着头，镜头从下到上移动，直到人物脸部。人物从手中拿出一个小播放器。
  - 镜头 5：镜头中出现人物的手和播放器，在播放器上有“丽声”字样儿的标志。随着拇指按动播放器上的按钮，背景音乐切换成《快乐的我们》，镜头快速拉远，画面整个变为青山绿水的场景。
  - 镜头 6：画面变为白色，在画面中央出现“丽声，用声音改变世界”字样。

剧本不是一次成型的，还需要根据客户的要求以及双方的讨论意见进行修改，最大程度地满足客户的要求，追求最佳的效果。

6.1.2　设计场景

在制作 Flash 影片的场景时，对于具有一定美术功底的读者来说，则可以使用 Painter 软件进行制作。由于本案例还是 Flash 软件的应用，也为了统一制作风格，案例中所需的元素多以 Flash 直接绘制。

在本案例中主要有两大场景，一个为沙漠，另一个为绿洲。其中绿洲的背景也是在沙漠背景主体上修改而成的，如图 6-1 所示。

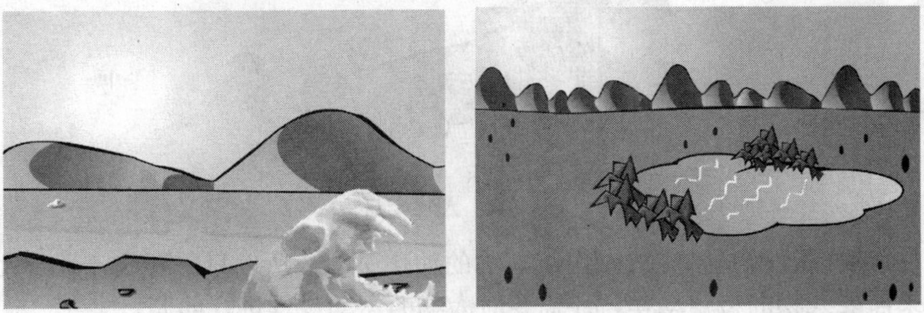

图 6-1　设计场景

案例中一共有 6 个镜头，其中有沙漠的场景居多。由于案例中的背景是以矢量图形构成的，可以随意放大缩小，可以利用这个特点，将背景图形的不同位置做为镜头的背景，以配合镜头需要。

在设计场景时，需要注意的是背景图形中多种颜色的关系，以符合镜头所要表达的气氛。还有一点就是明暗关系的表现，使整个舞台画面具有立体感。

6.1.3　设计人物

在剧本设计中，有三处需要出现人物的地方。由于设计环境为沙漠，所以人物的设计也是一身沙漠行装的形象。本案例中设计的人物为比较 Q 的卡通人物，带着小牛仔帽，围着围巾，如图 6-2 所示。

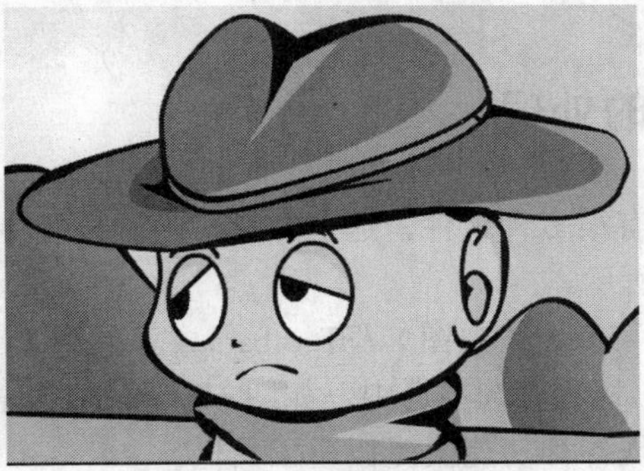

图 6-2　人物设计

图 6-2 所示是一个面部的特写，也就是镜头 3 中的一个画面。除了这个镜头中的面部特写，还需要一个全身的人物形象，根据头部设计的风格，对镜头 4 中所需的人物进行设计制作，如图 6-3 所示。

图 6-3 人物全身

这样，人物设计就基本完成。由于人物的动作不多，所以只需要设计人物几个静态的形象。如果需要人物的特定动作，还需要对人物的运动过程进行绘制。

6.2 素材的制作

动画需要考虑对案例剧本的设计，以及人物、环境的设计，接下来就对这些素材进行制作。素材可以分为矢量图形的制作，也就是人物和背景图形的制作；以及使用 Photoshop 软件对位图对象进行处理后再导入 Flash 软件中的制作。

本节介绍一下使用 Photoshop 软件对位图素材进行处理，为 Flash 影片制作做准备。

6.2.1 素材的准备

这里说的准备，也可以说是通过多种渠道采集所需要的素材。本案例中用到的外部素材其实不多，只有两张 JPEG 图片，还有几个音频文件，都是通过网络下载的免费素材，如图 6-4 所示。

6.2.2 对音频素材的处理

对于音频素材的处理有很多种软件，这里介绍一种软件叫 Sound Forget，可以用它对音频进行处理，如图 6-5 所示。

打开该软件后，执行 View（视图）/ Toolbars（工具栏）命令，打开“视图设置窗口”。在 Toolbars 标签中，将所有选项选中，如图 6-6 所示。单击 确定 按钮关闭对话窗口后，在界面中就会出现各种功能快捷按钮工具栏。

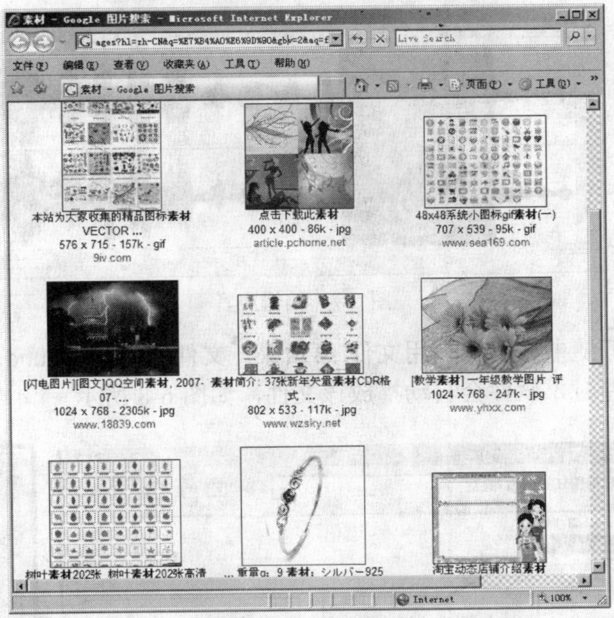

图 6-4　素材的采集

图 6-5　音频处理软件

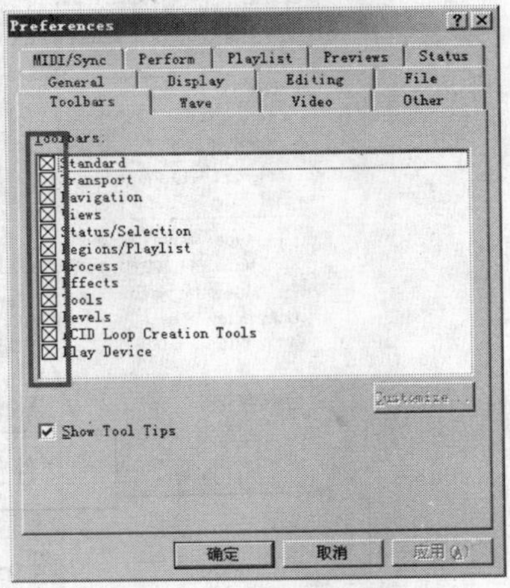

图 6-6　视图窗口

单击 File（文件）/ Open（打开）命令，打开要编辑的元件，在软件工作区中会打开文件的声音波纹，可以使用鼠标进行区域选择，可以对声音的个别部分进行编辑，如图 6-7 所示。

本案例中需要四个声音文件，有背景音乐 sound1、sound2 以及两个音效文件“风”、“按键”，格式都为 wav。这是一种体积比较小的音频文件，选择这种格式为的是最大限度地减小 Flash 影片的体积。

案例中的音效在处理上使用了该软件中的几个常用功能。其中有“淡出/淡入”和“音量控制”效果。

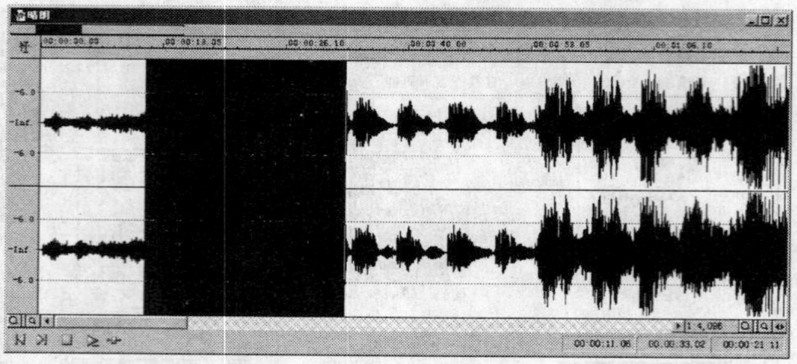

图 6-7　编辑声音

使用该软件打开随书光盘“调用文件/第六课”文件夹中的 Sound1.wav 文件，在打开的窗口中选择该文件时，软件会自动播放该文件，如图 6-8 所示。

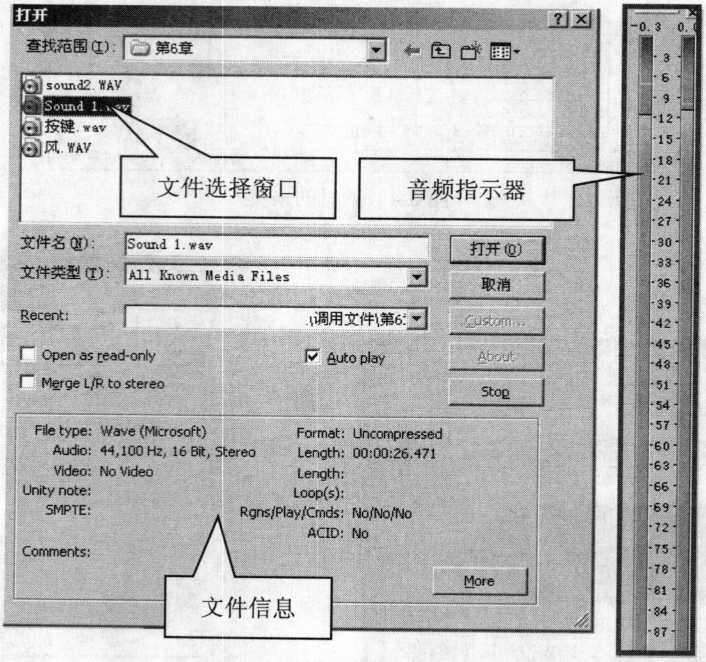

图 6-8　选择要编辑的文件

打开文件后，选择需要编辑的音频部分，执行菜单栏中的 Process（处理）/ Fade（渐变）/ In（渐进）命令，或者直接单击工具栏上的“渐进”快捷按钮，将选中的音频部分处理成渐进效果，如图 6-9 所示。

单击波纹窗口下方的“播放”按钮，对处理的部分进行试听。根据试听效果反复进行修改，以求最好的效果。

同样的，修改音量是把音量不适合要求的音频文件进行增大、减小处理。将需要修改的音频部分选中，选择 Process（处理）/ Volume（音量）命令，打开音量设置对话框，如图 6-10 所示。

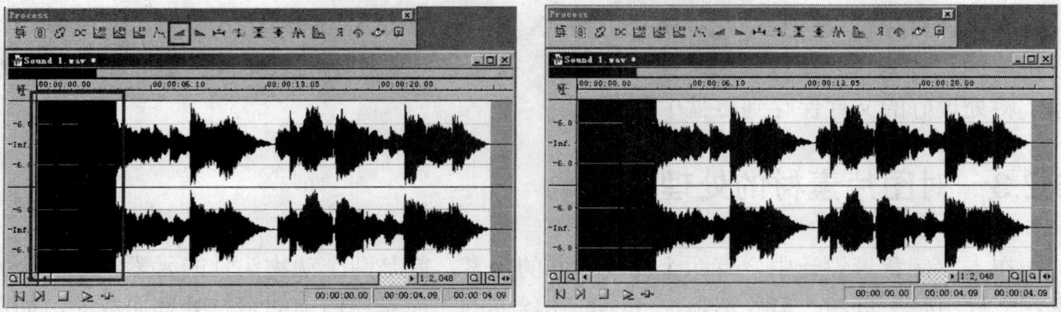

图 6-9　处理渐进

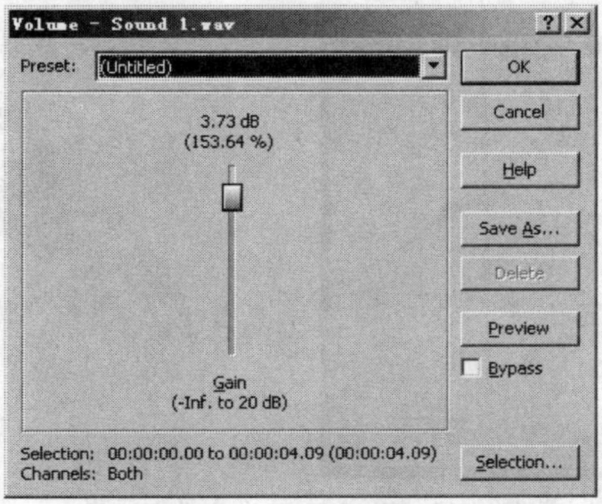

图 6-10　音量设置对话框

拖动对话框中间的滑块，可以调整音频的音量，单击“预览”按钮对音量进行试听，调整到理想的效果。

当处理好音频文件后，选择 File（文件）/ Save as（另存为）命令，打开“另存为”对话框，如图 6-11 所示。

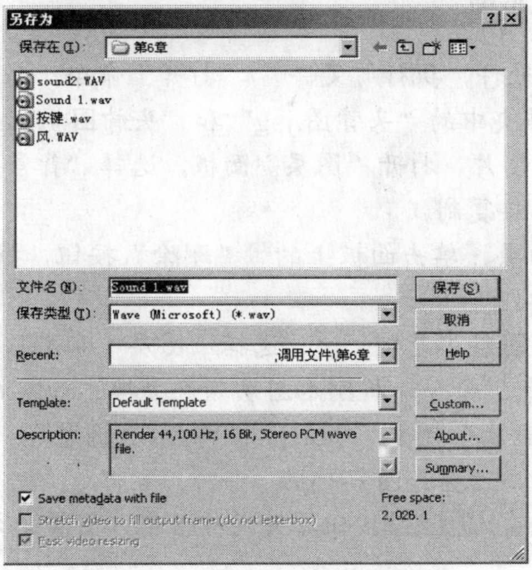

图 6-11　另存文件

在“保存类型”一栏中选择需要的格式，本案例中选择 wav 格式。对于音频参数比较了解的读者来说，可以按 Custom... “设置”按钮，对要输出的音频文件进行更细致的修改。将处理好的文件保存到磁盘中备用。

6.2.3 对图片素材的处理

在本案例背景设计中，有两个比较特殊的元素，就是两个动物头骨的元素，这两个元素在文件中是矢量图，但并不是在 Flash 中绘制的，而是由网上的素材处理而成的，如图 6-12 所示。

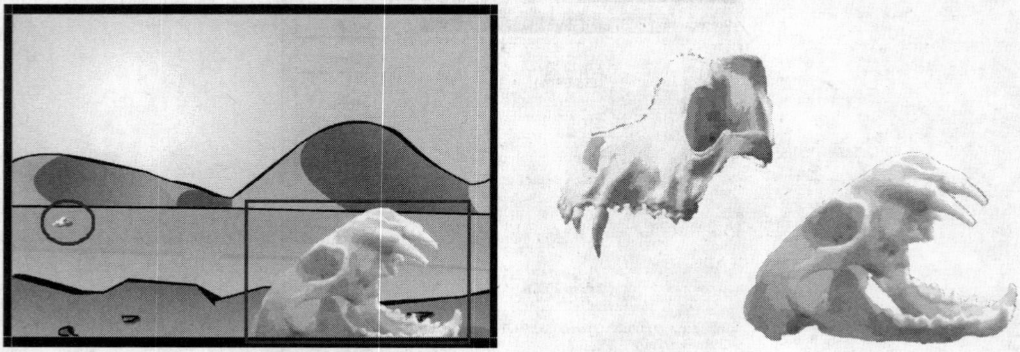

图 6-12 Flash 中的“头骨”元素

这两个元件的原图是由网络上下载的免费素材，这样的素材虽然多，但肯定不会很符合本案例中的需要。因此需要使用 Photoshop 软件对素材图片进行处理。

本案例中的两个元件是通过 Photoshop 软件的抠图技术得到的。下面介绍一下如何从网络下载的素材中提取需要的元素。

- **使用 Photoshop 软件抠图**

1. 打开 Photoshop 软件，执行“文件”/“打开”命令，打开随书光盘“调用文件/第六课”文件夹中的“头骨图.jpg”和“头骨图 1.jpg”。
2. 选择其中的一幅图片。打开“图层”面板，选择“背景”图层，按 Ctrl + J 组合键将背景图层复制。
3. 选择“背景”图层，单击面板上的“删除”按钮，将背景图层删除，“图层”面板如图 6-13 所示。
4. 重复步骤 2 再将图层 1 复制一遍。选择“图层 1 副本”图层，执行“图像”/“调整”/“去色”命令，将副本图层颜色去掉，如图 6-14 所示。
5. 选择“图层 1 副本”图层，执行“图像”/“调整”/“色阶”命令，打开“色阶”对话框，设置如图 6-15 所示。
6. 设置完成后单击 确定 按钮，关闭对话框，图像的效果如图 6-16 所示。

图 6-13　创建图层 1

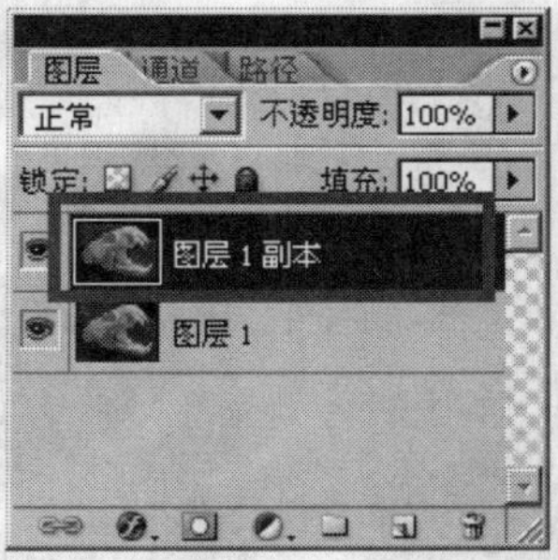

图 6-14　创建去色图层对象

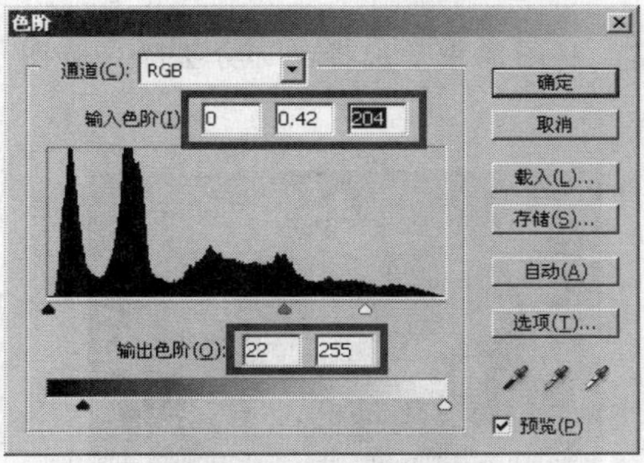

图 6-15　设置图像色阶

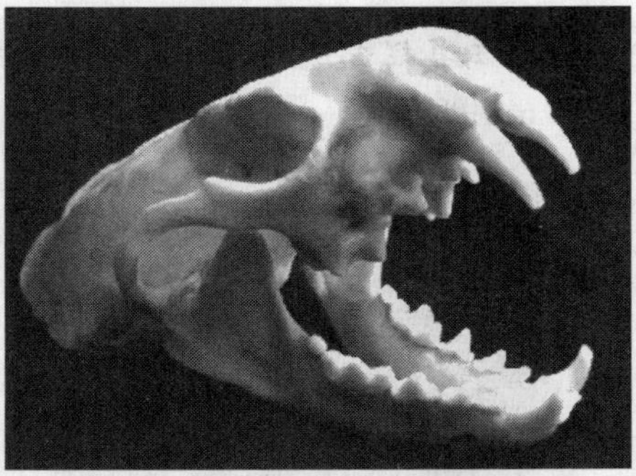

图 6-16　图像调整后的效果

7. 选择图层"图层 1 副本"，执行"选择"/"色彩范围"命令，打开"色彩范围"对话框。设置如图 6-17 所示。

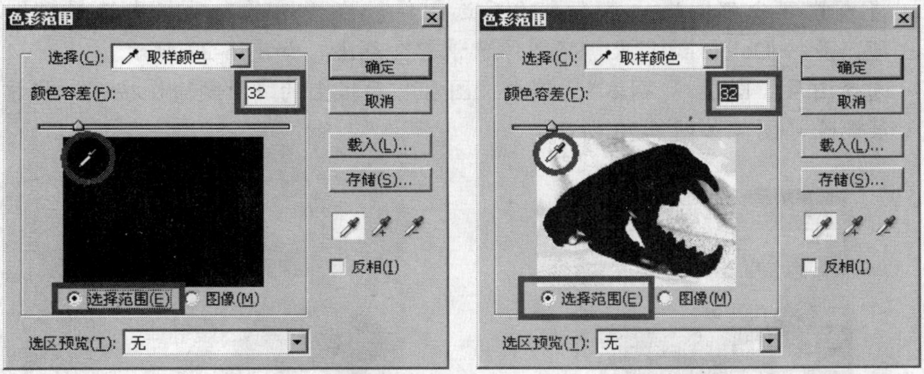

图 6-17　选择"色彩范围"

8. 设置好"颜色容差"，用鼠标在上图吸管位置上单击，选择背景位置色彩。单击 确定 按钮关闭对话框，图像效果如图 6-18 所示。
9. 执行"选择"/"反向"命令，对图像进行反向选择，如图 6-19 所示。
10. 在工具栏中使用选择工具，按住 Shift 键，将图像中少选择的部分一同圈选，如图 6-20 所示。

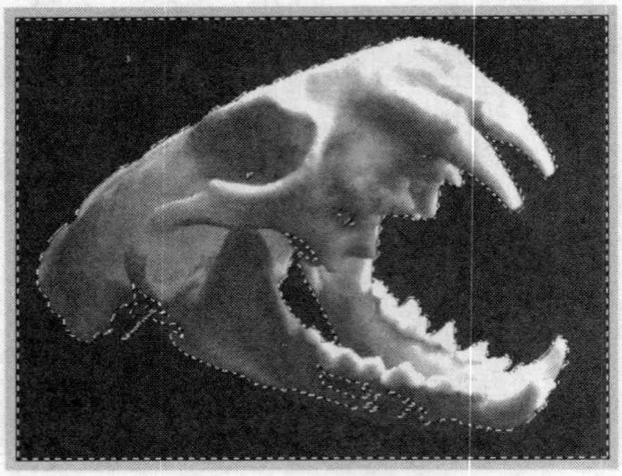

图 6-18　选择图像的状态

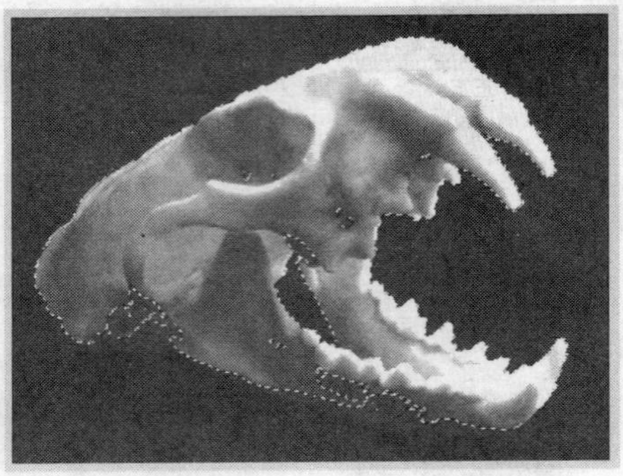

图 6-19　反向选择图像

11. 在工具栏中使用选择工具，按住 Alt 键，将图像中多选择的部分去除，如图 6-21 所示。

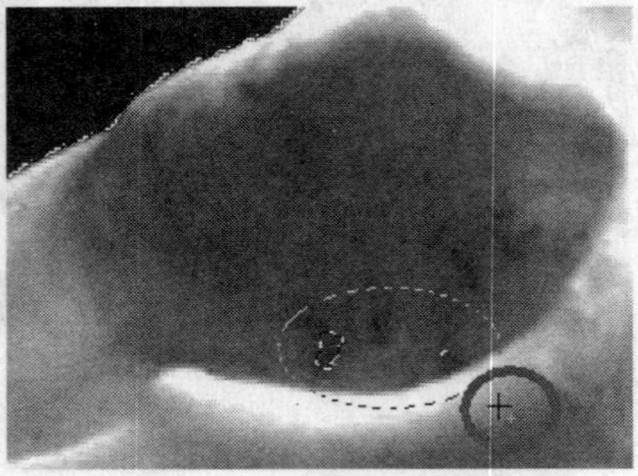

图 6-20　圈选缺失部分

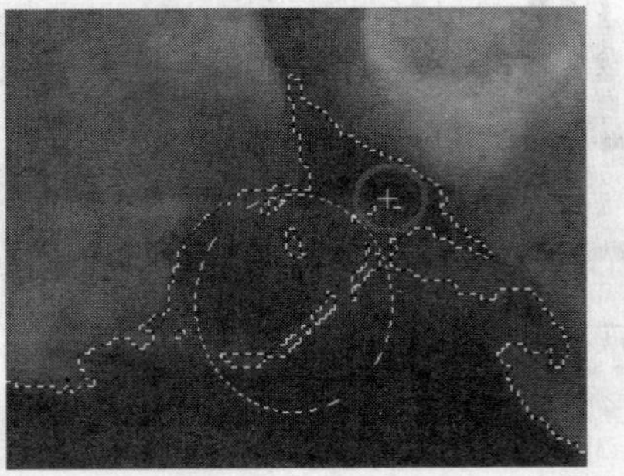

图 6-21　圈选多余部分

12. 将头骨部分都圈选出来，再次反选图像。在“图层”面板中选择“图层 1”，多按 Delete 键几次，将图像背景部分删除，如图 6-22 所示。
13. 选择图层“图层 1 副本”，单击“图层”面板上的“删除”按钮，将该图层删除，图像如图 6-23 所示。

图 6-22　“图层”面板

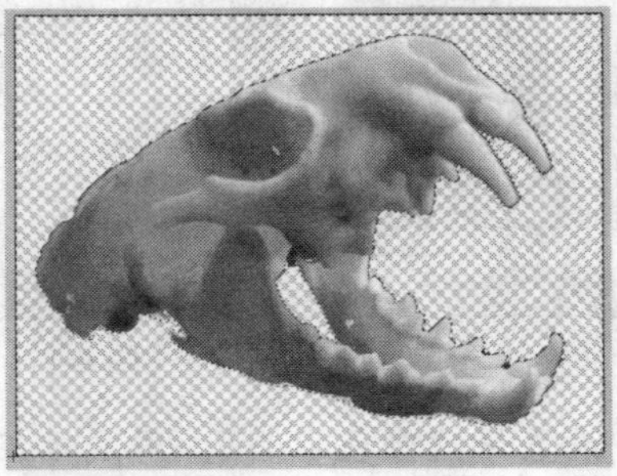

图 6-23　图层效果

14. 按 Ctrl + D 键把选区取消。执行“图像”/“调整”/“色彩平衡”命令，打开“色彩平衡”对话框。设置“中间调”如图 6-24 所示。
15. 选择“阴影”选项，设置图像“阴影”选项如图 6-25 所示。

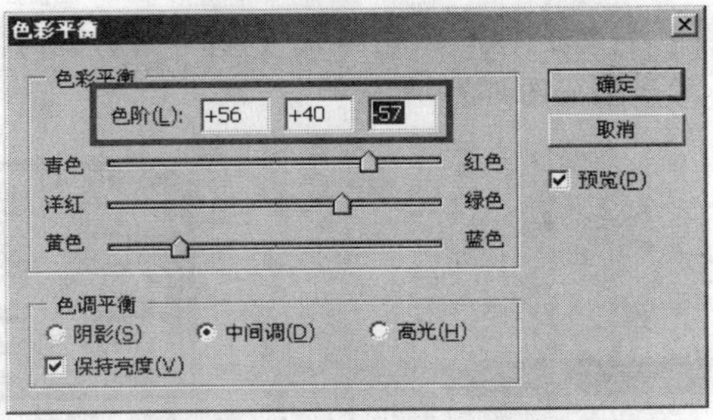

图 6-24 设置图像“中间调”

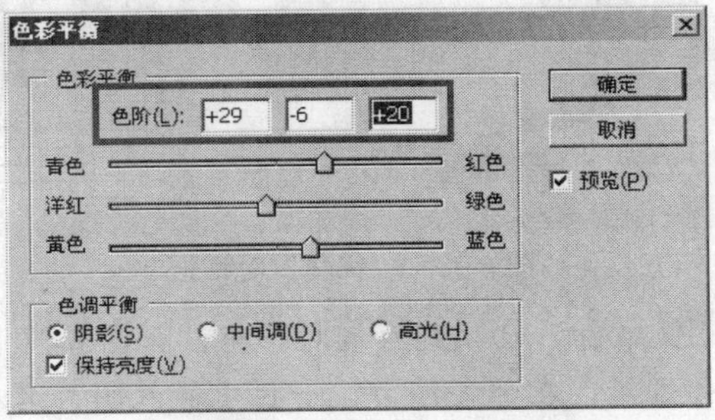

图 6-25 设置图像“阴影”

16. 选择“高光”选项，设置图像“高光”选项如图 6-26 所示。

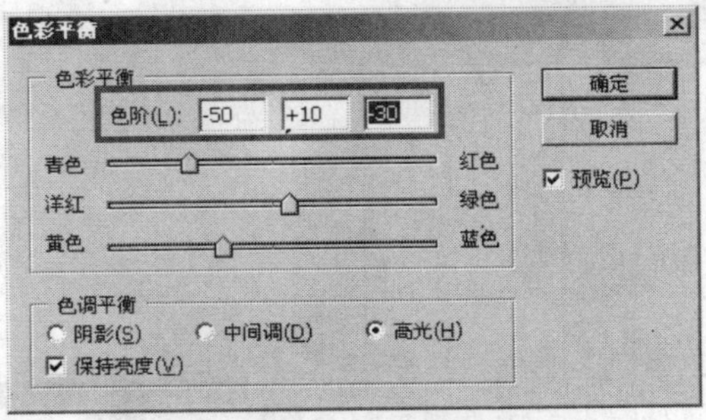

图 6-26 设置图像“高光”

17. 设置完成后单击 确定 按钮，此时图像效果如图 6-27 所示。

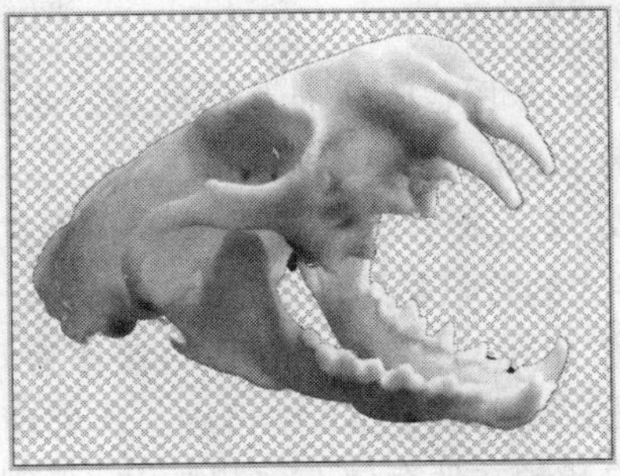

图 6-27 图像效果

18. 选择“文件”/“存储为 Web 所用格式”，打开“存储为 Web 所用格式－优化”对话框。对话框如图 6-28 所示。

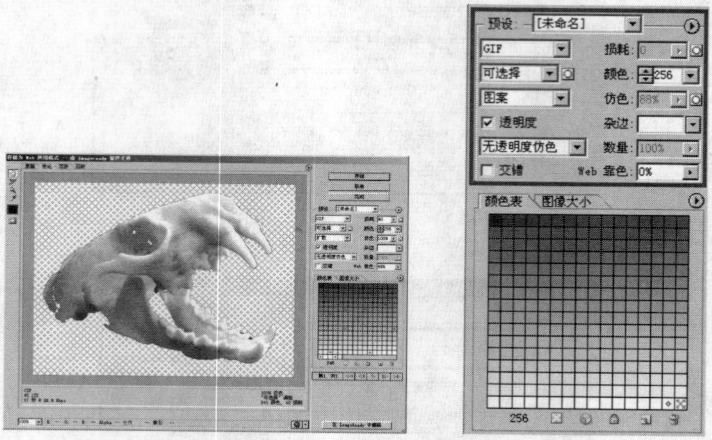

图 6-28 “优化”对话框

19. 设置好后单击 存储 按钮，切换到存储对话框，如图 6-29 所示。
20. 选择图像的储存位置，在“文件名”一栏中输入图片名称，格式为 gif，单击 保存(S) 按钮后，弹出如图 6-30 所示的对话框，单击 确定 按钮完成保存。

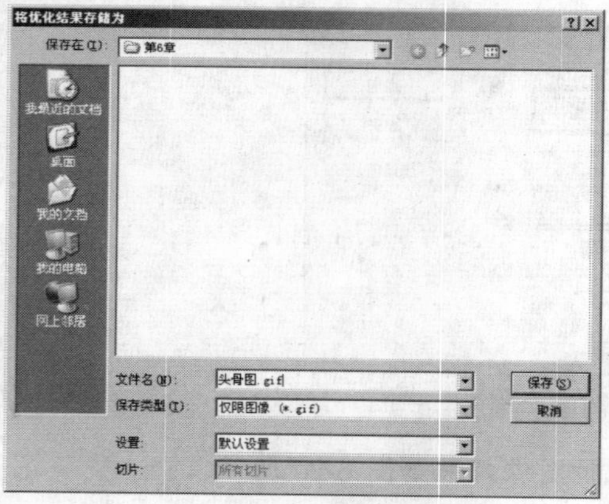

图 6-29 存储对话框

图 6-30 存储提示

21. 使用相同的方法对另一张图像也进行抠图处理。也通过“存储为 Web 所用格式”将图像转存为 gif 格式备用。

到这里两个图像素材就处理完成了，这里选择 gif 格式是由于 gif 格式的图像体积小，而且重要的一点是 gif 格式的背景是透明的，也就是说，gif 格式中的图像边缘是不规则的，这一特点也非常适合在 Flash 中使用，可以直接作为元件应用到动画中。不足之处就是色彩的表现力不强，因此还需要到 Flash 中再进一步处理。

将这两幅图与前边处理的音频文件存储在一起，以备后边的 Flash 影片的制作。到此为止，本案例中所需要的外部素材就准备完成了。

6.3 丽声广告制作

通过前边对素材的采集以及处理，本案例的准备工作就算是完成了，下一步就是正式开始制作 Flash 影片。这一节就来详细地介绍一下本案例的制作过程。

6.3.1 导入素材

在正式制作之前，需要将所需的素材都导入到 Flash 软件中。

1. 打开 Flash 软件，单击“Flash 文档”选项，新建一个 Flash 文档，如图 6-31 所示。
2. 执行“文件”/“导入”/“导入到库”命令。在弹出的对话框中选择处理后的图像及音频对象，如图 6-32 所示。

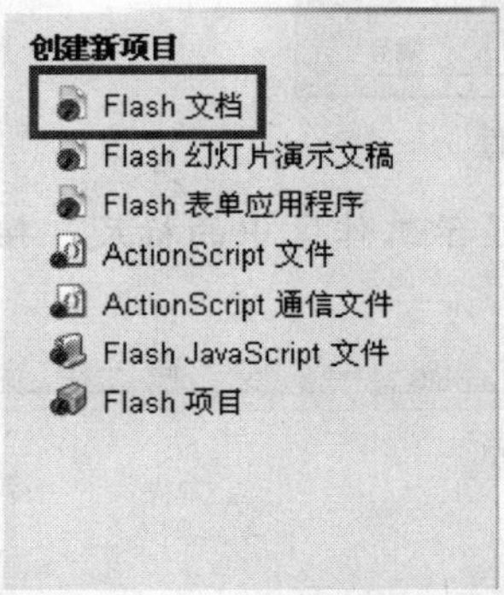

图 6-31 选择新建文档选项

图 6-32 导入素材

3. 在“库”面板中新建几个文件夹，分别用来存放各种元件素材，如图 6-33 所示。

图 6-33 在“库”面板中创建文件夹

6.3.2 制作过程

操作指南 丽声音响广告

1. 在舞台上单击鼠标右键，选择“文档属性”，打开“文档属性”设置对话框，设置如图 6-34 所示。

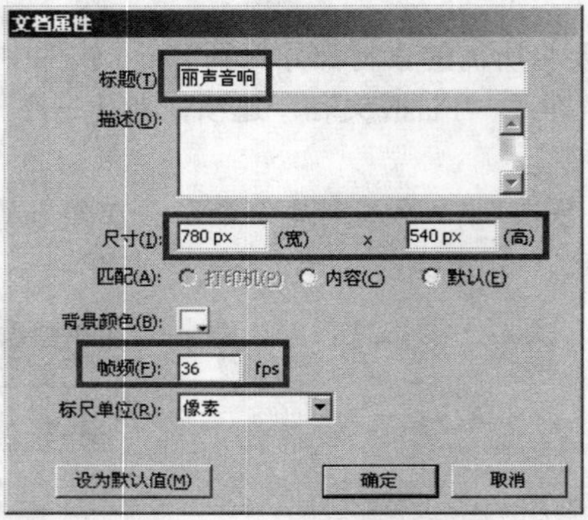

图 6-34 设置文档属性

2. 执行菜单栏中的“视图”/“标尺”命令，显示工作区中的标尺，按照舞台大小拖出标尺线，如图 6-35 所示。

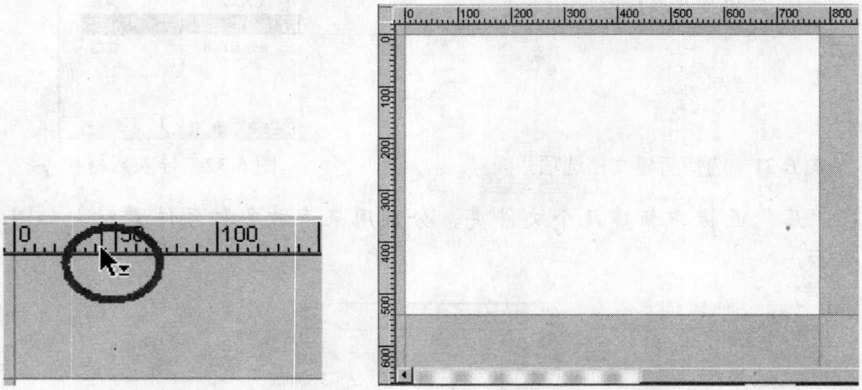

图 6-35 设置标尺

3. 执行菜单栏中的“视图”/“辅助线”/“锁定辅助线”命令，将辅助线锁定。

- **Loading 部分的制作**

4. 单击“图层”面板上的“插入图层文件夹”按钮，并将其更名为“镜头1”，将图层 1 更名为 bg。

5. 选择第 1 帧，在工具箱中单击"矩形工具"按钮，在舞台上绘制一个无边框矩形，颜色随意，大小与舞台相同。
6. 选择矩形，打开"对齐"面板，使矩形与舞台重合。
7. 选择矩形，打开"混色器"面板，选择"填充颜色"，类型设置为"放射状"。设置渐变色为黄色（#FEDA89）到浅黄色（#FED986）再到黄色（#FDB91C），如图 6-36 所示。

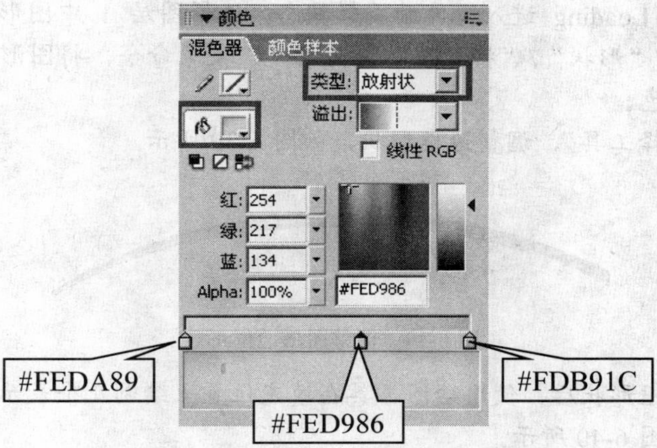

图 6-36 设置矩形渐变色

8. 将渐变填充到矩形上，并使用"填充变形工具"调整填充效果，如图 6-37 所示。

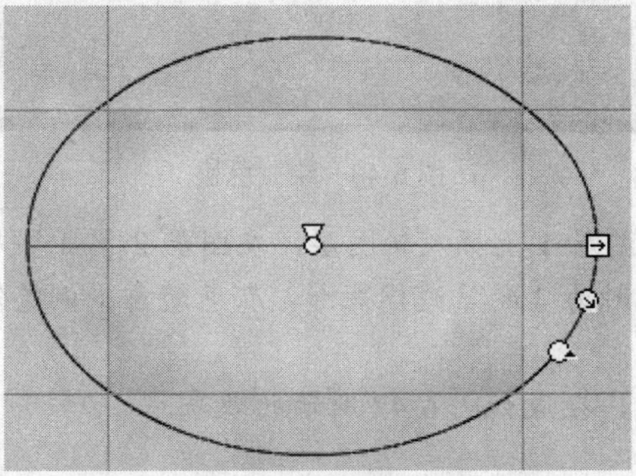

图 6-37 调整渐变色

9. 在图层第 10 帧中插入空白关键帧，锁定图层。
10. 在图层 bg 上方插入一个新图层。使用"椭圆工具"在舞台上绘制一个带边框的椭圆形，颜色填充与前边背景色相同。
11. 将椭圆形的下半部分删除，并使用"墨水瓶"工具为半圆形添加笔触为 3 的黑色边框，并使用"填充变形工具"，调整半圆填充色，如图 6-38 所示。
12. 全选图形，按 F8 键将图形转换成影片剪辑元件，命名为 Loading。

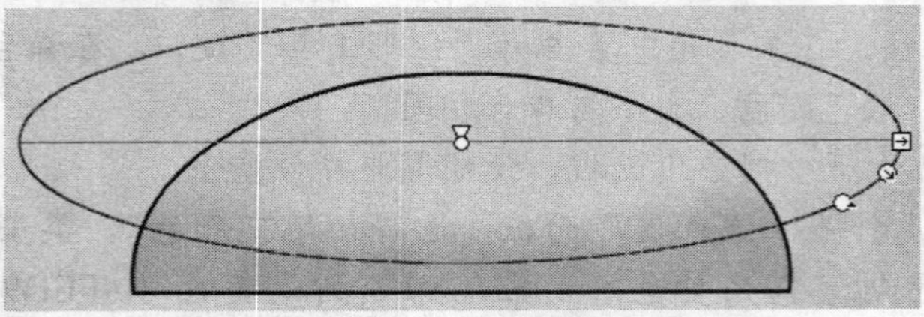

图 6-38　绘制半圆图形

13. 双击元件 Loading 进入元件的编辑状态，选择图层 1 中图形的边框，执行“修改”/“形状”/“将线条转换为填充”菜单命令，将图形的边框线条转换为填充色。
14. 选择“选择工具”，调整边框形状，如图 6-39 所示。

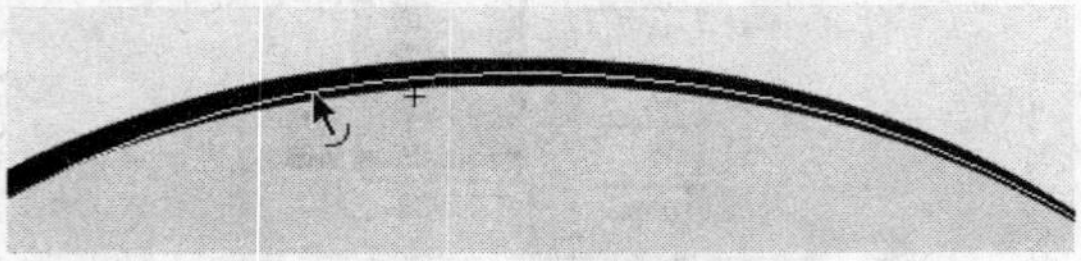

图 6-39　调整图形边框形状

15. 调整好边框形状后，使用绘图工具在填充位置上绘制几个表示高光和阴影的色块，如图 6-40 所示。

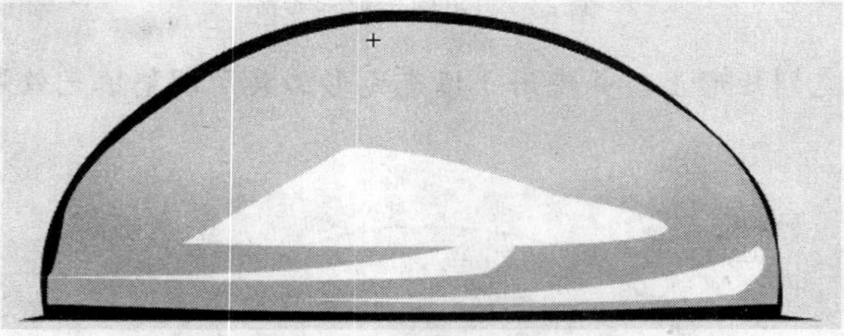

图 6-40　绘制色块

16. 锁定图层 1，在图层 1 上插入新图层，在图层 2 第 1 帧中使用“矩形工具”绘制一个边框笔触为 3 的黑边框矩形，颜色随意。调整矩形形状，如图 6-41 所示。
17. 再复制三个图形，摆成如图 6-42 所示的效果。

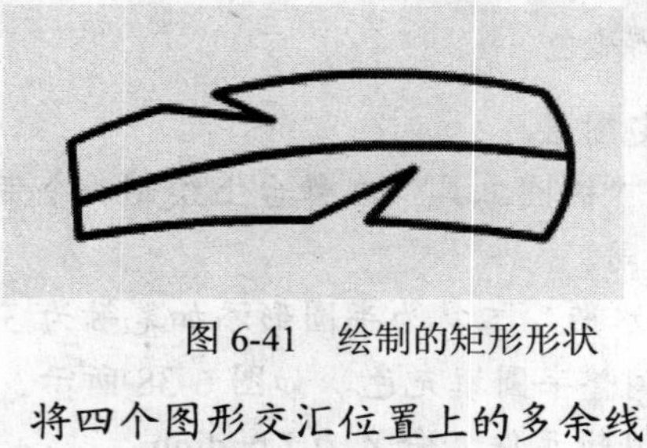

图 6-41　绘制的矩形形状

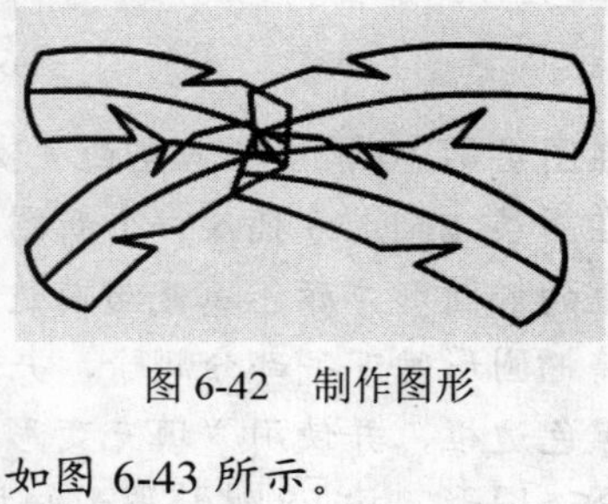

图 6-42　制作图形

18. 将四个图形交汇位置上的多余线条删除，如图 6-43 所示。

图 6-43 删除多余线条

19. 打开“混色器”面板，选择“填充颜色”，类型选择“线性”，渐变色设置为墨绿色（#006633）到绿色（#01BA5E），如图 6-44 所示。
20. 使用“颜料桶工具”为图形添加填充色，如图 6-45 所示。

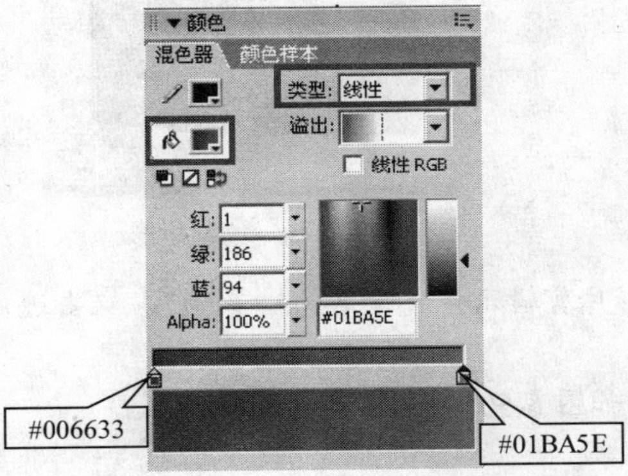

图 6-44 设置渐变

图 6-45 添加填充色

21. 选择图形的黑色边框，执行菜单“修改”/“形状”/“将线条转换为填充”命令，将图形的边框线条转换为填充色。使用“选择”工具调整线条样式，如图 6-46 所示。
22. 用同样方法再绘制出树干、果实等，全选树图形，按 F8 键将其转换为影片剪辑元件，命名为“树”，如图 6-47 所示。

图 6-46 调整线条

图 6-47 绘制出树

注意 树干、果实的颜色都为渐变色，颜色可由读者自行选择，本案例中选择的颜色与实物近似。

23. 将影片剪辑元件“树”移到图层1中图形的上方，效果如图6-48所示。
24. 锁定图层2，在图层2上再插入一个图层，在图层上绘制两个黑边框、黑灰渐变填充色的矩形，如图6-49所示。

图6-48 元件“树”的位置

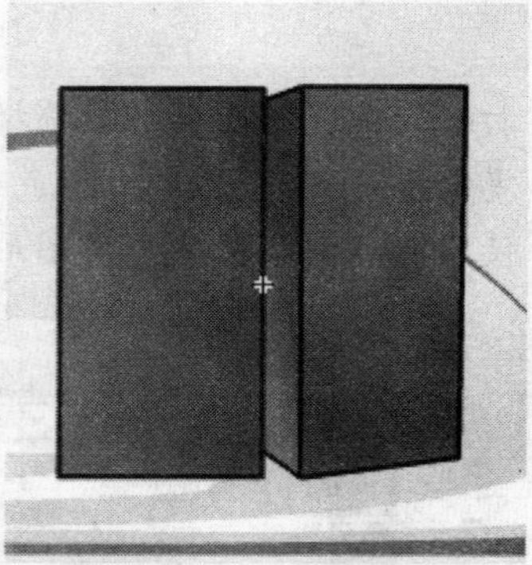

图6-49 绘制矩形

25. 选择两个矩形，按 F8 键转换为影片剪辑元件，命名为“音响”。双击进入元件“音响”的编辑状态。
26. 在矩形旁边绘制一个喇叭的形状，如图6-50所示。

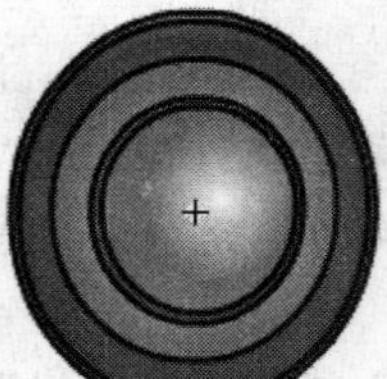

图6-50 绘制喇叭

27. 将喇叭图形全选，转换成影片剪辑元件，命名为“喇叭”。双击进入元件的编辑状态。
28. 在图层第3帧中插入关键帧，使用“任意变形工具”将图形放大少许。复制第1帧到第3帧之间所有的帧，在图层第5帧中粘贴帧。
29. 再复制第1帧，在图层第9帧中粘贴帧。复制第1帧到第9帧之间的所有帧，在第30帧上粘贴帧，在图层第95帧中插入关键帧，第96帧中插入空白关键帧。
30. 单击时间轴上方的“音响”标签，切换到元件“音响”编辑状态。再复制三个“喇叭”元件，使用“任意变形工具”调整到如图6-51所示的样式。
31. 单击时间轴上方的Loading标签，切换到元件Loading的编辑状态。此时舞台效果如图 6-52 所示。

图 6-51　调整喇叭

图 6-52　元件 Loading 场景

32. 在所有图层上方插入一个新图层，双击“矩形工具”，在弹出的对话框中设置半径为 80。
33. 在舞台音响上方绘制一个笔触为 1 的圆角长条，边框线条色为黑色，长条矩形填充类型为“线性”，填充色为深黄色（#B17C01）到黄色（#FDB40B）的渐变，如图 6-53 所示。

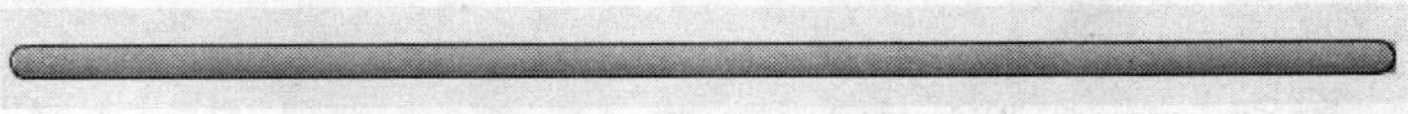

图 6-53　绘制长条

34. 剪切长条矩形的填充色，新建一个图层，将长条矩形的填充色粘贴到新建图层中。
35. 在所有图层第 100 帧中插入普通帧，选择长条图形填充色所在的图层，将该图层第 100 帧转换为关键帧。
36. 选择长条图形填充色所在图层第 1 帧中的图形，使用“任意变形工具”将图形向左缩小，如图 6-54 所示。

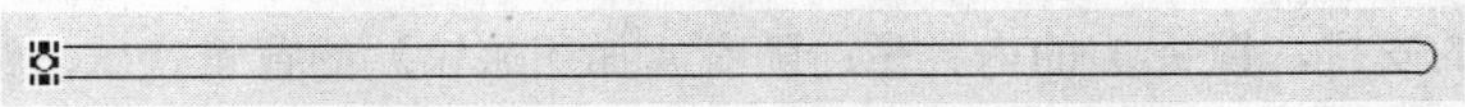

图 6-54　缩小图形

37. 创建该图层第 1 帧到第 100 帧之间的“形状”补间动画。
38. 锁定长条矩形线条和填充色所在的图层，在所有图层上方插入一个新图层。
39. 选择“文本工具”，在长条矩形左侧单击，打开“属性”面板，将文本类型设置为“动态文本”，在“变量”一栏中输入 T1。设置如图 6-55 所示。
40. 在所有图层上方插入一个新图层，命名为 AS，在第 1 帧和第 100 帧中插入关键帧，分别选择这两帧，打开“动作”面板，在面板中输入代码如下：

```
stop();
```

41. 单击时间轴上方的“场景 1”，切换到主场景舞台。选择图层 Loading 的第 1 帧，打开“动作”面板，在面板中同样也输入“Stop();”代码。

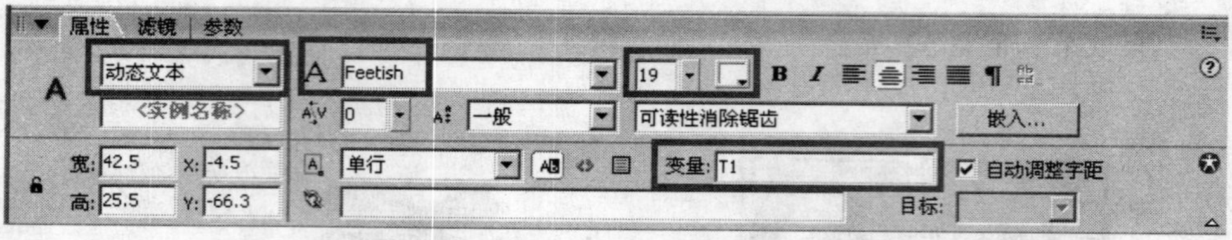

图 6-55　设置文本类型

42. 选择图层 Loading 第 1 帧中的元件，打开“动作”面板，在面板中输入如下代码:

```
onClipEvent (load)
{
    total = _root.getBytesTotal();
}
onClipEvent (enterFrame)
{
    loaded = _root.getBytesLoaded();
    percent = int(loaded / total * 100);
    T1 = percent + "%";
    gotoAndStop(percent);
    if (loaded == total)
    {
        _root.gotoAndPlay(2);
    }
}
```

43. 在图层第 2 帧中插入空白关键帧。锁定图层。

做到这里，影片的 Loading 部分就制作完成了，这部分在前几课中也曾经制作过，其中，在大型 Flash 的影片动画制作过程中，Loading 的作用很重要，也有很多的制作方法，但原理都是一样的，有兴趣的读者可以进一步研究。

● **镜头 1 的制作**

按照剧本的安排，镜头 1 的内容是：随着《加州旅馆》的背景音乐，镜头划过茫茫沙漠中的一个个沙丘，沙丘分为远景和近景，近景移动要快于远景。

这里先不添加音效，音效在整个动画制作过程的最后进行统一添加。镜头 1 的制作步骤如下：

1. 在图层 Loading 上方插入一个新图层，命名为 bg1。在图层第 10 帧插入关键帧。
2. 参照图层 bg 的制作方法，在图层 bg1 第 10 帧中制作出背景，并使用“填充变形工具”调整图形如图 6-56 所示。
3. 在图层第 376 帧中插入普通帧，在第 377 帧中插入空白关键帧。锁定图层 bg1。
4. 在图层 bg1 上插入一个新图层，命名为“沙漠 1”，在第 10 帧中插入关键帧。

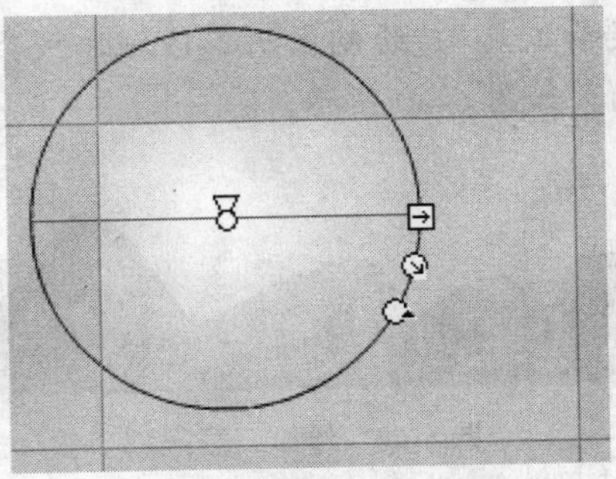

图 6-56　调整 bg1 中的图形

5. 执行菜单栏中的“插入”/“新建元件”命令，新建一个影片剪辑元件，命名为“沙漠 1”，单击确定按钮进入元件的编辑状态。
6. 使用“椭圆工具”绘制几个连在一起的椭圆形，边框为黑色，笔触为 3，颜色随意，如图 6-57 所示。

图 6-57　绘制椭圆

注意　在制作这部分时，将舞台工作区缩小，缩小的比例根据实际制作需要而定。

7. 使用“线条工具”，在图形下半部分绘制一条横线，把图形下半部分删除，再使用“选择工具”和“任意变形工具”将图形调整成如图 6-58 所示。

图 6-58　调整后的图形

8. 将工作区按 16%缩放显示。全选图形，复制几个图形，并将它们连到一起，将多余线条删除，效果如图 6-59 所示。

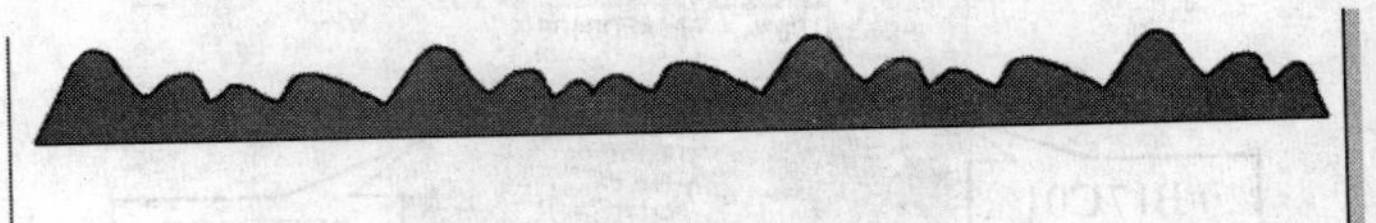

图 6-59　制作的图形

9. 在图形上使用“线条工具”，绘制出阴影区域，线条笔触为 1，颜色可以改为黑色之外的颜色，如图 6-60 所示。

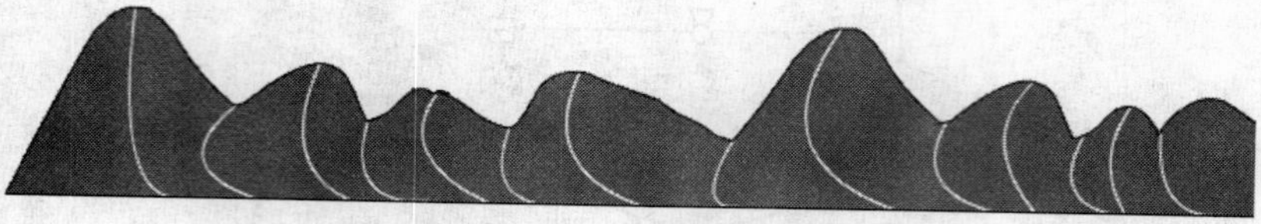

图 6-60 绘制阴影区域

10. 打开“混色器”面板，选择“填充颜色”，类型为“线性”。渐变色为浅黄（#FEDA89）到黄色（#FDB91C）。切换到“颜色样本”面板，将渐变色添加到面板中，作为山的向光面颜色，如图 6-61 所示。

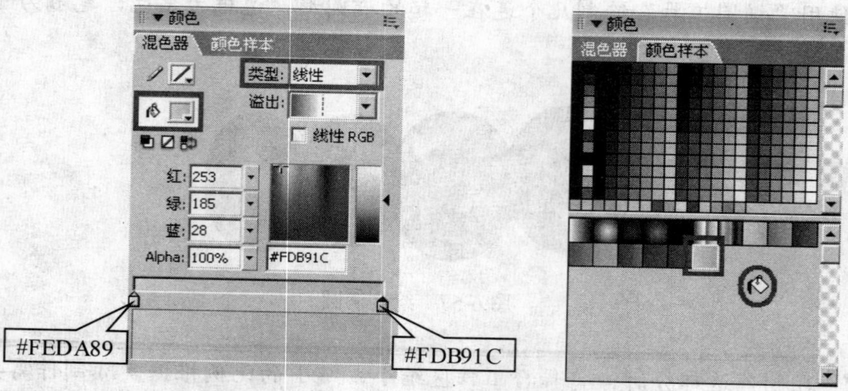

图 6-61 调置渐变色

11. 打开“混色器”面板，选择“填充颜色”，类型为“线性”。渐变色为土黄（#B17C01）到黄色（#FDB40B）。切换到“颜色样本”面板，将渐变色添加到面板中，作为山的背光面颜色，如图 6-62 所示。

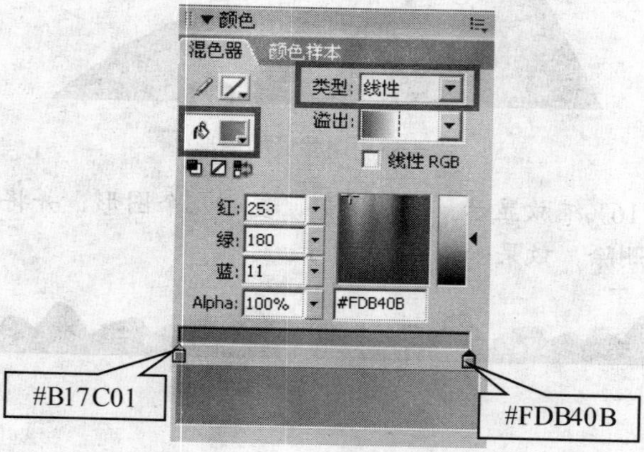

图 6-62 设置渐变色

12. 使用“颜料桶工具”，将两种渐变色填充到山图形的相对应的位置上，将多余的线条删掉，山的最终效果如图 6-63 所示。

图 6-63 山的最终效果

13. 选择山图形的黑色线条，将其转换为填充（方法参照前边步骤）。使用“选择工具”，将山图形的边缘进行修整，如图 6-64 所示。

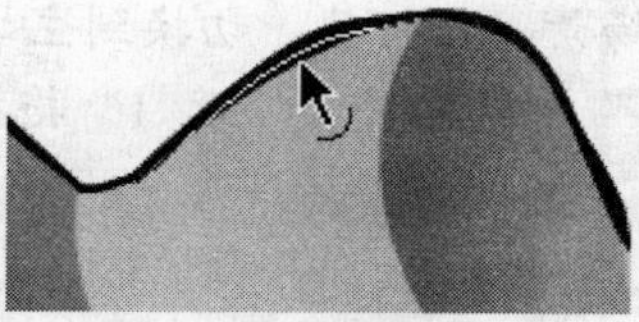

图 6-64 修整山形边缘

14. 锁定图层 1，在图层 1 上插入新图层，使用“矩形工具”在山图形下方绘制一个矩形，填充渐变色为浅黄色（#FEDA89）到黄色（#FDB91C），如图 6-65 所示。

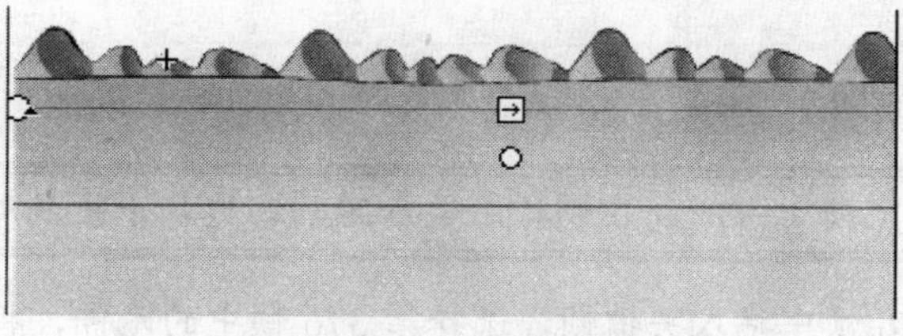

图 6-65 绘制矩形

15. 再新建一个图层，在大矩形上绘制几个代表阴影的图形。
16. 在所有图层上方插入一个新图层，打开“库”面板，从中将头骨 1 拖拽到舞台上，并转换为影片剪辑元件“头骨 1”。
17. 将元件“头骨 1”缩小，移动到山图形下方，如图 6-66 所示。

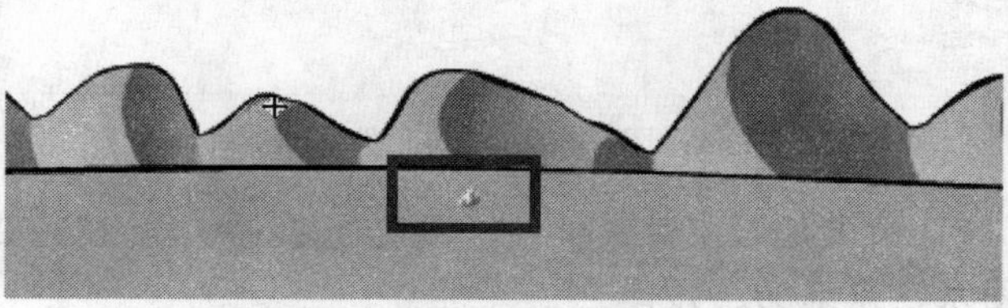

图 6-66 元件“头骨 1”位置

18. 选择元件“头骨 1”，打开“属性”面板，颜色设置为“高级”，单击按钮 设置... ，弹出“高级效果”对话框，设置如图 6-67 所示。

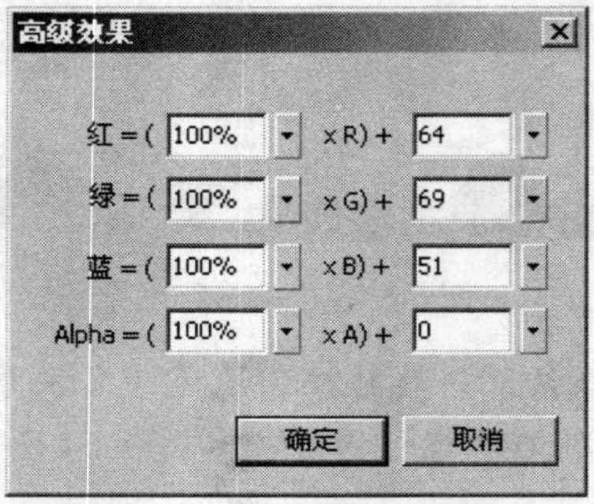

图 6-67　设置“高级”选项

19. 单击时间轴上方的“场景 1”标签，切换到主场景舞台，选择图层“沙漠 1”第 10 帧，从“库”中将元件“沙漠 1”拖拽到舞台上，调整大小及位置，如图 6-68 所示。

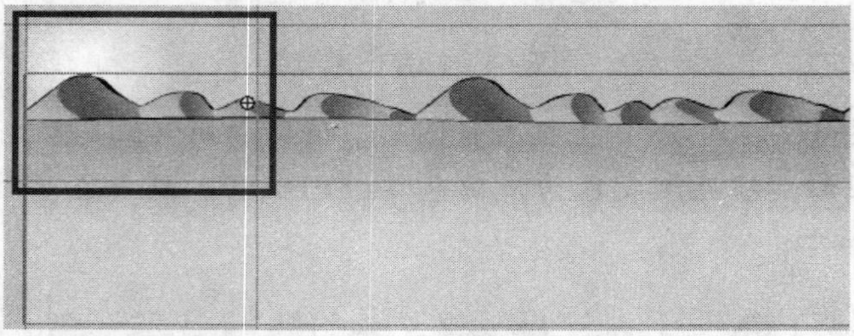

图 6-68　元件“沙漠 1”的位置（圈出的是舞台位置）

注意　由于图形比较大，所以在制作时要参照辅助线标示出的舞台位置制作。

20. 在图层第 376 帧中插入关键帧，选择第 376 帧中的元件，将元件向左移动些许，如图 6-69 所示。

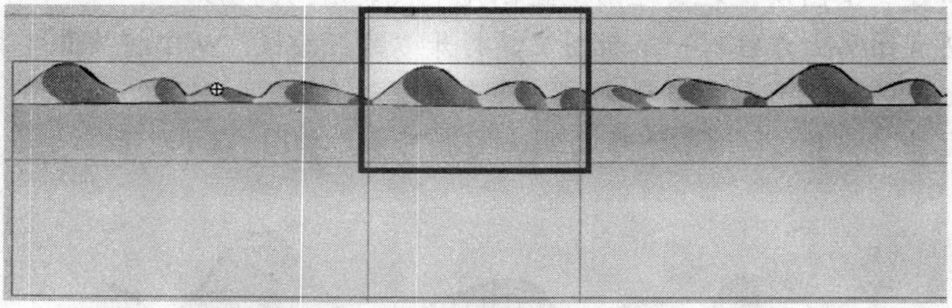

图 6-69　移动元件

21. 在图层第 377 帧中插入空白关键帧，锁定图层“沙漠 1”，在该图层上方插入一个新图层，命名为“沙漠 2”。
22. 在图层第 10 帧中插入关键帧，根据“沙漠 1”的绘制方法，再绘制一个“沙漠 2”的影片剪辑元件，如图 6-70 所示。

图 6-70　沙漠 2

23. 将图形“头骨图”拖拽到舞台上，并转换成影片剪辑元件，命名为“头骨2”，选择元件“头骨 2”，打开“属性”面板，设置“颜色”为高级，单击 设置... 按钮，设置参数如图 6-71 所示。

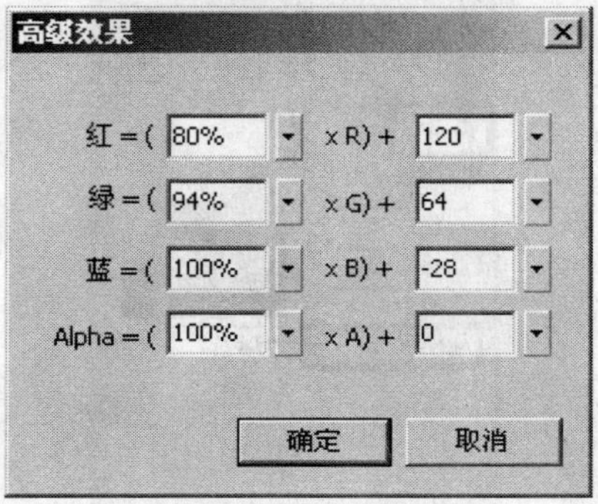

图 6-71　参数设置

24. 将元件“头骨 2”的大小及位置进行调整，如图 6-72 所示。

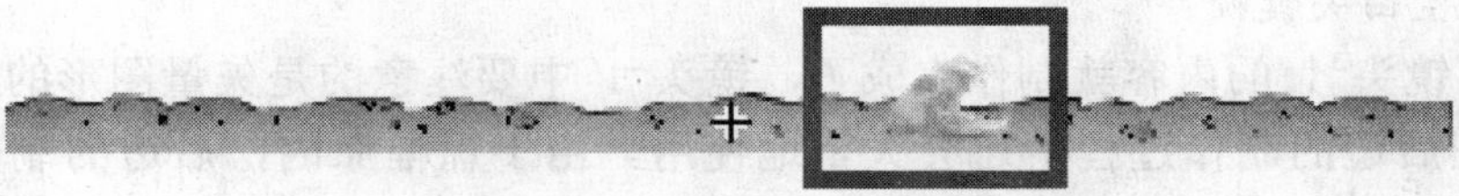

图 6-72　元件“头骨 2”位置

25. 切换到主场景舞台，选择图层“沙漠 2”第 10 帧，将元件“沙漠 2”拖拽到舞台上，调整其大小及位置。如图 6-73 所示。

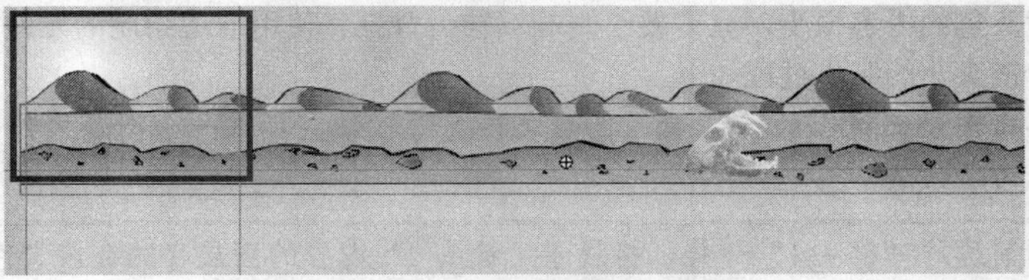

图 6-73　调整第 10 帧中的元件

26. 在图层第 376 帧中插入关键帧，选择第 376 帧中的元件，将其向左侧移动，如图 6-74 所示。

27. 在图层上方插入一新图层，命名为 Mask1，在第 2 帧中插入关键帧。在舞台上绘制一个无边框白色矩形，大小与舞台相同。

28. 在第 5 帧和第 15 帧中插入关键帧，选择第 5 帧中的白色矩形。打开“混色器”面板，将该矩形填充色的 Alpha 值设置为 0，如图 6-75 所示。

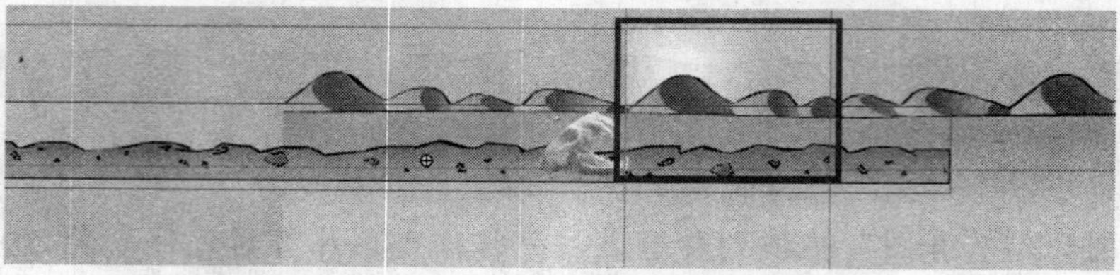

图 6-74　第 376 帧中的元件

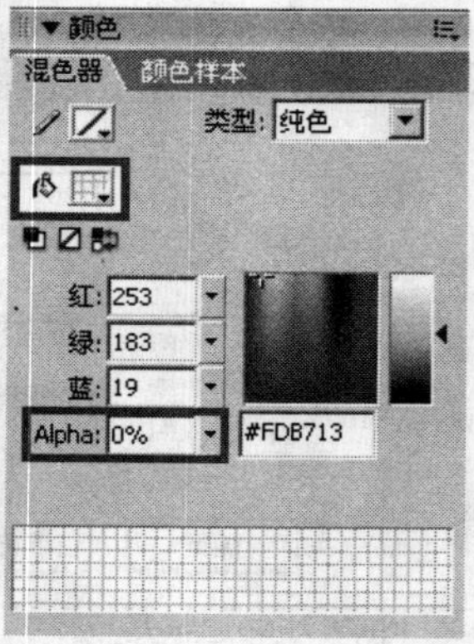

图 6-75　设置矩形 Alpha 值

29. 创建第 2 帧到第 5 帧到第 15 帧中的“形状”补间动画。在图层第 16 帧中插入空白关键帧。

到此，镜头 1 的内容就制作完成了，镜头 1 中要注意的是矢量图形的绘制方法，这种方法在后边的制作过程中还会大量地使用。由于篇幅原因，后边的制作过程中将不再赘述。

- **镜头 2 的制作**

镜头 2 的内容是：出现一个人的脚步穿过镜头，脚步很缓慢，显得很疲惫。

这个镜头里的内容很少，只需要绘制一双鞋，背景就使用前边绘制的元件“沙漠 1”就可以了。镜头 2 的制作过程如下：

1. 单击图层面板上的“插入图层文件夹”按钮，插入一个图层文件夹，命名为“镜头 2”。

知识讲解　同前边的“镜头 1”一样，将属于“镜头 2”内容的图层存放在该文件夹中。

2. 在“镜头 2”文件夹下插入一个新图层，命名为 2-bg，在图层第 376 帧中插入关键帧。
3. 选择第 376 帧，从“库”中将元件“沙漠 1”拖拽到舞台上，调整元件位置和大小，如图 6-76 所示。
4. 在图层第 509 帧中插入关键帧，选择帧中的元件，将其向左侧移动少许。在图层第 510 帧中插入空白帧。

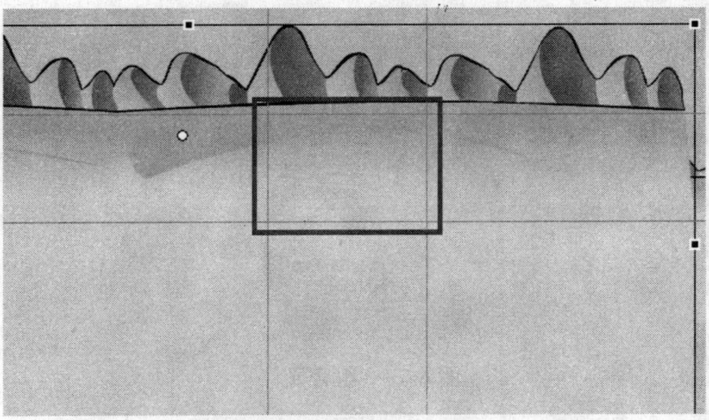

图 6-76　调整元件大小（圈出的是舞台位置）

5. 新建一个影片剪辑元件，命名为“鞋”，进入编辑状态，使用各种绘制图形工具绘制一只鞋的图形。鞋边框为黑色，笔触为 3。
6. 将图形鞋的边框转换为填充，使用“选择工具”调整鞋子的边框，如图 6-77 所示。

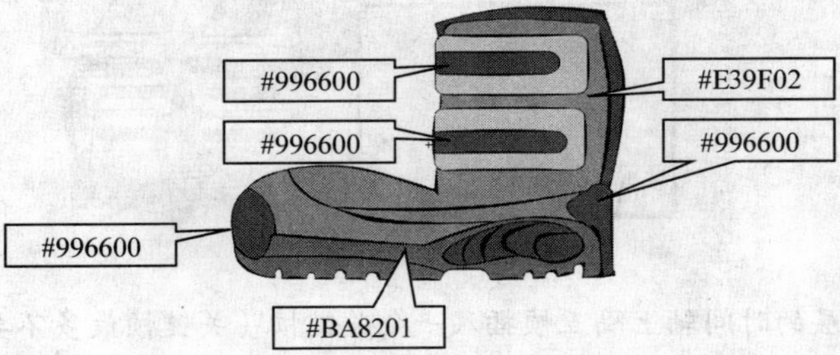

图 6-77　鞋

7. 再新建一个影片剪辑元件，命名为“腿”。使用绘制工具绘制一个小腿部分的图形，如图 6-78 所示。

图 6-78　腿

8. 切换到主场景舞台。在图层 2-bg 上方插入一个新的图层，命名为“脚 1”。
9. 在图层第 376 帧中插入关键帧，将前边绘制的两个图形分别拖拽到舞台上，将两个元件拼成腿的图形，全选两个图层，按 Ctrl + G 键将两个元件组合到一起，如图 6-79 所示。

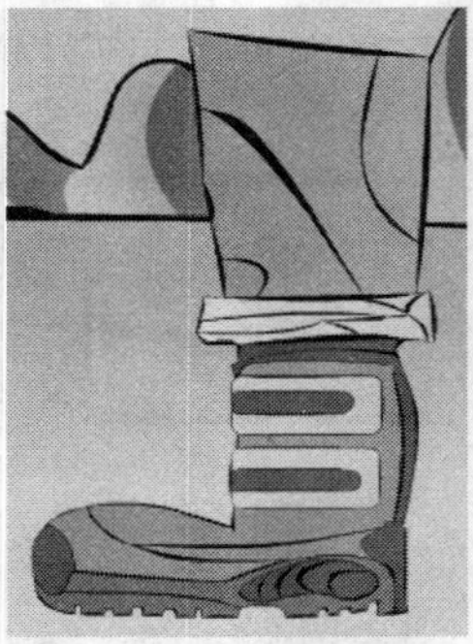

图 6-79　组合元件

10. 在图层“脚 1”上方插入一个新图层，命名为“脚 2”，在图层 376 帧中插入关键帧。将腿的组合图形复制到图层“脚 2”第 376 帧中。
11. 将两个图层的元件调整摆放如图 6-80 所示。

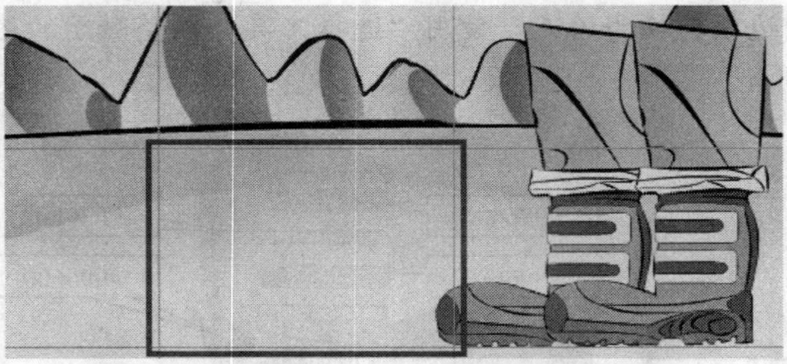

图 6-80　组合元件

12. 在两个图层的时间轴上隔五帧插入一个关键帧（关键帧最多不要超过第 485 帧），最后一帧中元件如图 6-81 所示。

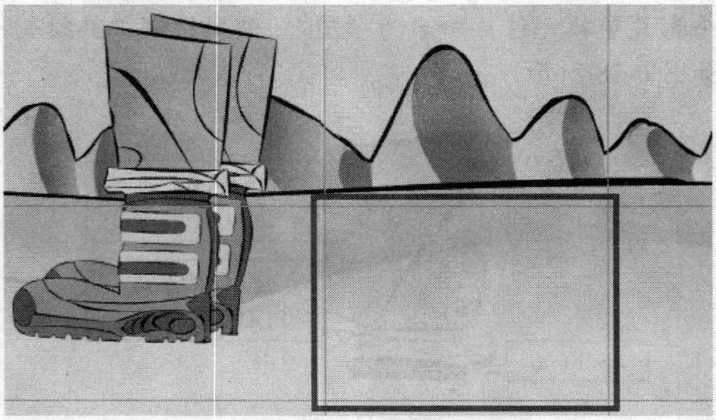

图 6-81　最后一帧中的元件

13. 然后根据人走路的规律，将两个图层第 376 帧到最后一帧之间的所有关键帧中的元件调整相应的位置和角度，如图 6-82 所示。

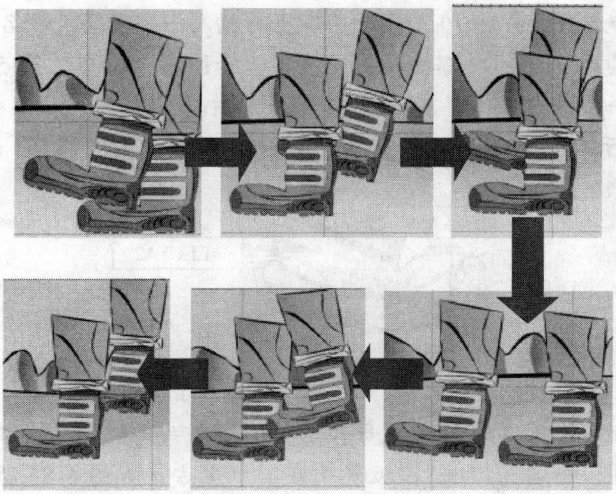

图 6-82　调整各帧元件动作

14. 在两个图层第 486 帧中插入空白帧。将镜头 2 所有的图层锁定。

到这里镜头 2 部分就制作完成了，这个镜头中需要注意的就是对人物走路时的运动规律的把握，根据运动的规律，调整帧与帧之间元件的位置关系，使用简单的逐帧动画实现人物走路的动画。

- **镜头 3 的制作**

1. 在“镜头 2”图层文件夹上方插入一个图层文件夹，命名为“镜头 3”。
2. 在“镜头 3”图层文件夹下插入一个新图层命名为 bg3，复制“镜头 1”中图层 bg1 第 10 帧，将其粘贴到“镜头 3”图层 bg3 第 510 帧中，在图层 789 帧中插入普通帧。
3. 在图层 bg3 上插入一个新的图层，命名为 bg4，在图层第 510 帧插入关键帧。
4. 选择图层第 510 帧，从“库”中将元件“沙漠 1”拖拽到舞台上，使用“任意变形工具”调整大小及位置，如图 6-83 所示。

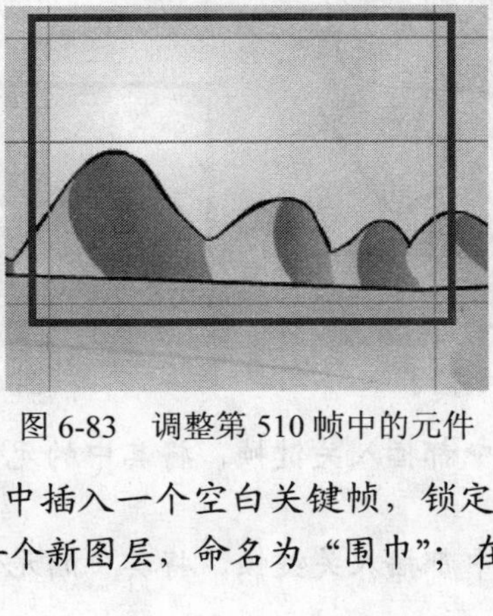

图 6-83　调整第 510 帧中的元件

5. 在图层 bg4 第 790 帧中插入一个空白关键帧，锁定图层 bg3 及图层 bg4。
6. 在图层 bg4 上插入一个新图层，命名为“围巾”；在图层“围巾”上再插入一个图层，命名为“头”；在图层“头”上再插入一个图层，命名为“帽子”。

7. 在三个图层第 510 帧中都插入关键帧，选择图层“围巾”第 510 帧，在舞台上绘制一个围巾的图形，将图形转换成影片剪辑元件，命名为“围巾”，如图 6-84 所示。

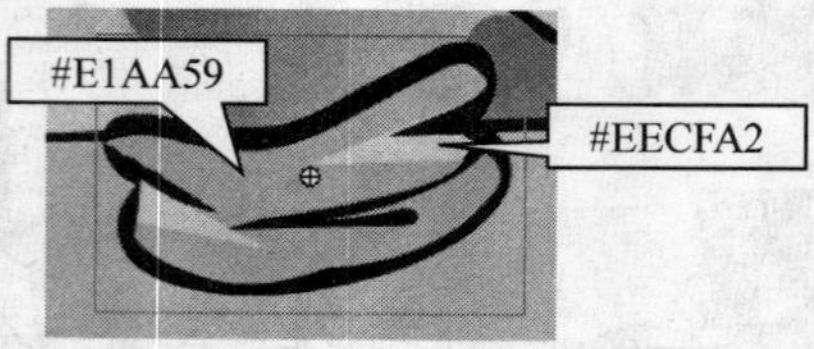

图 6-84 绘制围巾

8. 选择图层“头”第 510 帧，在舞台上绘制一个头部的图形，将图形转换成影片剪辑元件，命名为“头”，位置就在围巾上方，如图 6-85 所示。

图 6-85 绘制头部

9. 选择图层“帽子”第 510 帧，在舞台上绘制一个帽子的图形，将图形转换成影片剪辑元件，命名为“帽子”，位置就在头部上方，如图 6-86 所示。

10. 将三个图层第 510 帧中的元件全部选中，移动到舞台右侧，如图 6-87 所示。

图 6-86 绘制帽子

图 6-87 元件位置

11. 在三个图层第 526 帧中都插入关键帧，将其中的元件向左上移动少许，如图 6-88 所示。

12. 在三个图层第 536 帧中都插入关键帧，将其中的元件向左下移动少许，如图

6-89 所示。

13. 在三个图层第 546 帧中都插入关键帧，将其中的元件向左上移动少许，如图 6-90 所示。

图 6-88　第 526 帧中元件的位置

图 6-89　第 536 帧中元件的位置

14. 在三个图层第 556 帧中都插入关键帧，将其中的元件向左下移动少许，如图 6-91 所示。

图 6-90　第 546 帧中元件的位置

图 6-91　第 556 帧中元件的位置

15. 在三个图层第 565 帧中都插入关键帧，将其中的元件向左上移动少许，如图 6-92 所示。

16. 在三个图层第 575 帧中都插入关键帧，将其中的元件向左下移动少许，如图 6-93 所示。

图 6-92　第 565 帧中的元件

图 6-93　第 575 帧中的元件

17. 创建这三个图层第 510 帧到第 575 帧之间这几个关键帧之间的运动补间动画。

18. 在三个图层第 591 帧及第 600 帧中都插入关键帧，分别选择三个图层第 600 帧中的元件，使用“任意变形工具”将元件向上顺时针旋转少许，如图 6-94 所示。

19. 在图层“帽子”和图层“头”第 610 帧中插入关键帧，使用“任意变形工具”将元件向上顺时针旋转少许，如图 6-95 所示。

图 6-94　第 600 帧中的元件

图 6-95　第 610 帧中的元件

20. 在图层“帽子”和图层“头”以及图层“围巾”第 639 帧及第 649 帧中插入关键帧，选择第 649 帧中的元件，使用“任意变形工具”将元件向下逆时针旋转少许，如图 6-96 所示。

图 6-96　第 649 帧中的元件

21. 创建这几个关键帧之间的运动补间动画，重复前边的制作步骤，使人物头像向左移出舞台。结束关键帧控制在第 699 帧上，在三个图层第 700 帧中插入空白关键帧。
22. 选择图层 bg4 第 700 帧，将该帧转换为关键帧；选择第 740 帧，将该帧也转换成关键帧。选择第 740 帧中的元件，将其向右移动些许。创建第 700 帧到 740 帧之间的运动补间动画。
23. 在图层“帽子”上方插入关键帧，在舞台上绘制几个破墙的图形，如图 6-97 所示。

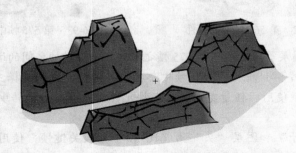

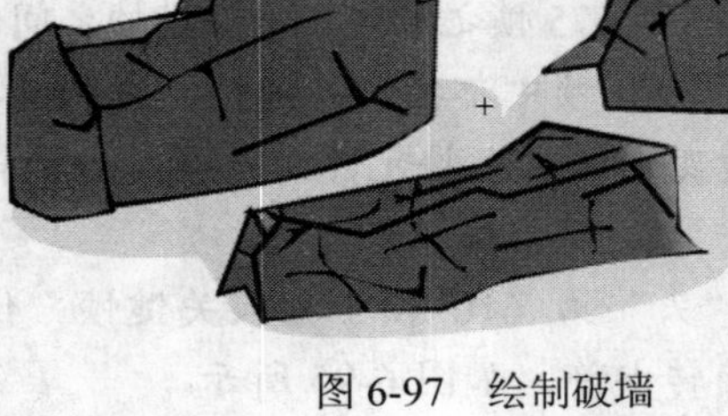

图 6-97　绘制破墙

24. 将图形转换为影片剪辑元件，命名为“墙”。将其移动到舞台左侧，如图6-98所示。

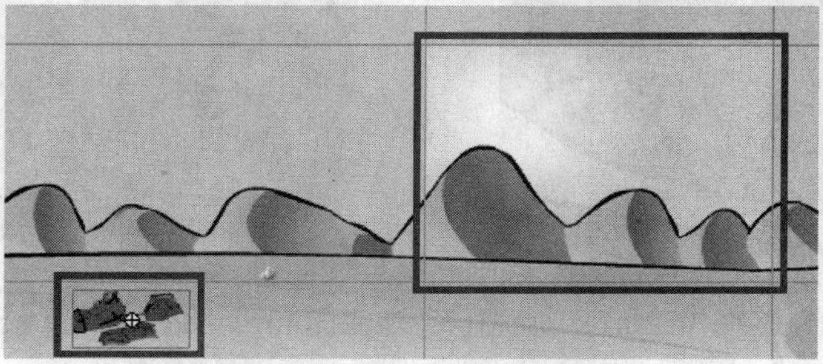

图 6-98 元件“墙”的位置

25. 在图层第 740 帧中插入关键帧，选择该帧中的元件，将其移动到舞台左上角，如图 6-99 所示。

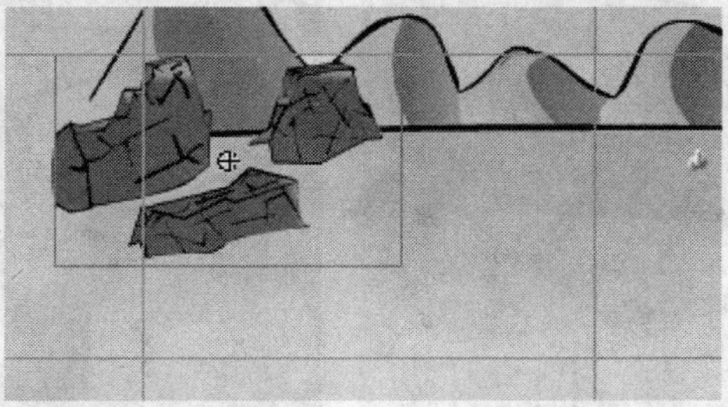

图 6-99 第 740 帧中的元件

26. 在图层第 765 帧中插入空白关键帧。锁定“镜头 3”所有的图层。

镜头 3 的制作到此完成，镜头 3 的制作技巧用到的还是前边制作过程中的技巧，主要还是绘制人物的技巧。

● 镜头 4 的制作

1. 在“镜头 3”图层文件夹上方插入一个图层文件夹，命名为“镜头 4”。
2. 在“镜头 4”图层文件夹下插入一个新图层，命名为“石墙背景”，在图层第 770 帧上插入关键帧。
3. 打开“库”面板，将元件“墙”拖拽到舞台上，使用“任意变形工具”将元件放大，如图 6-100 所示。（图中标出的是舞台范围）
4. 在图层第 815 帧中插入关键帧，将帧中的元件向下移动些许，如图 6-101 所示。创建第 770 帧到第 815 帧之间的运动补间动画。在第 905 帧中插入普通帧。
5. 在图层“石墙背景”上方插入两个图层，分别命名为“头”和“身体”。
6. 在这两个图层第 770 帧中各插入一个关键帧，根据图层的名称，绘制出人物图形，如图 6-102 所示。

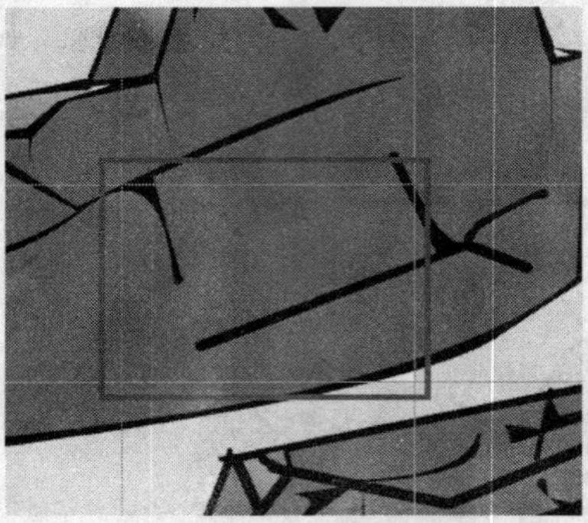

图 6-100　石墙背景图层第 770 帧中的元件

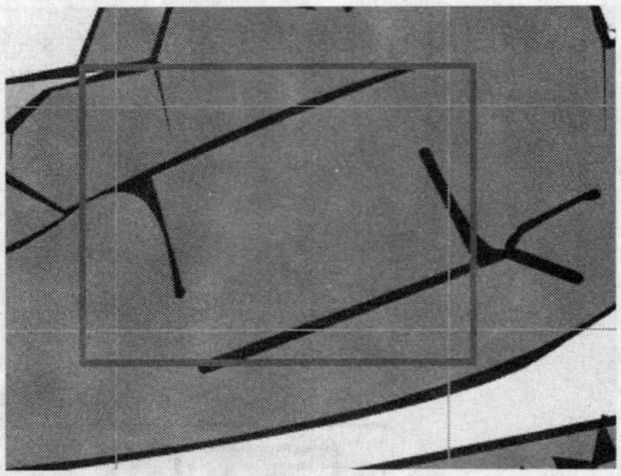

图 6-101　石墙背景图层第 815 帧中的元件

7. 在这三个图层第 815 帧中各插入关键帧，选择图层中的元件，根据“石墙背景”位置，将三个元件向下移动，将人物的面部移到舞台中，如图 6-103 所示。

图 6-102　镜头 4 中的人物

图 6-103　第 815 帧中的元件位置

注意　这里的“头”图层中的元件是由帽子、面部及围巾组成的，不要与前面的元件混淆。

8. 创建第 770 帧到第 815 帧之间的运动补间动画。
9. 新建一个图形元件，命名为“胳膊”，进入元件编辑状态。
10. 使用绘制工具再绘制一个胳膊，如图 6-104 所示。

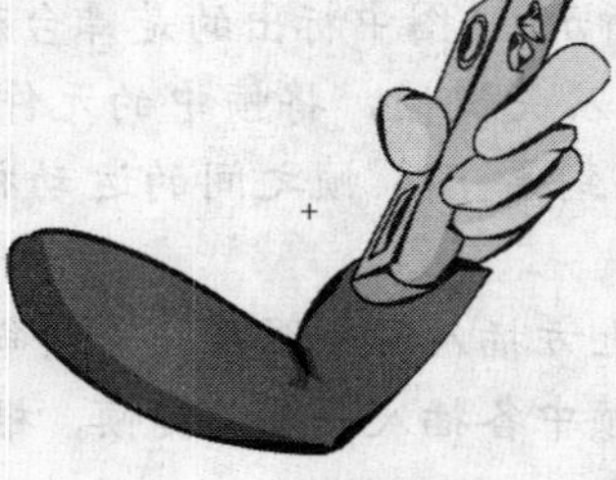

图 6-104　绘制的“胳膊”元件

11. 点击“场景 1”标签，切换到主场景舞台，在图层“石墙背景”上插入一个图层，命名为“胳膊”，在图层第 822 帧中插入关键帧，从“库”中将元件“胳膊”拖拽到舞台上，位置如图 6-105 所示。

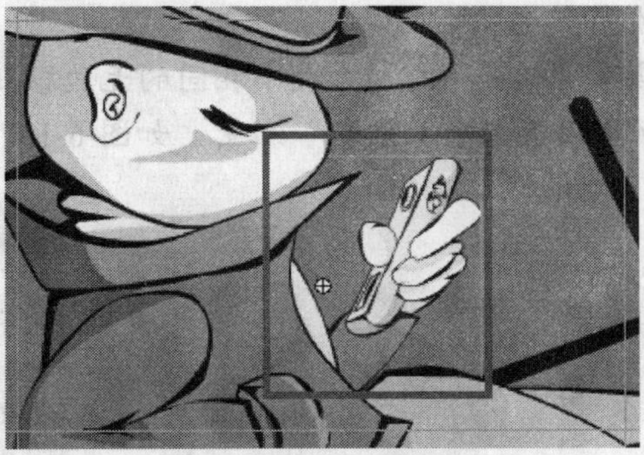

图 6-105　“胳膊”元件的位置

12. 在图层第 855 帧中插入关键帧，选择第 822 帧中的元件，使用“任意变形”工具，将元件向下旋转，如图 6-106 所示。

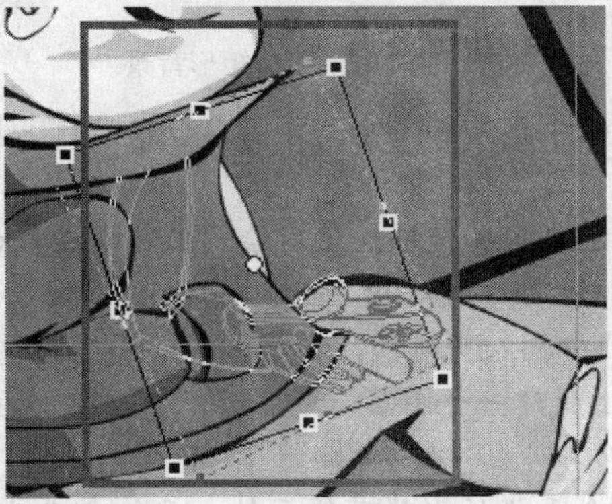

图 6-106　旋转元件

13. 创建第 822 帧到第 855 帧中的运动补间动画。
14. 在“头”、“身体”、“胳膊”三个图层的第 905 帧上插入普通帧，第 906 帧中插入空白关键帧。
15. 在镜头 4 部分最顶部插入一个新图层，命名为 mask，在图层第 754 帧中插入关键帧。
16. 使用“矩形工具”绘制一个与舞台大小相同的白色无边框矩形，使用“对齐”面板将其与舞台重合。
17. 在图层第 764 帧和第 777 帧中插入关键帧，分别选择第 754 帧及 777 帧中的图形，打开“混色器”面板，将 Alpha 值设置为 0。
18. 创建第 754 到 764 帧再到 777 帧之间的“形状补间”动画。在图层第 778 帧中插入空白关键帧。
19. 锁定镜头 4 所有图层。

- **镜头 5 的制作**

1. 在“镜头 4”图层文件夹上方插入一个图层文件夹，命名为“镜头 5”。
2. 在“镜头 5”图层文件夹下插入一个新图层，命名为“背景”，在图层第 906 帧上插入关键帧。
3. 使用“矩形工具”绘制一个与舞台大小相同的无边框矩形，打开“混色器”面板，将矩形颜色设置为“放射状”渐变，如图 6-107 所示。

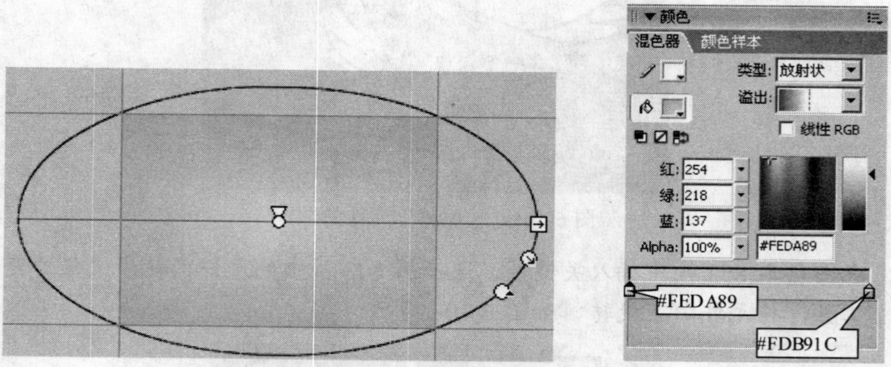

图 6-107　绘制矩形背景

4. 在图层第 1049 帧中插入普通帧，在图层“背景”上插入一个新图层，命名为“手 1”
5. 在图层第 906 帧上插入关键帧。使用绘制工具，在舞台中央绘制出手拿着一个小播放器的图形，如图 6-108 所示。
6. 在图层第 1049 帧中插入普通帧，在第 1050 帧中插入空白关键帧。
7. 在图层“手 1”上新建一个图层，命名为“手 2”。在图层第 906 帧上插入关键帧。
8. 在舞台上绘制一个手指的影片剪辑元件，元件命名为“姆指”，如图 6-109 所示。

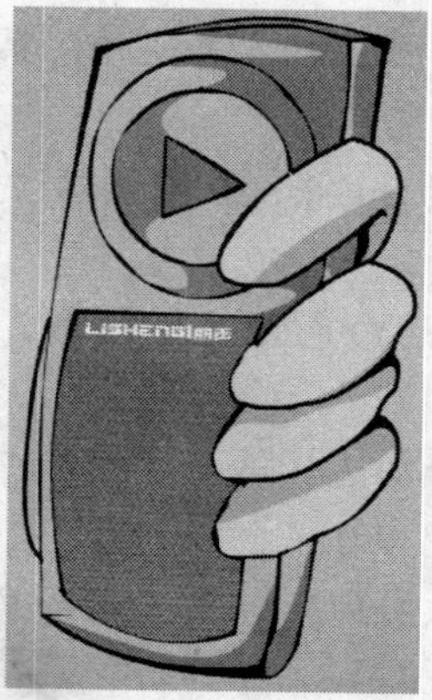

图 6-108　绘制的手

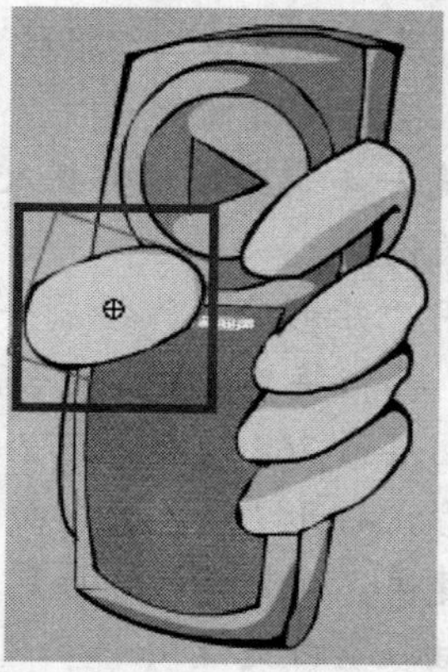

图 6-109　绘制姆指

9. 在图层第 927 帧中插入关键帧，选中帧中的元件，使用“任意变形工具”将“姆指”元件向上移动，并逆时针旋转少许。
10. 在图层第 939 帧中插入关键帧，复制第 906 帧，粘贴到第 952 帧。在第 935 帧中插入关键帧。
11. 选择第 935 帧中的元件，使用“任意变形工具”将元件顺时针旋转少许。
12. 创建第 906 帧到第 927 帧之间的运动补间动画。创建第 939 帧到第 952 帧之间的运动补间动画。在图层第 1450 帧中插入空白关键帧。
13. 在图层“手 2”上插入一个新的图层，命名为“声波”，在图层第 962 帧中插入关键帧。
14. 新建一个影片元件，命名为“声波”。制作出三个同心圆环由小变大的效果，如图 6-110 所示。

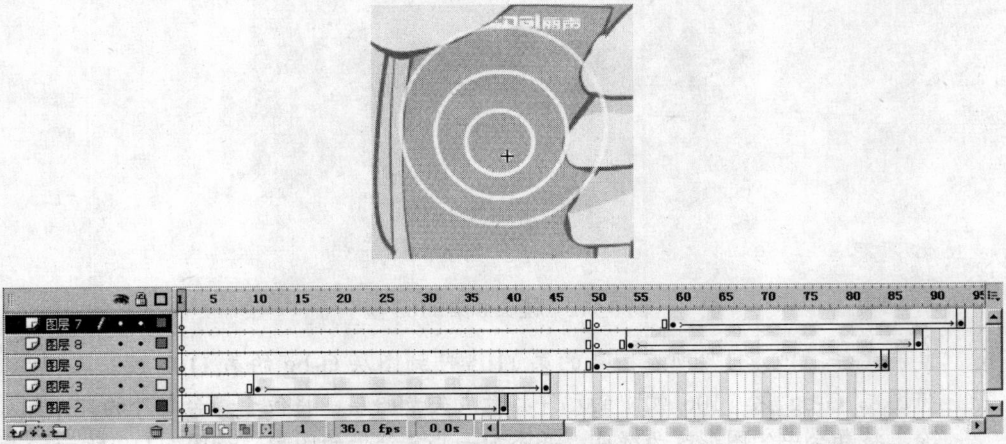

图 6-110　制作“声波”元件

15. 切回到主舞台场景，将“声波”元件移到小播放器扬声器位置上，在图层第 1050 帧中插入空白关键帧。

● 镜头 6 的制作

1. 在“镜头 5”图层文件夹上方插入一个图层文件夹，命名为“镜头 6”。
2. 在“镜头 6”图层文件夹下插入几个新图层命名为“背景”，在图层第 1049 帧上插入关键帧。参照前边的镜头，将各元件分层添加到相应位置，如图 6-111 所示。
3. 在所有图层第 1105 帧中插入关键帧，将所有图层第 1105 帧中的元件使用“任意变形工具”等比缩小，如图 6-112 所示。
4. 创建所有图层第 1049 帧到第 1105 帧之间的运动补间动画。在元件“沙漠 1”所在的图层和天空背景图层第 1125 帧中插入普通帧。
5. 在“沙漠 1”元件所在图层上方插入一个新图层，命名为 G-bg。在第 1106 帧中插入关键帧。

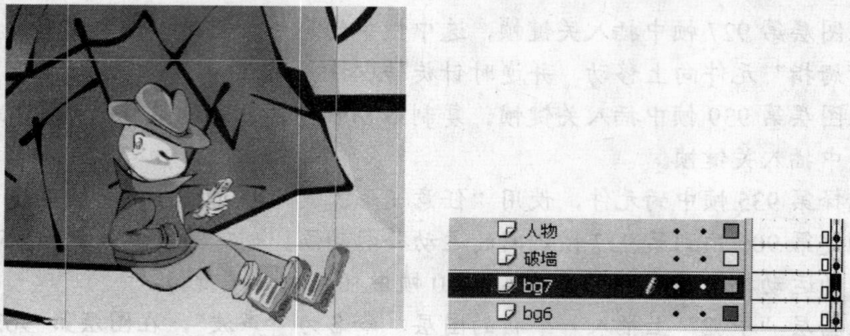

图 6-111　镜头 6 第 1049 帧

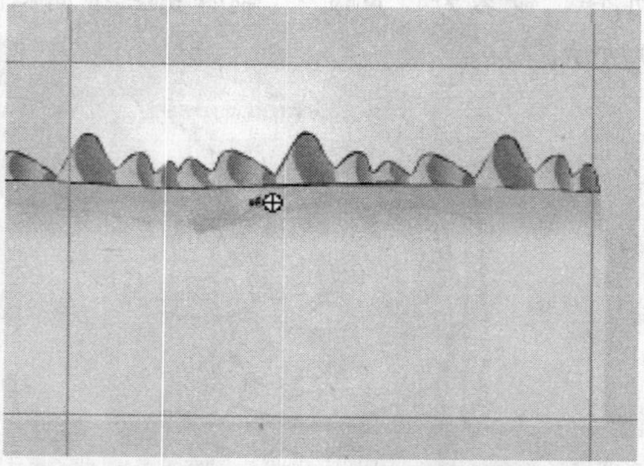

图 6-112　镜头 6 第 1105 帧

6.　复制元件“沙漠 1”所在图层的第 1105 帧到图层 G-bg 的第 1106 帧。

7.　将图层 G-bg 第 1106 帧中的元件打散成矢量图层，将位于舞台之外的部分删除，将舞台中的图形改为绿色，并添加一些装饰性的图形，如图 6-113 所示。

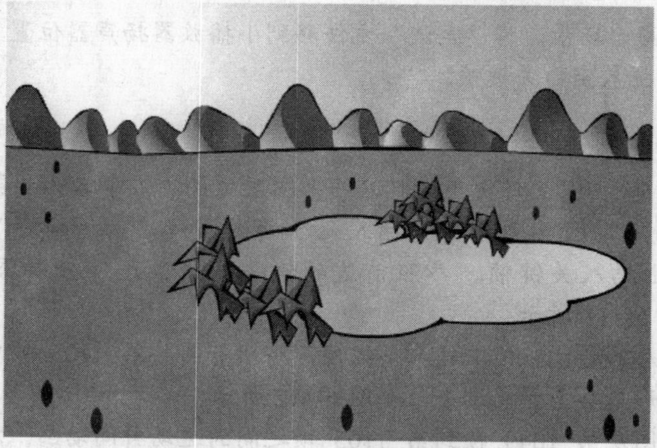

图 6-113　改变图形颜色

8.　在图层第 1353 帧中插入普通帧，在图层 G-bg 上插入一个新图层，命名为 Mask3。

9. 在图层 Mask3 第 1106 帧中插入关键帧，使用“椭圆工具”在舞台中央绘制一个实心圆形，大小为 5×5。
10. 在图层第 1115 帧中插入关键帧，将帧中的圆形放大到可以把舞台全都挡住，创建第 1106 帧到 1115 帧之间的形状补间动画。在图层第 1116 帧中插入空白关键帧。
11. 将图层 Mask3 设置为遮罩图层。

到这里动画的主体部分就做完了，还有一个镜头就是打出“丽声音箱，用声音改变世界”的广告语。这部分，在这里就不再介绍制作方法了，读者可以根据本书中学到的内容自己发挥，本案例广告语用到了遮罩效果，如图 6-114 所示。

图 6-114　案例广告语

6.3.3　导入声音

本案例还有一个重要的部分就是声音的添加，步骤如下：

1. 新建一个图层文件夹，命名为“声音”。在文件夹下插入一个新的图层，命名为“背景 1”，在图层第 4 帧中插入关键帧。
2. 选择第 4 帧，打开“属性”面板，从“声音”下拉列表中选择 sound1.wav。“同步”设置为数据流重复 1 次。
3. 在图层第 964 帧中插入关键帧，在图层“背景 1”上插入一个新图层，命名为“音效”。
4. 在“音效”图层第 114 帧插入关键帧，打开“属性”面板，从“声音”下拉列表中选择“风.wav”。“同步”设置为数据流重复 1 次。
5. 在图层第 512 帧和第 939 帧中插入关键帧，选择第 939 帧，打开“属性”面板，从“声音”下拉列表中选择“按键.wav”。“同步”设置为数据流重复 1 次。
6. 再新建一个图层，命名为“背景 2”，在图层第 944 帧中插入关键帧，选择第 944 帧，打开“属性”面板，从“声音”下拉列表中选择 sound2.wav。“同步”设置为数据流重复 1 次。
7. 在所有图层文件夹上方插入一个新图层，命名为 AS，在图层第 1355 帧中插入关键帧，打开“动作”面板，在面板中输入“Stop();”。

8. 在图层 AS 上再新建一个图层，命名为 Mask-all，使用“矩形工具”，绘制出空心矩形，将舞台以外的部分用黑色遮住。

到这里本案例就全部制作完成了。

6.4 本课小结

本课介绍了一个商业动画的生产过程。从初期的策划到素材的准备，再到动画的制作直到整个动画的完成，将整个 Flash 商业动画制作的基本过程操作了一遍。通过操作，读者可以将这个过程中的每一个步骤都牢固地掌握并灵活地使用，为以后的实际制作打好基础。

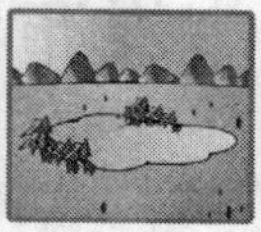

第七课

影片的发布与优化

主要内容

- 发布动画
- Flash 作品的优化
- 本课小结

7.1 发布动画

很多 Flash 作品在网上发布以后被别人轻易地破解成源文件，或者因为发布导致 Flash 作品质量下降，都是很可惜的，在这里我们重点讲一下发布。

Flash 作品的“发布设置”不仅能发布 Flash 格式的动画，还可以发布出机器上没有 Flash 插件的浏览器文件。

注意　初学者可以先跳过这一课，等对 Flash 有个基本了解，再回头看这一课。

7.1.1 发布动画的步骤

1. 执行菜单栏中的“文件”/“发布设置”命令，弹出“发布设置”对话框，如图 7-1 所示。

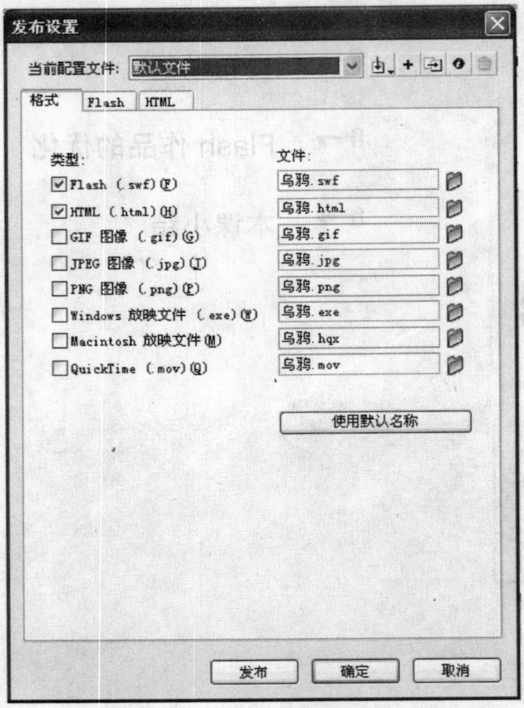

图 7-1　“发布设置”对话框

2. 在“格式”选项卡上有“类型”，选择要发布的文件格式。
3. 选中文件格式设置各种属性。每选择一种格式，对话框的上部就会多出一个相应的选项卡，如图 7-2 所示。请注意图 7-2 与图 7-1 的分别。
4. 每单击一个选项卡，就会相应地弹出该文件格式对应的设置选项。

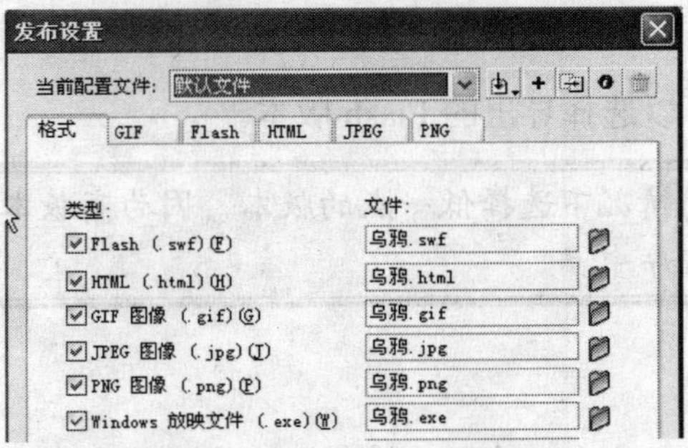

图 7-2　在发布中添加选项卡

> **注意**
> 选择 Windows 播放文件和 Macintosh 播放文件的时候，不会出现对应的选项卡。如果选择 JPEG、PNG 等图像格式的时候，Flash 会自动添加所需要的 HTML 代码，使它们显示在未安装 Flash 插件的浏览器中。

5.　设置完毕后，单击 发布 按钮，Flash 就会按照所设置的属性进行发布了。

7.1.2　文件发布的设置

在“发布设置”对话框中单击 Flash 选项卡，打开了 Flash 格式文件的“发布设置”对话框，如图 7-3 所示。

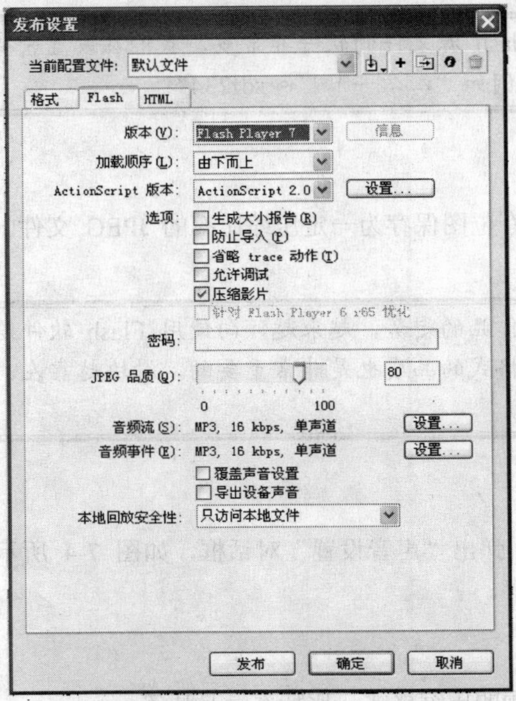

图 7-3　“发布设置”对话框的 Flash 选项卡

- **版本**

在该下拉列表里，可以选择导出的Flash版本。

> 注意：在尽量可能的情况下选择低一点的版本，因为高版本的 Flash 文件不能用在低版本的应用程序中。

- **加载顺序**

设定第 1 帧动画的载入方向，有两个选择：由上而下和由下而上。加载顺序的选择有以下几种：

◆ ActionScript 版本：在 Flash 软件中，应用“动作”的版本。
◆ 生成大小报告：创建一个文本文档，记录下导出动画文件的大小。
◆ 防止导入：防止发布的动画文件被其他人下载后在 Flash 程序中进行编辑。

> 注意：推荐所有的 Flash 都最好选上这一项！

◆ 省略 trace 动作：可以设定 Flash 忽略当前动画中的跟踪命令。
◆ 允许调试：允许对动画进行调试。
◆ 压缩影片：压缩文件的大小。
◆ 密码：当选择“防止导入”或者“允许调试”时，就可以在密码框中输入密码，可以起到非常好的保护作用。

> 注意：现在破解 Flash 源文件的软件非常多，我们在设置密码的时候应尽量选择较复杂的密码，例如“……—*·！ ∞sdf234”！

- **JPEG 品质**

设定动画中应用所有位图保存为一定压缩比率的 JPEG 文件。拖动滑块可以改变图片的压缩率。

> 注意：现在 Flash 作品的走势，越来越倾向使用 Flash 软件绘制人物，图片作背景。所以 JPEG 格式的品质也是非常重要的，滑块越靠左，文件越小，但图像的质量也就越差。

- **音频流**

单击 设置... 按钮，弹出“声音设置”对话框，如图 7-4 所示。在对话框中设定导出音频的压缩格式、品质等。

- **音频事件**

设定导出的事件音频的压缩格式、比特率、品质等。

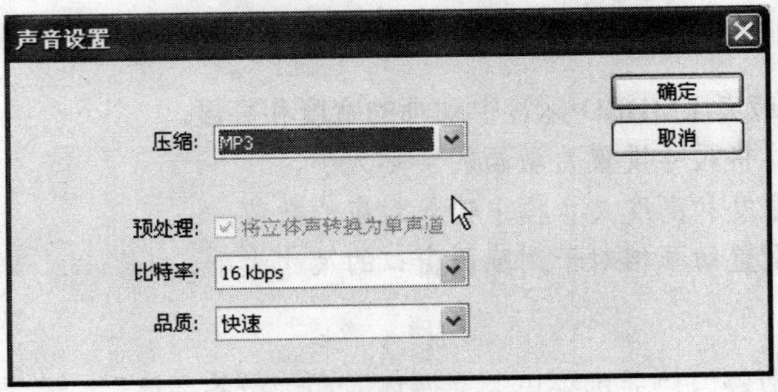

图 7-4　声音设置

7.1.3　HTML 文件的发布设置

要在网络上发布 Flash 动画作品，就必须创建含有动画的 HTML 文件，并设置好浏览器的属性。HTML 文件可以利用“发布”命令自动生成。

在 HTML 文件中可以设定动画的显示窗口、背景颜色、动画尺寸以及动画品质等属性。打开“发布设置”对话框的 HTML 选项卡，如图 7-5 所示。

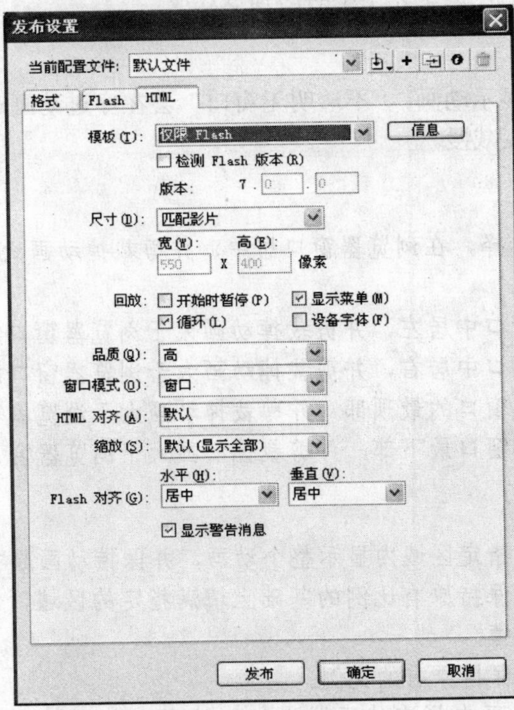

图 7-5　HTML 选项卡

- **模板**

可以在下拉列表中选择所使用的模板。

- **尺寸**

设置 OBJECT 或者 EMBED 标签中动画的宽度和高度。

- ◆ 匹配影片：将尺寸设置为动画的实际大小。
- ◆ 像素：在宽度和高度文本框中输入对应的数值。
- ◆ 百分比：设置动画相对于浏览器窗口的尺寸大小。

- **回放**

分为“开始时暂停”、“显示菜单”、“循环”和“设备字体”。

- ◆ 开始时暂停：选中后，使动画一开始便处于暂停的状态。
- ◆ 显示菜单：设置菜单参数为 TRUE，单击鼠标右键，单击快捷菜单中的命令有效。
- ◆ 循环：使动画在到最后一帧的时候自动跳回，循环地播放动画。
- ◆ 设备字体：非常不错的一个设置，用反锯齿系统字体取代用户系统中没有的字体。

- **品质**

品质越高，效果越好，但是完全不考虑播放速度。

- **窗口模式**

“窗口”会最快地显示动画；“不透明无窗口”会在穿过动画时显示出来；“透明无窗口”会使动画的播放速度减慢。

- **HTML 对齐**

- ◆ 居中：默认的选择，在浏览器窗口居中，并剪裁掉动画大于浏览器窗口的各个边缘。
- ◆ 左：在浏览器窗口中居左，并剪裁掉动画大于浏览器窗口的各个边缘。
- ◆ 右：在浏览器窗口中居右，并剪裁掉动画大于浏览器窗口的各个边缘。
- ◆ 顶部：在浏览器窗口的最顶部，并剪裁掉动画大于浏览器窗口的各个边缘。
- ◆ 底部：在浏览器窗口最下部，并剪裁掉动画大于浏览器窗口的各个边缘。

- **缩放**

- ◆ 默认值：设定在指定区域内显示整个动画，并保持动画原有的比例。
- ◆ 无边框：动画在保持原有比例的基础上填满指定的区域，但是动画的有些部分可能会被裁减掉。
- ◆ 精确符合：动画保持原有的比例。
- ◆ 无缩放：整个动画在指定的区域内，但并不一定要保持动画原来的尺寸比例，所以有可能使动画变形。

- **Flash 对齐**

在“水平”和“垂直”列表中选择需要的对齐方式，定义动画在窗口中的位置，以及将动画剪裁到窗口尺寸。

● **显示警告消息**

设置 Flash 是否要警告在 HTML 代码中所出现的错误。

7.1.4 GIF 文件的发布设置

Flash 在导出 GIF 图形时不能正常地实现“影片剪辑”的“元件”，仅仅可以导出一些简单的短小动画，而且功能不是很大，这里强烈建议有需要导出 GIF 的朋友，先把 Flash 导成.swf 文件，然后用专业的“Flash 转 GIF”软件进行转换。

7.1.5 JPEG 文件的发布设置

利用 JPEG 格式可以将图片导出为大量渐变色和位图的图像。如图 7-6 所示，利用“发布设置”对话框中的 JPEG 面板来进行设置。

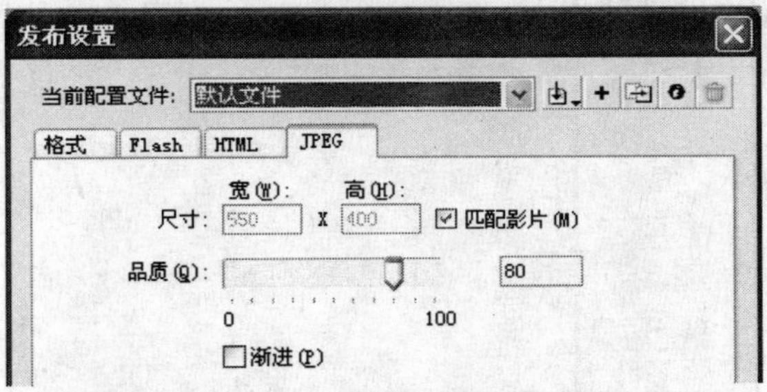

图 7-6 JPEG 的发布

● **尺寸**

“匹配影片”是让导出的 JPEG 图像和 Flash 动画尺寸相同。Flash 确保所设定的尺寸与原始图像的比例保持一致。

● **品质**

拖动滚动条上的滑块，或者在滚动条右侧的文本框中输入值，可控制所有的 JPEG 文件的压缩率。100%表示没有压缩，文件会比较大，但是图片质量好。这里建议用 100%导出，如果觉得文件太大，可以用 Photoshop 或者其他图片压缩软件来压缩。

● **渐进显示**

就是 JPEG 图像在浏览器上渐渐地显示出来，在网络不流畅时，加载图像显示速度更快。

7.1.6 PNG 文件的发布

PNG 格式是一个支持透明度的图片格式，在制作 Flash 当中，与 Photoshop 一起使用的时候，很多图都需要保存成这种格式，如图 7-7 所示。

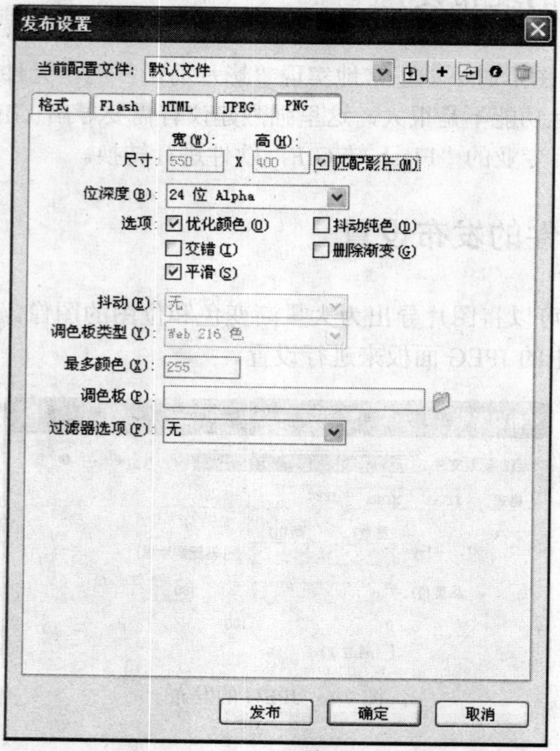

图 7-7 PNG 的发布

- **尺寸**

和 JPEG 格式是一样的。

- **位深度**

设定创建图像的时候每一个像素所占用的位数。位深度越高，文件就越大。256 色图像用 8 位；真色彩用 24 位；有透明的真色彩（32 位色）用 Alpha 通道的 24 位。

- **选择**

导出 PNG 图像设置显示属性范围，包括以下 5 个设置：

- 优化颜色：从 PNG 文件的调色板中去掉没有使用过的颜色，虽然可以在不改变图片质量的情况下使文件减小几 K，但是会对机器配置有一个更高的要求。
- 交错：使 PNG 图像在浏览中一边下载，一边逐渐地显示完整。

◆ 平滑：设置是否打开反锯齿功能，使图片更加平滑。
◆ 抖动纯色：对实色、渐变色、图像使用抖动功能。
◆ 删除渐变：将动画中所有的渐变颜色转化为渐变中的第一种实色。（这里不推荐使用。）

7.1.7 Quick Time 的发布设置

QuickTime 的发布设置可以创建 QuickTime 格式的动画。在创建此类文件的时候，会在一个单独的轨道上复制动画，如图 7-8 所示。

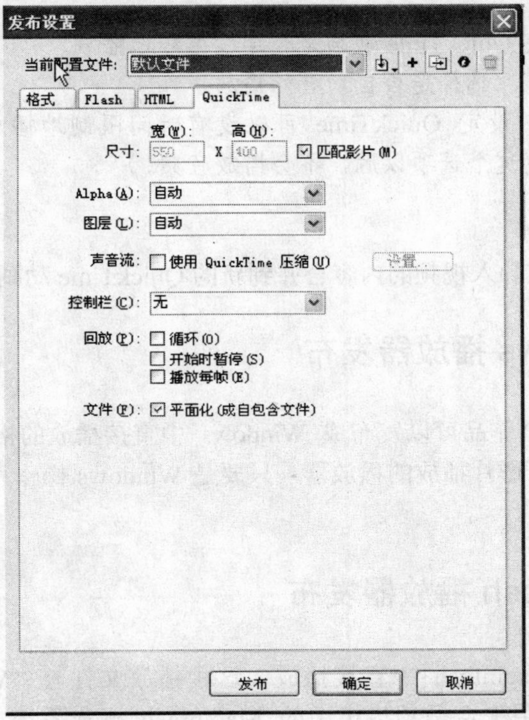

图 7-8 QuickTime 发布设置

● **尺寸**

与前面所讲的功能相同。

● **Alpha**

◆ 自动：当 Flash 轨道位于 QuickTime 动画的最上层时透明，位于最底层或者是 QuickTime 格式动画中唯一的轨道时，为不透明。
◆ Alpha 透明：设定 Flash 轨道透明，可显示 Flash 轨道后面的所有内容。
◆ 拷贝：设定 Flash 轨道不透明。

- **图层**

可设定 Flash 轨道位于 QuickTime 动画的位置。

- **声音流**

把 Flash 中的所有的音频都导出到 QuickTime 动画的音频轨道上。

- **控制栏**

可以设定 QuickTime 对 Flash 动画的播放控制。

- **回放**

◆ 循环：设定 QuickTime 动画是否连续循环地播放。
◆ 开始时暂停：选择是否自动开始播放。
◆ 播放每帧：设定 QuickTime 可以没有时间限制地播放动画每一帧的内容。（但是设定这个选项以后，不会播放音频。）

- **文件**

将 Flash 动画与导入视频的内容合并到新的 QuickTime 动画中。

7.1.8 Windows 播放器发布

选择以后，动画作品可以发布成 Windows 中直接播放的格式（.exe）。在发布的文件中包含了支持 Flash 影片播放的播放器，只要是 Windows 操作系统的计算机都可以播放这种格式的 Flash 文件。

7.1.9 Macintosh 播放器发布

动画可以在 Macintosh 中直接播放。这种播放文件与“Windows 播放器”是一样的，只不过它的使用平台是苹果机中的 Macintosh 操作系统，也就是俗称的“MAC”操作系统。

7.1.10 发布预览

设置完需要的发布格式，就可以在正式发布前进行发布预览了。

选择“文件”/“发布预览”命令，可以选择您需要的发布格式，如图 7-9 所示。

这个设置，可以在同一个位置上创建指定类型的文件，并将文件保留在原来的位置上。

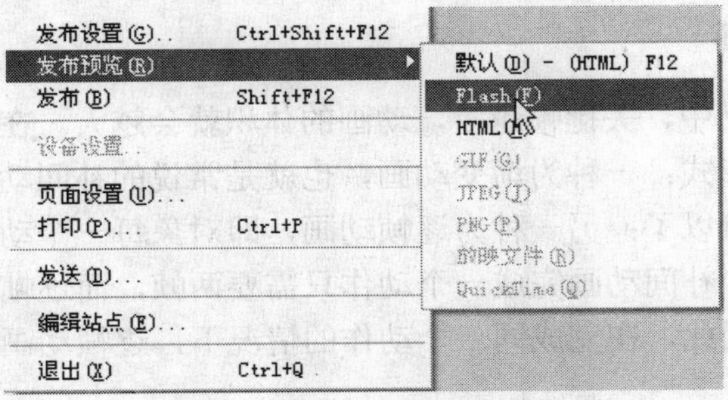

图 7-9 发布预览

7.2 Flash 作品的优化

在发布时，细心的读者可能会发现，一个 Flash 作品在发布后体积过于庞大，动辄几百 K 甚至几十兆，对于用于其他载体的平台来说，可以通过磁盘等载体进行存储和使用。但于网络来说，就可能出现播放吃力的情况了。

为了解决这个问题，在制作 Flash 影片的过程中就需要注意以下几点，即用于优化 Flash 影片的技巧。

● 多使用元件

要从根本上减少 Flash 影片中用到的图片、音乐等元素，使用的素材元素越多，Flash 影片的体积就会越大。

在制作 Flash 影片的过程中一定要将需要反复使用的元素转换为元件，需要时，再从库中调出，Flash 不需要再次保存该元素对象，从而减少了元素对象的储存量，影片的体积大小也就自然减小了。将对象转换为元件如图 7-10 所示。

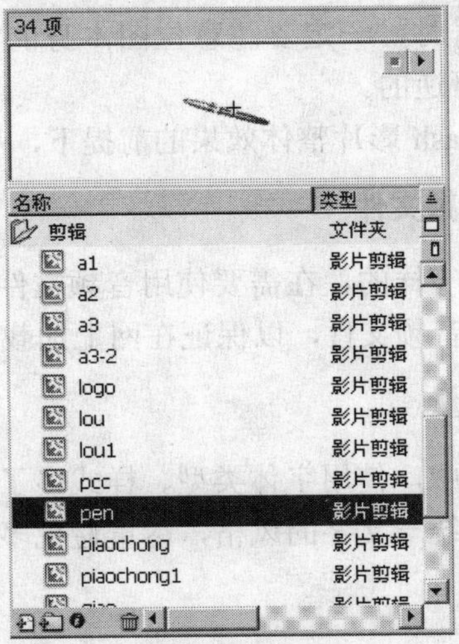

图 7-10 将对象转换为元件

- **尽量使用渐变动画**

在 Flash 动画作品中，关键帧越多，动画的体积就会越大。在 Flash 中从帧的动作类型上来分有两种动画形式：一种为渐变动画，也就是常说的补间动画，在做一般的变形动作时，只需要两帧就可以了；另一种为逐帧动画，即对象每一个动作都分别存放在一个单独的帧中。由此可见，补间动画完成一个动作只需要两帧，而逐帧动画要完成一个动作就需要若干帧才可以。因此，在完成同一个动作的情况下，逐帧动画占的资源要远比补间动画大得多。

- **多采用实线，少用虚线**

Flash 在处理复杂的线条时会增大资源的使用，因此一个 Flash 作品中如果有过多的复杂线条也同样会造成最后的影片体积变大。所以建议在制作 Flash 动画影片时，不要过多地使用特殊的线条样式，如短划线、虚线、波浪线等，除非是很有必要的情况下适量使用。

- **多用矢量图形，少用位图图像**

Flash 作为一款矢量动画制作软件，对于位图图像的处理并不是很理想。因此，在处理位图时会占用大量的资源，就会造成 Flash 影片体积变大。在可能的情况下，制作 Flash 影片的素材尽量选用矢量图形，从而可以最大限度地减小影片体积。

但是有一点是需要注意的，那就是位图图像不一定就比矢量图形小。这个说法是要看情况的，如果说是在同一内容、同样的尺寸的情况下，矢量图形才会比位图要小。

由此可见，矢量图形由于色彩、结构及尺寸大小的不同，它占用的资源大小也就不同，因此尽量简化矢量图形结构，尽量用由多个简单矢量图形变化组成的完整动画。

- **尽量使用较小的位图图像**

位图图像虽然体积比较大，但它的优点也是不能忽视的。在 Flash 中不可能一张位图都不用，因此在采集位图素材时，一定要注意位图本身的大小，位图的大小会直接影响 Flash 影片的大小，而且是不可逆的。

因此，还是需要在保证 Flash 影片整体效果的前提下，尽量使用体积小的位图素材。

- **使用小体积压缩方式的音频文件**

与选择体积小的位图图像一样的，在需要使用音频文件时，也要注意音频素材本身的大小。也要尽量选择体积小的音频文件，以保证在网上加载 Flash 影片时的流畅性。

- **限制字体和字体样式的数量**

在 Flash 影片的制作过程中，使用字体类型、样式多了同样可以增大影片完成后的体积，因此在 Flash 影片中尽量统一文字的风格，尽量避免多种字体的文本出现在同一部影片中。

- **尽量不要将字体打散**

在 Flash 软件中，字体占用的资源要比矢量图形少，因此，在没有必要的情况下，使用的文字不要打散成矢量图形，如果将文字打散自然就会增大 Flash 影片的整体体积。

- **尽量少使用过渡填充颜色**

Flash 中处理渐变色是需要额外占用资源的，使用纯色比使用有过渡效果的渐变色少占用 50 个字节左右，渐变色越多，影片体积就会越大，因此就需要在制作的过程中控制渐变色使用的频率。

- **尽量缩小动作区域**

在 Flash 软件中，对象动作范围越大，影片的体积也就会变大，这个原理很好理解，比如说，一个大小为 500×500 的影片，一定远比 50×50 的影片要大得多。所以在制作影片时应尽量节省动作空间，过大幅度的作品效果一定要控制在一定的范围内，以保证影片的流畅性。

- **尽量减少同一时间内多个对象动作**

通过前边几种情况的介绍可以看出，如果 Flash 软件在同时处理多种动作时，占用的资源会很大，从而使 Flash 文件体积增大。所以在设计制作影片时，在同一时间应尽量减少动作对象的个数。

- **在可能的情况下调用影片**

为了减少影片加载的负担，可以将一部影片分成几个小的动画影片，在主影片中通过调用代码来调用子影片，这样可以大大减小影片体积，从而减轻加载影片的负担。

7.3　本课小结

本课详细地介绍了如何将制作好的 Flash 文件发布成能够使用的影片文件，并对不同格式类型的 Flash 影片发布设置进行了详细的介绍。

在本课中介绍了在制作影片过程中如何减小影片体积的大小，如何优化影片，以保证影片在发布时利于存储及在网络上加载。希望读者朋友使用 Flash 软件制作出更多、更优秀的 Flash 影片。